人与自然和谐共生：
生物多样性金融 2024 年度报告

中国金融学会绿色金融专业委员会
金融支持生物多样性研究组　编

中国金融出版社

责任编辑：孙　柏　王　强
责任校对：孙　蕊
责任印制：丁淮宾

图书在版编目（CIP）数据

人与自然和谐共生：生物多样性金融2024年度报告 / 中国金融学会绿色金融专业委员会金融支持生物多样性研究组编. -- 北京：中国金融出版社，2024. 12.
(绿色金融丛书). -- ISBN 978-7-5220-2625-1

Ⅰ. X176

中国国家版本馆CIP数据核字第20249WS727号

人与自然和谐共生：生物多样性金融2024年度报告
REN YU ZIRAN HEXIE GONGSHENG: SHENGWU DUOYANGXING JINRONG
2024 NIANDU BAOGAO

出版
发行　**中国金融出版社**

社址　北京市丰台区益泽路2号
市场开发部　（010）66024766，63805472，63439533（传真）
网上书店　www.cfph.cn
　　　　　（010）66024766，63372837（传真）
读者服务部　（010）66070833，62568380
邮编　100071
经销　新华书店
印刷　北京七彩京通数码快印有限公司
尺寸　169毫米×239毫米
印张　25.5
字数　369千
版次　2024年12月第1版
印次　2024年12月第1次印刷
定价　68.00元
ISBN 978-7-5220-2625-1
如出现印装错误本社负责调换　联系电话（010）63263947

中国金融学会绿色金融专业委员会
金融支持生物多样性研究组

牵头单位：

北京绿色金融与可持续发展研究院

成员单位（2023—2024年）：

阿坝州金融学会

保尔森基金会

北京绿色金融与可持续发展研究院

北京林业大学

北京绿研公益发展中心

大自然保护协会

复旦大学国际金融学院

国家公园国家创新联盟

华夏银行

华夏银行湖州分行

湖州银行

江苏银行

交通银行总行授信管理部

绿维易新（上海）生态科技有限公司

尼可思（上海）清洁能源科技有限公司

青岛银行

清华大学苏州环境创新研究院碳中和技术与绿色金融协同创新实验室

四川联合环境交易所有限公司

世界资源研究所

山水自然保护中心

太平洋岛国贸易与投资专员署

远东资信评估有限公司

阳光资产管理股份有限公司

烟台市财政局

中国标准化协会绿色低碳与ESG专业委员会

中国工商银行湖州分行

中国建设银行湖州分行

中国绿色碳汇基金会

中国农业银行湖州分行

中国人民大学生态环境学院

中国银行

中国银行巴黎分行

中国银行创新研发基地（新加坡）

中国银行湖州分行

浙江德清农村商业银行股份有限公司

中科星睿科技（北京）有限公司

中央财经大学绿色金融国际研究院

中央国债登记结算有限责任公司

中证鹏元绿融（深圳）科技有限公司

（以上成员单位按字母顺序排列）

《人与自然和谐共生：生物多样性金融2024年度报告》
编委会

总 顾 问：马　骏　中国金融学会绿色金融专业委员会主任

主　　编：白韫雯　殷昕媛　任芳蕾

执　　笔：

第一部分	宗　军	史　祎	程振华	商　瑾	魏海瑞	陈莹莹
	郭惠娥	孔渊媛	王雪晶	王　鼎	吴　彦	
第二部分	贾　磊	陈爱杰	汤　笑	白韫雯	韩红梅	赵丹阳
第三部分	彭　凌	苏　楠	白　琦	白韫雯	韩红梅	殷昕媛
第四部分	白韫雯	陈鋆婕	戴　伟	殷昕媛	楼雪君	温姚琪
	郑　华	萧绍林	彭中敏			
第五部分	白韫雯	殷昕媛	任芳蕾	杜　金	王　原	杨宜男
	李昕童	陈骁强				
第六部分	姜雪原	徐嘉忆	杨海涛			
第七部分	冀婉怡	徐嘉忆	靳　彤	刘　静	侯远青	王寄梅
	田　禾					
第八部分	周孟斌	姚海荣	方　燕	凌梅龙	费易钒	王战胜
第九部分	Eric Swanson		牛红卫	石建斌	干晓静	朱　力
第十部分	郭　伟	刘　扬	邹陈晗倩			

序

生物多样性是人类赖以生存和发展的基础，是全球建立可持续未来的关键。全球GDP总量中有44万亿美元高度或中度依赖自然，未来十年，自然相关风险将会成为最严峻的全球挑战之一，这些风险超越了地域、行业和价值链的界限，需要国际社会各界的共同应对。具有里程碑意义的《昆明—蒙特利尔全球生物多样性框架》（以下简称《框架》）在2022年12月的联合国《生物多样性公约》第十五次缔约方大会（COP15）第二阶段会议上达成。2023年以来，落实《框架》成为COP15后全球生物多样性治理的重中之重，而资金投入是落实《框架》目标的关键。基于此，全球生物多样性框架基金（Global Biodiversity Framework Fund，GBFF）通过扩大生物多样性融资规模以及提升受援国在生物多样性管理、规划、政策、治理和融资方面的能力，有效促进了全球生物多样性的保护和恢复，为《框架》目标的加速实现提供了支持。国际上，包括生物多样性信用等在内的新兴融资工具也正日益成为推动生物多样性保护的重要机制，这些工具旨在通过评估和量化生物多样性的价值，缩小自然融资缺口、助力更多私人和公共资本投资于生物多样性保护项目。

中国已经将生物多样性保护上升为国家战略，加强生物多样性保护也是我国生态文明建设的重要内容。为推进《框架》的落实，中国在2021年10月宣布成立的昆明生物多样性基金于2024年5月正式启动。这不仅为发展中国家有效开展生物多样性保护工作提供了资金、技术和能力支持，也彰显了中国作为负责任大国在全球生态保护和推动构建人类命运共同体上的引领作用。同时，为绘制中国的生物多样性保护"路线图"，生态环境部于2024年1月发布了《中国生物多样性保护战略与行动计划（2023—2030年）》，明确了我国新时期生物多样性保护战略，并围绕生物多样性主流化、应对生物多样性丧失威胁、生物多样性可持续利用与惠益分享、生物多样性治理能力现代化四个优先领域进行了部署。这些举措不仅能够为中国的生物多样性保护工作提供清晰的方向，也能够为全球生物多样性治理和国际前沿议题的讨论贡献中国经验和模式。

由北京绿色金融与可持续发展研究院牵头的中国金融学会绿色金融专业委员会金融支持生物多样性研究组（以下简称研究组）作为国内首个推动生物多样性金融的行业共建平台，持续推动前沿课题研究，并关注研究成果的落地转化。目前，已有超过39家来自金融机构、智库、高校、环保组织以及咨询机构的成员以课题方式参与其中，课题研究聚焦生物多样性金融标准、产品创新、案例与机制、信息披露、方法学和工具开发、国际合作等多个议题。研究组不仅成功推动了二十余项重点课题的研究，还举办了十余场研讨与培训活动。这些成果为二十国集团（G20）可持续金融工作组和国家相关部门的政策研究提供有力支撑的同时，也使中国在金融支持生物多样性方面的前沿研究和创新实践得以在国际上广泛传播和推广。

本书收录了研究组2023—2024年的阶段性课题成果，共分为十个部分，覆盖生物多样性金融标准与披露指标、投融资项目生物多样性风险识别和管理、乳业企业自然向好转型、自然资本核算、流域湿地保护修复融资机制等议题。继2023年首次出版《人与自然和谐共生：生物多样性金融2023年度报告》之后，本书作为该系列的第二卷，将继续为国内外相关领域的政策制定者、金融机构和企业等提供重要参考。

展望未来，研究组将继续深化生物多样性金融的前沿课题研究，探索创新性的金融支持模式和工具，以促进生物多样性保护与经济可持续发展的深度融合。我们相信，通过跨学科、跨行业的协作与智慧共享，不仅能够引领并推动构建人与自然和谐共生的中国式现代化新局面，还将为全球生物多样性治理贡献中国方案，共同书写人与自然和谐共生的新篇章。

中国金融学会绿色金融专业委员会
金融支持生物多样性研究组秘书处
2024年8月

目录

支持生物多样性的绿色项目目录及环境效益信息披露指标

编写单位：中央国债登记结算有限责任公司

中证鹏元绿融（深圳）科技有限公司

课题组成员：

宗　军　中央国债登记结算有限责任公司

史　祎　中央国债登记结算有限责任公司

程振华　中央国债登记结算有限责任公司

商　瑾　中央国债登记结算有限责任公司

魏海瑞　中央国债登记结算有限责任公司

陈莹莹　中央国债登记结算有限责任公司

郭惠娥　中央国债登记结算有限责任公司

孔渊媛　中央国债登记结算有限责任公司

王雪晶　中证鹏元绿融（深圳）科技有限公司

王　鼎　中证鹏元绿融（深圳）科技有限公司

吴　彦　中证鹏元绿融（深圳）科技有限公司

编写单位简介：

中央国债登记结算有限责任公司（以下简称中央结算公司）：

中央结算公司成立于1996年12月，是唯一一家专门从事金融基础设施服务的中央金融企业。公司忠实履行国家金融基础设施职责，全面深度参与中国债券市场的培育和建设，成为中国债券市场重要运行服务平台、国家宏观政策实施支持服务平台、中国金融市场定价基准服务平台和中国债券市场对外开放主门户。公司致力于推动绿色债券市场高质量发展。2022年公司成为首家加入生物多样性伙伴关系的金融基础设施。

中证鹏元绿融（深圳）科技有限公司：

中证鹏元绿融（深圳）科技有限公司在绿色债券评估认证领域有长期实践经验，首批通过绿色债券评估认证机构评议注册，是中国金融学会绿色金融专业委员会理事单位、中国银行间市场交易商协会会员、国际资本市场协会（ICMA）绿色债券原则和社会债券原则的观察员机构。

一、研究背景

（一）开展生物多样性保护的重要参考

生物多样性是可持续发展的基础、目标和手段，需要动员各类社会资本加大对生物多样性保护活动的投资。在此过程中，随着生物多样性保护工作开展走向纵深阶段，推进支持生物多样性的绿色项目目录及环境效益信息披露标准建设，为各类资本进入提供有价值的参考，具有十分的必要性，这是进一步推进生物多样性保护的融资模式和产品创新的基础，也是持续强化金融机构对生物多样性相关风险的评估和管理的前提，将有助于推进生物多样性保护工作的开展。

（二）推进生态文明建设的重要内容

新时代推进生态文明建设必须坚持人与自然和谐共生、绿水青山就是金山银山、推进绿色低碳发展、统筹山水林田湖草沙系统治理、实行最严格的生态环境保护制度、共建地球命运共同体。在此背景下，近年来，生物多样性的生态价值、经济价值、资产价值日益凸显。有研究指出，全球GDP的一半直接或间接依赖于生物多样性，如生物多样性与农林渔牧业直接关联，为生物制药、生态旅游等提供资源供给等。大量资金需要投入与生物多样性保护相关的产业，因此绿色项目目录的开发和环境效益披露指标标准的研究具有十分的迫切性。

（三）助力缓解生物多样性保护领域资金供求不匹配

生物多样性被破坏是全球面临的最大风险之一，生物多样性被破坏会使某些行业难以维持生产经营活动，出现企业亏损、倒闭和资产贬值等问题。目前全球在生物多样性保护领域存在较大的资金缺口，投资额度和资金需求不匹配问题突出。明确绿色项目目录的支持范围及环境效益信息披露指标，可以有效地保护生物多样性，更好地防范相关风险，引导更多资金支持生物多样性。

二、国外生物多样性环境效益信息披露情况

（一）国外生物多样性项目界定和范围

尽管国际社会对生物多样性基本概念、生物多样性保护的紧急程度和重要性已达成共识，但在全球范围内，不同主体对生物多样项目的界定仍存在较大差异。

表1为5家积极推进可持续发展的机构/组织在其指引文件中对生物多样性项目和范围的界定。

表1　生物多样性项目和范围的界定

序号	机构/文件	生物多样性活动定义	生物多样性活动范围（一级目录）
1	经合组织发展援助委员会（OECD DAC）《里约标记方法》	如果一项活动能促进《生物多样性公约》（以下简称《公约》）三大目标中的至少一个目标，即生物多样性的保护、其组成部分（生态系统、物种或遗传资源）的可持续利用，或公平公正地分享利用遗传资源所带来的益处，则该活动应被归类为与生物多样性相关的活动。	1. 通过就地或迁地措施保护或增强生态系统、物种或遗传资源，或者恢复原貌； 2. 将生物多样性和生态系统服务问题纳入受援国家的发展目标、经济决策和部门政策中； 3. 消除、逐步淘汰或改革对生物多样性有害的激励措施，包括补贴，并提供对生物多样性保护和可持续利用有利的激励措施； 4. 维持种子、栽培植物和饲养及驯化动物及其相关野生物种的遗传多样性； 5. 公平和平等地分享遗传资源利用所产生的利益，包括通过适当地获取这些资源和适当地转让相关技术； 6. 帮助发展中国家履行《公约》下的义务。

序号	机构/文件	生物多样性活动定义	生物多样性活动范围（一级目录）
2	全球环境基金（GEF）《GEF-8项目指南》	响应《生物多样性公约》及其议定书目标，以及其他与生物多样性相关的多边文书/协议中的目标。	1. 改善自然生态系统的保护、可持续利用和恢复活动； 2. 有效实施《卡塔赫纳议定书》和《名古屋议定书》； 3. 为生物多样性调动更多的当地资源。
3	欧盟（EU）《可持续金融分类方案》《技术筛选标准——生物多样性与生态系统保护活动》	如果一项经济活动通过以下方式对保护、养护或恢复生物多样性，或实现生态系统的良好状态，或对保护已处于良好状态的生态系统作出重大贡献，则该活动应被视为对保护和恢复生物多样性及生态系统作出重大贡献：（a）保护自然和生物多样性；（b）可持续的土地利用和管理；（c）可持续的农业生产方式；（d）可持续的森林管理。	1.环境保护和恢复活动； 2.住宿活动。
4	国际金融公司（IFC）《生物多样性金融参考指南》	有助于保护、恢复生物多样性和生态系统服务的活动，以及减少、避免对生物多样性和生态系统服务产生负面影响的活动。	1. 寻求产生生物多样性共同惠益的投资活动； 2. 以生物多样性保护、恢复为主要目标的投资活动； 3. 投资基于自然的解决方案，以保护、加强和恢复生态系统和生物多样性。
5	国际资本市场协会（ICMA）《绿色债券原则》《生物多样性项目影响报告披露指标建议》	符合绿色债券原则中"陆地和水生生物多样性保护"（包括沿海、海洋和流域环境的保护）的绿色项目。	陆地和水生生物多样性保护（包括沿海、海洋和流域环境的保护）。

综合比较，经合组织发展援助委员会《里约标记方法》和全球环境基金《GEF-8项目指南》两份文件覆盖面更广，与促进《生物多样性公约》目标

联结，涵盖宏观层面活动；欧盟《技术筛选标准》对生物多样性项目筛选标准最为严格，经济活动需同时满足"实质性贡献"与"无重大损害"两大原则，并符合活动选址、活动计划与机制、第三方核查等多项筛选要求；国际金融公司《生物多样性金融参考指南》为生物多样性项目筛选提供便利，包含一份列明65项生物多样性活动的清单；国际资本市场协会《生物多样性项目影响报告披露指标建议》对生物多样性项目的定义范围相对较窄，仅包含"陆地和水生生物多样性保护项目"，且项目必须将生物多样性（保护）作为首要或次要目标。

经分析，上述文件中生物多样性活动界定范围的明显差异可归结为以下几个原因。

1. 指导文件发布主旨不同

以《里约标记方法》《可持续金融分类方案》《生物多样性金融参考指南》为例。

《里约标记方法》是经合组织发展援助委员会成员统计发展资金所采用的分类方法，共包含四个标记，其中生物多样性标记以响应《生物多样性公约》目标为主旨，在2018年的修订中，为更加契合《爱知目标》，将原有三类项目标准拓展至现有六类。

在此背景下，《里约标记方法》中生物多样性项目覆盖范围更广，包含其他文件中缺少的宏观层面生物多样性活动，如国家发展目标设定、消除有害补贴政策等。

《可持续金融分类方案》以欧洲行业标准分类系统NACE为框架，用于识别具备环境可持续性的经济活动。《技术筛选标准——生物多样性与生态系统保护活动》作为补充文件，专用于筛选对生物多样性保护有"实质性贡献"，且不会对其余五个环境目标产生重大损害的经济活动，在此条件下，一级目录内仅包含"环境保护和恢复活动"与"住宿活动"两个分类。

《生物多样性金融参考指南》建立在《绿色债券原则》和《绿色贷款原则》基础上，旨在为私营部门生物多样性相关投资活动提供募集资金合格用途清单，故包含一份详细的生物多样性项目清单（含3个一级分类，9个二级分类、65个三级分类）。

2. 可持续项目类别划分存在差异

如表2所示，尽管在所列四份指导文件中，生物多样性均属于重点领域，由于机构间可持续项目类别的划分存在差异，致使部分生物多样性相关活动被"分流"至其他可持续项目类别下，造成不同机构生物多样性项目的覆盖范围有所不同。

表2 重点领域划分

机构/文件	类别1	类别2	类别3	类别4	类别5	类别6
欧盟《可持续金融分类方案》	生物多样性	水资源和海洋资源	减缓气候变化	适应气候变化	污染防控	循环经济
全球环境基金《GEF-8项目指南》	生物多样性	国际水域	气候变化		土壤退化	化学品与废弃物
国际资本市场协会《绿色债券原则》	生物多样性	自然资源保护	减缓气候变化	适应气候变化	污染预防和控制	—
经合组织发展援助委员会《里约标记方法》	生物多样性	荒漠化	减缓气候变化	适应气候变化	—	—

以《绿色债券原则》为例，"生物多样性保护"与"自然资源保护"被列为两类不同的环境目标，与此对应设立了"陆地和水生生物多样性保护"与"生物资源和土地资源的环境可持续管理"两个绿色项目类别。基于此，《生物多样性项目影响报告披露指标建议》中的生物多样性项目仅包含"陆地和水生生物多样性保护"类别项目，排除"生物资源和土地资源的环境可持续管理"类别及此项下的可持续发展农业、可持续发展畜牧业、气候智能农业投入、可持续发展渔业及水产养殖业、可持续发展林业保护或修复自然景观等与生物多样性紧密相关的项目，因此《生物多样性项目影响报告披露

指标建议》中的生物多样性项目覆盖范围相对较窄。

（二）国外生物多样性环境效益信息披露标准和要求

1. 企业生物多样性信息披露标准和要求

近年来，国际社会对企业生物多样性信息披露的重视度逐步提升。全球可持续发展标准委员会（GSSB）、气候变化信息披露标准委员会（CDSB）、自然相关财务披露工作组（TNFD）等机构先后发布企业生物多样性信息披露指引，以帮助企业提高披露效率。

通过对气候变化信息披露标准委员会《与生物多样性相关信息披露应用指南》、全球可持续发展标准委员会《GRI 304生物多样性修订版——征求意见稿》、自然相关财务披露工作组《自然相关财务信息披露框架》及欧盟《欧洲可持续发展报告准则——E4生物多样性与生态系统》四项标准文件的分析，发现呈现以下几个共同特征。

（1）建议披露核心内容趋同

四项标准中的建议披露框架均包含企业对生物多样性/自然资源的依赖、影响、风险与机遇管理、保护行动与措施、指标与绩效5项核心内容。

（2）鼓励进行生物多样性环境效益信息披露

在指标与绩效部分，四项标准均鼓励企业结合定性与定量指标进行生物多样性环境效益信息披露，并提供部分指标供企业参考。

以《与生物多样性相关信息披露应用指南》为例，文件对生物多样绩效评估工具及绩效指标选择方式进行详细介绍，并建议衡量标准应符合行业准则，得到现有报告规定和国际倡议的认可，并按照公认的方法计算，使其具有可比性和基准性。

由于单一指标无法涵盖生物多样性的所有要素，因此鼓励披露可提供不同视角（如物种丰度、物种丰富度、栖息地可用性、生态系统完整性、最终生态系统服务）的相关指标组合。

生物多样性度量和指标因行业、生态系统类型和国家而异，建议在可获得的情况下查看行业/生态系统/国家的具体指导。

（3）采用减缓分级法（mitigation hierarchy approach）

四项标准均推荐采用减缓分级法提升企业对生物多样性影响的响应、管理及报告质量。从生物多样性环境效益信息披露角度看，四份文件重点在避免、减少与恢复层面，即企业避免和减少自身业务对生物多样性的影响方面，较少涉及再生层面（见表3）。

表3　减缓分级法所采取的行动

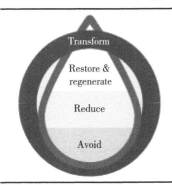	减缓分级法包括四种应依次采取的行动： 避免：首先防止负面影响的发生；完全消除负面影响； 减少：尽量减少无法完全消除的负面影响； 恢复：启动或加速恢复生态系统的健康、完整性和可持续性，重点是状态的永久性变化； 再生：在现有的土地/海洋/淡水用途范围内采取行动，提高生态系统或其组成部分的生物物理功能和/或生态生产力，通常侧重于一些特定的生态系统服务。

2. 生物多样性项目环境效益指标

相较于企业生物多样性信息披露标准，衡量生物多样性项目正向环境效益指标的可参考文件数量较少。

（1）全球环境基金《GEF-8成果测量框架》

全球环境基金在生物多样性项目绩效跟踪、评估、汇总方面有较为成熟的经验，从第三次增资（GEF-3）开始引入生物多样性跟踪工具，对投资组合层面的生物多样性绩效进行衡量。

在第七次增资（GEF-7）期间，全球环境基金采用包含11个核心指标的成果框架对项目进展与绩效进行监测，其中7个核心指标与爱知生物多样性目标相关。

该核心指标体系简化了全球环境基金的成果框架，显著减轻项目层面的监测和报告负担，同时，在项目审批初期就将项目绩效考核目标与核心指标挂钩，实现了项目绩效与基金整体目标的协同。

GEF-8生物多样性核心领域的资金共19.19亿美元，将沿用成果框架进行绩效跟踪、评估与汇总。项目执行机构需按要求定期提交《成果测量框架》，完成核心指标及子指标目标值、基线值、实际值、占比值的填写，并提供必要的数据来源和说明（见表4）。

表4　GEF-8成果测量框架指标体系——生物多样性核心领域

核心指标1　新建或改善管理的陆地保护区面积
指标1.1　新建陆地保护区面积
指标1.2　管理成效得到改善的陆地保护区面积
核心指标2　新建或改善管理的海洋保护区面积
指标2.1　新建海洋保护区面积
指标2.2　管理成效得到改善的海洋保护区面积
核心指标4　改善管理的景观面积
指标4.1　改善管理以惠及生物多样性的景观面积
指标4.2　纳入生物多样性考虑因素的第三方认证景观面积
指标4.3　在生产系统中实行可持续土地管理的景观面积
指标4.4　高保护价值森林（HCVF）面积或避免的其他森林损失
指标4.5　支持陆地OECMs
核心指标5　通过改进做法使生物多样性受益的海洋生境面积
指标5.1　纳入生物多样性考虑因素的第三方认证渔业
指标5.4　支持海洋OECMs

（2）国际资本市场协会《生物多样性项目影响报告披露指标建议》

由国际资本市场协会（ICMA）发布的《绿色债券原则》是境外绿色债券和绿色项目认定常使用的参照标准。

《生物多样性项目影响报告披露指标建议》对应《绿色债券原则》合格绿色项目类别"陆地与水域生态多样性保护"（包括海洋、沿海及河流流域的环境保护），为绿色债券发行人提供生物多样性项目核心量化指标及参考报告模板，帮助发行人采用定性和定量指标进行披露。

如表5所示，《生物多样性项目影响报告披露指标建议》中所列绩效指标覆盖范围广且适用性较高，包含10个核心指标和5个其他可持续性指标。

表5 《生物多样性项目影响报告披露指标建议》指标参考

核心指标

1) 维持/保护/增加保护区/OECM/栖息地的面积和变化比例（平方公里，百分比）；

2) 维持/保护/增加自然景观面积和变化比例（平方公里，百分比）；

3) 维持/保护/增加城市地区的自然景观面积和变化比例（平方公里，百分比）；

4) 项目前后入侵物种的绝对数量和/或入侵物种占据的面积（平方米、平方公里）；

5) 特定敏感物种在项目实施前后的绝对数量，以每平方公里（大型动物群）或每平方米（小型动植物群）进行计量；

6) 沿海植被和珊瑚礁二氧化碳水平、营养物质和/或pH值的变化；

7) 通过减少疾病、沉积率、水中的营养物质和人类的直接损害，而使珊瑚健康提升的程度（白化程度、活珊瑚的年龄和大小）；

8) 经认证的土地管理面积的增加值和比例（平方米/平方公里，百分比）；

9) 通过项目恢复的本土物种、植物群或动物群（树木、灌木和草）的绝对数量；

10) 每年减少的温室气体排放量（吨二氧化碳）。

其他可持续性指标

1) 接受过生物多样性保护培训的保护工作者（如狩猎管理员、护林员、自然公园官员）的数量；

2) 在生物多样性保护方面接受培训的林业人员的数量；

3) 在可持续农业和生物多样性方面接受培训的农民人数；

4) 提高当地居民收入的百分比；

5) 在项目下建立的苗圃的数量，以每年的苗木或单个树木/灌木的数量计算。

（三）国外生物多样性环境效益信息披露现状及问题

根据《生物多样性公约》和联合国环境署、世界自然基金会等国际机构的研究报告，国际生物多样性环境效益信息披露在质与量方面均有较大提升空间，主要体现在以下几个方面。

1. 企业生物多样性环境效益信息披露比例不高

一方面由于企业生物多样性信息披露仍处于自愿阶段，另一方面是因为企业对生物多样性风险或绩效的深入了解不够。根据本文介绍的四项企业生物多样性信息披露标准，只有在企业认为"生物多样性"是重要议题的情况下才需要进行专项披露，而《生物多样性公约》在《企业生物多样性相关行动报告指南》中指出，在"重要性评估"过程中，一些企业没有提及"生物多样性"，但提及"自然生态系统"或"生态系统"，显然未理解生物多样性是生态系统功能和提供生态系统服务的基础。

2. 企业披露的生物多样性环境效益信息质量不高

世界保护监测中心（UNEP-WCMC）在其报告中指出，企业披露主要集中在管理叙述上，很少有定量信息。这或许与生物多样性难以明确衡量相关，与温室气体排放等概念相比，量化生物多样性效益是个更为复杂的工程，受行业、区域等多重因素影响，企业在披露时需运用专业知识从众多工具中进行选择，无疑增加了企业披露的难度。

3. 企业披露信息与国际生物多样性目标相关度不高

私营部门在生物多样性保护中扮演重要角色，在绩效报告方面却参与度不高，受国际生物多样性目标的设计是针对全球和国家层面的应用所致。对此，世界保护监测中心建议，决策者应在设定生物多样性目标、指标时就将私营部门纳入考虑，并设定如何跟踪私营部门对实现这些目标、具体目标和指标的贡献。

4. 公共开发银行对生物多样性项目环境绩效监督不足

世界自然基金会（WWF）在《公共开发银行与生物多样性》研究报告中表明，公共开发银行在生物多样性项目环境绩效（即减缓和抵消措施的实施和效果）监督方面执行力度参差不齐，多边开发银行在资金批准之前与之后都设置了项目绩效评估披露要求，但在其他类公共开发银行中，只有1/5的双边开发银行和约6%的国家银行在审查中执行了例行披露。

三、国内生物多样性环境效益信息披露情况

（一）国内生物多样性项目界定和范围

目前国内关于生物多样性项目未出台具体明确的目录清单，通过分析生物多样性保护政策中涉及的相关项目范围，可为生物多样性项目界定提供参考。

2010年9月，《中国生物多样性保护战略与行动计划（2011—2030年）》提出了生物多样性保护战略目标与战略任务。2021年10月，国务院《中国的生物多样性保护》白皮书涉及的生物多样性保护包括：构建以国家公园为主

体的自然保护地体系，建立了种质资源库、基因库等较为完备的迁地保护体系，加快重要生物遗传资源收集保存和利用，完善转基因生物安全管理，强化生物遗传资源监管，加大生态保护修复力度，实施系列生态保护修复工程，推进城乡建设绿色发展进程，探索生态产品价值实现路径等方面。总体而言，涉及的生物多样性金融领域范围较广，与绿色金融领域高度重合。

2021年10月，国务院印发《关于进一步加强生物多样性保护的意见》强调持续优化生物多样性保护空间格局，构建完备的生物多样性保护监测体系，着力提升生物安全管理水平等。该意见涉及生物栖息地保护、生态系统保护和修复、生物多样性评估和监测、生物资源开发和可持续利用技术研究及生物多样性友好型经营活动等领域，相对来说生物多样性金融更为聚焦在自然生态系统和生物保护、利用、经营方面。

2021年4月，中国人民银行、国家发展改革委、证监会发布了《绿色债券支持项目目录（2021年版）》，将生态环境产业纳入支持范围。该目录中涉及了生态区域综合管理、有害生物灾害防治、自然保护区建设和运营等20多个生物多样性相关的产业或项目。生物多样性领域集中在绿色农业、自然生态系统保护和修复及生态产品供给等方面。

地方层面也针对生物多样性保护出台了相关政策。浙江省湖州市出台了全国首个区域性金融支持生物多样性保护制度——《关于金融支持生物多样性保护的实施意见》，提出通过编制生物多样性敏感性行业目录、建立生物多样性友好型项目清单界定生物多样性金融的支持范围。该意见明确了生物多样性金融支持的重点领域包括三个方面：一是持基于自然解决方案的生态系统保护和修复，二是促进生物资源的可持续开发与利用，三是推动生物多样性保护与应对气候变化协同增效，为金融机构支持生物多样性保护明确方向。

其他区域针对生物多样性保护也出台相关政策：江苏省、云南省、广西壮族自治区、吉林省、河北省、甘肃省、山东省、江西省、山西省、安徽省、上海市等省份出台《关于进一步加强生物多样性保护的实施意见》；广东省、浙江省、湖南省、海南省、山东省、四川省、江苏省等省份出台《生物多样性保护战略与行动计划》，其中涉及生物多样性保护领域的内容在结合区域特点基础上进一步细化，并和国家政策基调保持一致。

（二）国内生物多样性环境效益信息披露要求

有效的信息披露，是金融支持生物多样性保护的基础。目前国内金融监管部门尚未针对生物多样性保护出台明确的信息披露规定。生物多样性金融作为绿色金融的组成部分，适用其环境效益信息披露要求。在国内ESG评级体系中也纳入了生物多样性保护相关维度指标，但指标要求较为宽泛并且以定性为主。整体而言，目前国内生物多样性保护信息披露要求的针对性和专业性水平有待进一步提升。

目前已有国内组织、金融机构等率先探索生物多样性披露，通过发布行业倡议，加强对生物多样性保护的支持，对生物多样性保护的信息披露作出自律要求。2021年10月，60家中外银行机构在云南省昆明市签署《银行业金融机构支持生物多样性保护共同宣示》，承诺制定生物多样性战略、强化生物多样性风控、确立生物多样性偏好、做好生物多样性披露等。信息披露方面加强银行间生物多样性数据信息共享，研究业务流程对生物多样性数据信息披露要求，及时披露生物多样性保护投融资禁入和支持政策、分类筛选、动态更新。同年10月，45家中外机构发布《生物多样性金融伙伴关系全球共同倡议》，鼓励企业与投资者进行生物多样性相关金融风险的披露，同时协调和整合各利益相关开发方的不同金融产品和专业技术工具，定期公布关键工具的产出和进展信息，包括编制并发布生物多样性金融伙伴关系全球发展报告。

（三）国内生物多样性环境效益信息披露现状及问题

目前国内生物多样性保护的信息披露可以分为企业主体和金融产品两个方面。

企业主体方面，对企业披露的ESG信息中涉及生物多样性保护内容进行评价。根据商道融绿对A股上市公司ESG数据的研究[1]，2021年只有28.80%的

---

[1] 商道融绿. 信息不足制约金融机构应对生物多样性挑战 [EB/OL]. （2011-05-03）[2024-06-01].
https://weibo.com/ttarticle/p/show?id=2309404693690391069545&sudaref=www.baidu.com.

生物多样性保护重要行业上市公司披露了其生物多样性保护政策或举措，但生物多样性保护信息披露工作从2018年至2021年呈现持续提升态势。

金融产品方面，绿色债券在支持生物多样性保护积累了较为丰富的实践案例。广东省政府在2019年发行了22.5亿元的大湾区生态环保建设专项债券，推动山水林田湖草生态修复，保护南岭国家公园生物多样性。中国银行在2021年发行全球首只金融机构生物多样性债券，募集资金18亿元，用于生态水网、国家储备林建设、山区生态修复等生物多样性保护项目。四川省能源投资集团有限责任公司在2021年发行全国首单参股型绿色权益出资中期票据，募集资金用于金沙江白鹤滩水电站工程在水生生物栖息地保护、水温影响及低温减缓措施等方面的实践探索。通过立足于国内涉及生物多样性保护项目的绿色债券开展研究，重点分析生物多样性信息披露情况。

根据中债—绿色债券环境效益信息数据库，截至2023年6月末，累计296只债券，共计7233.75亿元投入生物多样性项目，其中政府债券和金融债券是主力债券品种，投入金额均超过3440亿元，在全部债券占比均超过47%，说明生物多样性项目具有一定公益性的特征（见图1）。

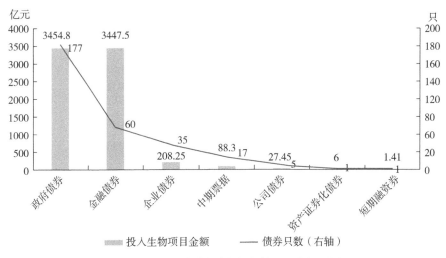

图1 中国绿色债券中生物多样性保护项目债券分布情况

根据债券信息披露显示，绿色债券投入生物多样性保护项目约为526

个，按照《绿色债券支持项目目录（2021年版）》的绿色债券市场上的生物项目进行分类统计，发现当前主要投入的生物多样性保护项目为河湖与湿地保护恢复、水生态系统旱涝灾害防控及应对、森林资源培育产业、国家公园、世界遗产、国家级风景名胜区、国家森林公园、国家地质公园、国家湿地公园等保护性运营、生态功能区建设维护和运营等领域。其中河湖与湿地保护领域共有137个项目，占比为34%，在所有的生物多样性保护项目中占领先地位（见图2）。

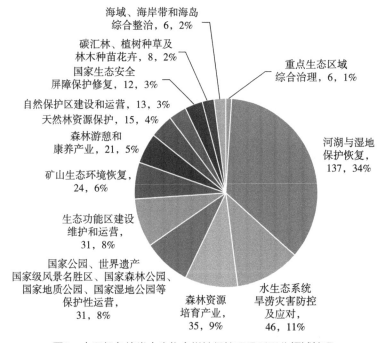

图2　中国绿色债券中生物多样性保护项目所属分领域情况

中央结算公司研发推出《绿色债券环境效益信息披露指标体系》已经通过金融行业标准和深圳地方标准立项并进行公示，该指标体系为生物多样性保护项目相关的绿色细分领域设计了生物多样性披露指标，在常见环境效益指标基础上，借鉴国际绿色标准引入生物物种保护量和生物栖息地面积等特有指标。基于中债绿色指标体系对当前绿色债券中生物多样性项目信息披露水平进行分析测算。

从债券品种维度看，涉及生物多样性保护项目的绿色债券中政府债券披露占比为43.36%，其中已披露的债券平均信息披露完整度为5.07%。金融债券披露占比64.04%，其中已披露的债券平均信息披露完整度为9.19%。中期票据披露占比相对较高，为79.31%，平均信息披露完整度为9.6%。企业债券披露占比76.32%，信息披露完整度相对最高，为11.17%。公司债券、短期融资券、资产证券化债券涉及债券只数较少，信息披露占比可能存在统计偏差。总体来看，大约一半（50.43%）涉及生物多样性保护项目的绿色债券进行披露，但平均披露完整度为6.31%，普遍披露1~2个指标，整体披露完整度有待进一步提升（见表6）。

表6 生物多样性项目债券类型信息披露情况

债券类型	披露占比/%	平均信息披露完整度/%
政府债券	43.36	5.07
金融债券	64.04	9.19
企业债券	76.32	11.17
中期票据	79.31	9.60
公司债券	80.00	9.19
短期融资券	0.00	0.00
资产证券化债券	0.00	0.00
总计	50.43	6.31

从生物多样性保护项目具体涉及绿色分领域来看，天然林资源保护分领域的平均信息披露完整度最高，为22.22%。其次为采煤沉陷区综合治理，平均信息披露完整度为17.86%。其他生物多样性保护分领域的平均信息披露完整度大多数在10%以下。通过分析披露频次较高的生物多样性环境效益指标，其中定量指标主要为治理/保护面积和林地/草地面积，另外描述保护生物多样性情况、生态系统保护情况定性指标也较为常见（见表7）。

表7 绿色债券生物多样性项目信息披露情况

分领域名称	平均信息披露完整度/%	主要披露指标
采煤沉陷区综合治理	17.86	治理/保护面积
动植物资源保护	0	未披露
国家公园、世界遗产、国家级风景名胜区、国家森林公园、国家地质公园、国家湿地公园等保护性运营	3.13	林地/草地面积、治理/保护面积
国家生态安全屏障保护修复	12.50	项目环境效益描述、治理/保护面积
海域、海岸带和海岛综合整治	8.93	治理/保护面积
河湖与湿地保护恢复	4.51	处理量、清淤量、固碳量
荒漠化、石漠化和水土流失综合治理	11.11	治理/保护面积
矿山生态环境恢复	6.48	治理/保护面积、林地/草地面积
林下种植和林下养殖产业	10.91	林地/草地面积
林业基因资源保护	0	未披露
森林游憩和康养产业	3.37	林地/草地面积、项目环境效益描述
森林资源培育产业	9.04	林地/草地面积
生态功能区建设维护和运营	8.63	治理/保护面积
水生态系统旱涝灾害防控及应对	4.91	治理/保护面积、清淤量、项目环境效益描述
碳汇林、植树种草及林木种苗花卉	8.33	林地/草地面积
天然林资源保护	22.22	林地/草地面积
现代农业种业及动植物种质资源保护	0	未披露
增殖放流与海洋牧场建设和运营	0	未披露
重点生态区域综合治理	5.56	治理/保护面积
自然保护区建设和运营	2.22	林地/草地面积

通过分析上述生物多样性保护相关环境效益信息披露情况可知，目前国内投入相关项目较多，但整体而言，环境效益信息披露不佳。这主要体现在

以下几个方面：一是债券信息披露占比较低。50.43%涉及生物多样性保护项目开展相关披露，作为投入生物多样性保护项目的主力券种地方政府债券信息披露占比仅为43.36%。二是信息披露完整度不高。生物多样性保护项目普遍披露1~2个指标，债券平均披露完整度为6.31%。三是信息披露质量不高。在已披露的项目中生物多样性披露以治理/保护面积和林地/草地面积等面积指标和项目环境效益描述为主，定性披露生物多样性情况、生态系统保护情况和防洪等级提升情况等，尤其缺少生物物种保护量和生物栖息地面积等定量披露信息，尚须积极提升生物多样性环境效益信息披露水平。

四、生物多样性环境效益信息披露指标体系

（一）生物多样性保护项目目录设计

在支持生物多样性保护的绿色项目目录设定上，本文主要参考国际资本市场协会（ICMA）《绿色债券原则》、欧盟《可持续金融分类方案》等国际制度文件，以及国内的《绿色产业指导目录（2019年版）》、《绿色债券支持项目目录（2021年版）》、《中国的生物多样性保护》白皮书和《关于进一步加强生物多样性保护的意见》等国内政策文件，选取与生物多样性相关的行业或项目目录。

通过对国内外相关政策文件的对比分析，本文以《绿色债券支持项目目录（2021年版）》为基准，共筛选出22个和生物多样性保护相关的绿色项目。此外，ICMA《绿色债券原则》中涉及的气候智能农业投入项目和《中国的生物多样性保护》白皮书中涉及的转基因生物安全管理项目与生物多样性保护具有较大的相关性，可以增加至生物多样性保护项目目录中。

具体目录如表8所示，总计24个生物多样性项目。每个项目均满足一定的生物多样性保护目标，具有良好的生物多样性促进效果。

表8 生物多样性保护项目目录和对应的生物多样性保护目标

对应的绿债目录编号	项目名称	爱知目标	《昆蒙框架》行动目标	SDGs 14、15
4.1.1.1	现代农业种业及动植物种质资源保护	目标13	行动目标4、行动目标10	—
4.1.1.3	林业基因资源保护	目标13	行动目标4	—
4.1.1.4	增殖放流与海洋牧场建设和运营	目标6	行动目标5、行动目标9	14.4
4.1.1.5	有害生物灾害防治	目标9	行动目标6	15.8
4.2.1.1	天然林资源保护	目标5	行动目标9、行动目标10	15.2
4.2.1.2	动植物资源保护	目标12	行动目标4	15.5
4.2.1.3	自然保护区建设和运营	目标5、目标11、目标12	行动目标1、行动目标3、行动目标4	15.1
4.2.1.4	生态功能区建设维护和运营	目标5、目标10、目标11	行动目标2、行动目标3	14.5 15.3
4.2.1.5	退耕还林还草和退牧还草工程建设	目标15	行动目标2、行动目标11	15.3
4.2.1.6	河湖与湿地保护恢复	目标5、目标8、目标11、	行动目标2、行动目标7、行动目标8	15.1
4.2.1.7	国家生态安全屏障保护修复	目标5、目标7、目标8、目标9、目标10、目标11、目标12、目标15	行动目标1、行动目标2、行动目标3	14.2
4.2.1.8	重点生态区域综合治理	目标5、目标11、目标12、目标15	行动目标1、行动目标2、行动目标3	15.2 15.3
4.2.1.9	矿山生态环境恢复	目标5、目标8、目标15	行动目标2、行动目标11	15.3
4.2.1.10	荒漠化、石漠化和水土流失综合治理	目标5、目标8、目标14、目标15	行动目标2	15.3
4.2.1.11	水生态系统旱涝灾害防控及应对	目标5、目标11、目标14	行动目标8、行动目标11	15.1
4.2.1.13	采煤沉陷区综合治理	目标5、目标8、目标15	行动目标2、行动目标11	15.3
4.2.1.14	海域、海岸带和海岛综合整治	目标5、目标10、目标11	行动目标1、行动目标2、行动目标3、行动目标8	14.2

对应的绿债目录编号	项目名称	爱知目标	《昆蒙框架》行动目标	SDGs 14、15
4.2.2.1	森林资源培育产业	目标7	行动目标10	—
4.2.2.2	林下种植和林下养殖产业	目标14、目标15	行动目标10	—
4.2.2.3	碳汇林、植树种草及林木种苗花卉	目标5、目标14、目标15	行动目标8	—
4.2.2.4	森林游憩和康养产业	目标14	行动目标9、行动目标11	—
4.2.2.5	国家公园、世界遗产、国家级风景名胜区、国家森林公园、国家地质公园、国家湿地公园等保护性运营	目标5、目标11、目标14、目标15	行动目标1、行动目标3、行动目标4	15.1
—	气候智能农业投入	目标7	行动目标10	—
—	转基因生物安全管理	目标13	行动目标5、行动目标7	—

（二）生物多样性环境效益指标优化设计

1. 环境效益指标分类

根据相关政策文件和市场实践，绿色项目环境效益信息披露指标可分为六大类：降碳类、减污类、资源综合利用类、扩绿类、其他定量类和定性类。每类指标的具体含义如下。

① 降碳类指标是用于评估生产经营活动减少碳排放量的指标，包括生态降碳、产业升级降碳、资源循环利用降碳等。

② 减污类指标是用于评估生产经营活动基于产业技术绿色替代和产品服务创新升级等而减少废弃物和环境污染物排放量的指标。

③ 资源综合利用类指标是用于评估生产经营活动对资源科学合理的综合开发、深度加工、循环使用和回收再生利用等情况的指标，包括矿产资源开采过程中共生矿、伴生矿综合开发与合理利用，生产过程中产生的废渣、废水（液）、废气、余热、余压回收和合理利用，社会生产和消费过程各种废

旧物资回收和再生利用等。

④ 扩绿类指标是用于评估生产经营活动对生态系统保护和修复，提高生态系统的多样性、稳定性和持续性程度的指标。

⑤ 其他定量类指标是除降碳类、减污类、资源综合利用类和扩绿类之外的定量环境效益指标。

⑥ 定性类指标是对环境效益进行定性描述的指标。

根据上述指标类型定义，生物多样性相关指标可归类到扩绿类中。

2. 生物多样性指标的选取

目前国内外生物多样性环境效益信息披露指标多聚焦在生物栖息地/保护区面积、物种和生物保护量以及入侵有害物种的减少量等方面。其他的指标，如自然景观保护、沿海植被和珊瑚礁二氧化碳水平、营养物质和/或pH值的变化、珊瑚健康提升程度、减少的温室气体排放量以及宏观方面的保护生物多样性的措施等，与生物多样性并不直接相关，因此不纳入本文生物多样性指标的选取中。还有部分指标，如物种丰富度、物种灭绝风险、栖息地多样性和生态系统健康度等无法测算或测算难度较大，不适宜在此阶段进行选择披露。因此，综合简洁性和适用性原则，本文提出了五个生物多样性指标，来衡量生物多样性保护情况，分别是生物栖息地面积、生物物种保护量、生物保护量、入侵物种减少量和生物多样性保护环境效益描述。前四个指标用于定量衡量生物多样性的保护效果，最后的定性环境效益描述指标用于补充说明项目主体对生物多样性保护所作出的努力。

（三）生物多样性环境效益信息披露指标体系

本文采用规范性、兼容性、简洁性、完整性和针对性的原则，针对生物多样性保护项目目录中的24个具体项目，分别设计了应选指标和可填指标，充分衡量项目所产生的环境贡献。应选指标是该类别项目最具代表性的环境效益指标，宜选指标是该类别项目可能产生的其他环境效益指标。生物多样性项目环境效益信息披露指标体系如表9所示。

表9 生物多样性项目环境效益信息披露指标体系

项目	指标1	指标2	指标3	指标4	指标5	指标6	指标7	指标8	指标9	指标10	指标11	指标12	指标13	指标14	指标15
现代农业种业及动植物种质资源保护	生物物种保护量*	项目环境效益描述*	生物保护量	生物栖息地面积											
林业基因资源保护	生物物种保护量*	项目环境效益描述*	碳减排量	林地草地面积	释氧量	生物保护量	入侵有害物种削减量								
增殖放流与海洋牧场建设和运营	生物物种保护量*	项目环境效益描述*	生物保护量	入侵有害物种削减量											
有害生物灾害防治	项目环境效益描述*	生物物种保护量*	生物保护量	入侵有害物种削减量											
天然林资源保护	固碳量*	林地/草地面积*	生物物种保护量*	释氧量	生物栖息地面积	项目环境效益描述									
动植物资源保护	治理保护长度*	生物栖息地面积*	项目环境效益描述*	固碳量	林地草地面积	释氧量									
自然保护区建设和运营	固碳量*	林地/草地面积*	生物物种保护量*	生物栖息地面积*	项目环境效益描述*	释氧量									

23

续表

项目	指标1	指标2	指标3	指标4	指标5	指标6	指标7	指标8	指标9	指标10	指标11	指标12	指标13	指标14	指标15
生态功能区建设维护和运营	固碳量*	林地/草地面积	治理/保护面积	生物物种保护量*	项目环境效益描述	释氧量	生物栖息地面积								
退耕还林还草和退牧还草工程建设	固碳量*	林地/草地面积	生物物种保护量*	项目环境效益描述	释氧量	生物栖息地面积									
河湖与湿地保护恢复	污水处理量*	治理/保护面积	生物物种保护量*	生物栖息地面积*	项目环境效益描述	固碳量	化学需氧量削减量	氨氮削减量	总氮削减量	总磷削减量	清淤量	林地/草地面积	释氧量	人侵有害物种削减量	
国家生态安全屏障保护修复	固碳量*	林地/草地面积	生物物种保护量*	项目环境效益描述	释氧量	人侵有害物种削减量	生物栖息地面积								
重点生态区域综合治理	固碳量*	林地/草地面积	生物物种保护量*	项目环境效益描述	释氧量	生物栖息地面积									
矿山生态环境恢复	固体废物处理量*	固碳量*	林地/草地面积	生物物种保护量*	二氧化硫削减量	氮氧化物削减量	颗粒物减排量	化学需氧量削减量	氨氮削减量	总氮削减量	总磷削减量	释氧量	治理/保护面积	生物栖息地面积	项目环境效益描述

项目	指标1	指标2	指标3	指标4	指标5	指标6	指标7	指标8	指标9	指标10	指标11	指标12	指标13	指标14	指标15
荒漠化、石漠化和水土流失综合治理	固碳量*	林地/草地面积*	治理/保护面积*	生物物种保护量*	水资源循环利用量	释氧量	生物栖息地面积	项目环境效益描述							
水生态系统修复及旱涝灾害防控及应对	水资源循环利用量*	林地/草地面积*	治理/保护面积*	固碳量	清淤量	释氧量	生物物种保护量	生物栖息地面积	项目环境效益描述						
采煤沉陷区综合治理	治理/保护面积*	固碳量	林地/草地面积	释氧量	生物物种保护量	生物栖息地面积	项目环境效益描述								
海域、海岸带和海岛综合整治	固碳量*	林地/草地面积*	治理/保护面积*	生物物种保护量*	释氧量	治理/保护长度	生物栖息地面积	项目环境效益描述							
森林资源培育产业	固碳量*	林地/草地面积*	释氧量*	二氧化硫削减量	氮氧化物削减量	颗粒物减排量	氨氮削减量	水资源循环利用量	生物物种保护量	生物栖息地面积	项目环境效益描述				
林下种植和林下养殖产业	林地/草地面积*	项目环境效益描述*	固碳量	化学需氧量削减量	氨氮削减量	总氮削减量	总磷削减量	水资源循环利用量	释氧量	生物物种保护量					

续表

项目	指标1	指标2	指标3	指标4	指标5	指标6	指标7	指标8	指标9	指标10	指标11	指标12	指标13	指标14	指标15
碳汇林、植树种草及林木种苗花卉	固碳量*	林地/草地面积*	释氧量*	二氧化硫削减量	氮氧化物削减量	颗粒物减排量	氨氮削减量	水资源循环利用量	生物物种保护量	生物栖息地面积	项目环境效益描述				
森林游憩康养产业	固碳量*	释氧量*	项目环境效益描述*	二氧化硫削减量*	氮氧化物削减量	颗粒物减排量	水资源循环利用量								
国家公园、世界遗产、国家级风景名胜区、国家森林公园、国家地质公园、湿地公园等保护性运营	固碳量*	释氧量*	项目环境效益描述*	二氧化硫削减量*	氮氧化物削减量	颗粒物减排量	化学需氧量削减量	氨氮削减量	总氮削减量	总磷削减量	水资源循环利用量	林地/草地面积	生物物种保护量	生物栖息地面积	
气候智能农业投入	生物物种保护量*	项目环境效益描述*	治理/保护面积	生物保护量	入侵有害物种削减量										
转基因生物安全管理	生物物种保护量*	项目环境效益描述*	生物保护量	入侵有害物种削减量											

注：*为应选指标，其余为自选指标。

五、促进生物多样性环境效益信息披露的建议

（一）完善生物多样性环境效益信息披露标准

建议从政策层面推动，借鉴国际相关披露标准，考虑中国实践现状，进一步丰富和细化《绿色债券支持项目目录（2021年版）》等文件中与生物多样性保护相关的内容，完善企业及经济活动层面的分类目录及其相应的技术标准等，建立具有普遍适用性的本土化生物多样性环境效益信息披露标准。鼓励生物多样性主题债券在发行前和存续期按照中债环境效益信息披露指标体系进行信息披露，以求全面系统简明地反映债券募集资金所投项目在生物多样性方面的环境效益贡献，实现生物多样性环境效益信息的标准化披露和可计量统计。

发行前的环境效益信息披露可以起到事前对发行机构进行约束的效果，有利于提高债券募投项目规划的科学性，也可以作为验证存续期环境效益信息披露工作是否与计划发生偏离的依据，使披露内容更完整、更明确，因此课题组也设计了绿色债券生物多样性环境效益信息发行前披露模板，以确保项目在规划时更科学，后续管理更可控。

（二）设计生物多样性环境效益信息披露评价机制和价值评估体系

建议设计生物多样性环境效益信息披露完整性评价机制，同时拓宽评价结果应用范围，更好发挥信息披露评价的正向引导作用，增强发行人提高信息披露质量的驱动力。另外，建议金融机构完善生物多样性价值评估体系，推动构建统一的价值评估办法，衡量金融支持生物多样性保护效益，测算项目投资中的生物多样性风险，形成包含生物多样性在内的风险压力测试要求，引导资金流向生物多样性保护领域，缓解生物多样性融资约束难题。

（三）构建涉及生物多样性的环境效益数据库

探索建立生态资源价值实现和转化平台，统筹推动各类自然资源加快向资产、资本转化。进一步完善中债绿色债券环境效益数据库，通过数据库实现对生物多样性环境效益信息数据的收集和持续监测，通过建立统一的数据标准对非结构化数据和另类数据进行清洗和标准化处理，提高数据可用性。助力市场相关方在数据库的支持下，更好地识别和评估债券募集资金在生物多样性方面的环境效益，引导金融机构创新与生物多样性保护效益挂钩的金融产品，为生物多样性保护提供多元化的金融支持。

附　录

附录一　生物多样性绿债目录及信息披露指标

附表1-1　生物多样性绿债目录及应披露的生物多样性指标

项目编号	项目名称	应披露的生物多样性指标
4.1.1.1	现代农业种业及动植物种质资源保护	生物物种保护量（应选）、项目环境效益描述（应选）、生物保护量（宜选）、生物栖息地面积（宜选）
4.1.1.3	林业基因资源保护	生物物种保护量（应选）、项目环境效益描述（应选）、生物保护量（宜选）、入侵/有害物种削减量（宜选）
4.1.1.4	增殖放流与海洋牧场建设和运营	生物物种保护量（应选）、项目环境效益描述（应选）、生物保护量（宜选）、入侵/有害物种削减量（宜选）
4.1.1.5	有害生物灾害防治	项目环境效益描述（应选）、生物物种保护量（宜选）、生物保护量（宜选）、入侵/有害物种削减量（宜选）
4.2.1.1	天然林资源保护	生物物种保护量（应选）、生物栖息地面积（宜选）、项目环境效益描述（宜选）
4.2.1.2	动植物资源保护	生物栖息地面积（应选）、项目环境效益描述（应选）
4.2.1.3	自然保护区建设和运营	生物物种保护量（应选）、项目环境效益描述（应选）、生物栖息地面积（宜选）
4.2.1.4	生态功能区建设维护和运营	生物物种保护量（应选）、项目环境效益描述（宜选）、生物栖息地面积（宜选）
4.2.1.5	退耕还林还草和退牧还草工程建设	生物物种保护量（应选）、项目环境效益描述（宜选）、生物栖息地面积（宜选）
4.2.1.6	河湖与湿地保护恢复	生物物种保护量（应选）、生物栖息地面积（宜选）、项目环境效益描述（宜选）、入侵/有害物种削减量（宜选）
4.2.1.7	国家生态安全屏障保护修复	生物物种保护量（应选）、生物栖息地面积（宜选）、项目环境效益描述（宜选）、入侵/有害物种削减量（宜选）
4.2.1.8	重点生态区域综合治理	生物物种保护量（应选）、项目环境效益描述（应选）、生物栖息地面积（宜选）

续表

项目编号	项目名称	应披露的生物多样性指标
4.2.1.9	矿山生态环境恢复	生物物种保护量（应选）、生物栖息地面积（宜选）、项目环境效益描述（宜选）
4.2.1.10	荒漠化、石漠化和水土流失综合治理	生物物种保护量（应选）、项目环境效益描述（宜选）、生物栖息地面积（宜选）
4.2.1.11	水生态系统旱涝灾害防控及应对	生物物种保护量（宜选）、生物栖息地面积（宜选）、项目环境效益描述（宜选）
4.2.1.13	采煤沉陷区综合治理	生物物种保护量（宜选）、生物栖息地面积（宜选）、项目环境效益描述（宜选）
4.2.1.14	海域、海岸带和海岛综合整治	生物物种保护量（应选）、生物栖息地面积（宜选）、项目环境效益描述（宜选）
4.2.2.1	森林资源培育产业	生物物种保护量（宜选）、生物栖息地面积（宜选）、项目环境效益描述（宜选）
4.2.2.2	林下种植和林下养殖产业	项目环境效益描述（应选）、生物物种保护量（宜选）
4.2.2.3	碳汇林、植树种草及林木种苗花卉	生物物种保护量（宜选）、生物栖息地面积（宜选）、项目环境效益描述（宜选）
4.2.2.4	森林游憩和康养产业	项目环境效益描述（应选）
4.2.2.5	国家公园、世界遗产、国家级风景名胜区、国家森林公园、国家地质公园、国家湿地公园等保护性运营	项目环境效益描述（应选）、生物物种保护量（宜选）、生物栖息地面积（宜选）
—	气候智能农业投入	生物物种保护量（应选）、项目环境效益描述（应选）、生物保护量（宜选）、入侵/有害物种削减量（宜选）
—	转基因生物安全管理	生物物种保护量（应选）、项目环境效益描述（应选）、生物保护量（宜选）、入侵/有害物种削减量（宜选）

附录二 《生物多样性金融参考指南》

《生物多样性金融参考指南》（以下简称《指南》）由国际金融公司于2022年11月发布，以金融机构和投资者为对象，提供了一份指示性清单，列出了有助于保护、维持或提升生物多样性和生态系统服务以及促进自然资源可持续管理的投资项目、活动和内容，旨在弥补市场上生物多样性金融项目标准的缺失。

生物多样性融资项目符合性方面，《指南》中设置了以下5个筛选项。

1. 项目类型是否符合《绿色债券原则》和《绿色贷款原则》的绿色项目规定条件，以及项目是否有助于实现可持续发展目标14和目标15；

2. 项目类型是否会引入风险，从而制约其他重点环境问题的解决进程，例如，可持续发展目标2、目标6、目标7、目标12、目标13；

3. 如果项目存在重大环境与社会风险，项目在实施中是否将采用"环境、社会和治理（ESG）"安全保障政策与标准，如《IFC绩效标准》；

4. 该项目是否解决了生物多样性丧失的一个或多个关键驱动因素（土地与海洋用途改变、过度开采和不可持续地使用自然资源、污染、入侵物种、气候变化）；

5. 该项目是否有适当的指标来确定对生物多样性的影响并根据选定的影响指标衡量项目绩效。

募集资金用途方面，《指南》提供了一份含3个一级分类、9个二级分类、65个三级分类的清单，如附表2-1所示。

附表2-1 《生物多样性金融参考指南》——募集资金用途

领域		说明/条件
一、寻求产生生物多样性共同惠益的投资活动		
A.生产性用地/农业	1.气候智慧型农业	a. 用本土物种和／或归化物种修复退化土地。 b. 在作物生产活动中至少减少20%的合成肥料使用量，以降低下游富营养化，和促进使用其他有机解决方案和生物肥料（如堆肥）。 c. 在农业生产项目的实施和推广过程中，至少减少20%的杀虫剂使用量及促进使用其他生物解决方案。 d. 从单一作物种植转向多样化的种植系统，包括间混套作和利用覆盖作物，以提高抗灾能力和土壤质量。 e. 大幅减少耕种或实施免耕作业。 f. 培育能够更快适应当地生产周期，水质、水量和温度变化的本地或归化物种。 g. 使用自然或绿色／灰色组合解决方案的基础设施，防止农用化学品流入沿河和沿海流域。 h. 采用可持续的农业实践／品种／技术或基础设施，在不增加环境足迹的情况下提高现有土地上的作物产量／质量。 i. 设计、实施、使用或改进可追溯机制、数据和技术，用于在企业层面或整个供应链上防止森林砍伐和监测生物多样性效益。 j. 高效灌溉——促进高效的水量分配，水的循环利用，灰水的可持续循环利用，雨水收集，以及使用耗水量低的本土作物种类。请注意，此活动应避免以耗尽天然水资源为前提。 k. 实施可保护或恢复生态系统的气候适应和韧性措施，例如，抗旱种子、养分循环、蓄水、生态区堤坝、洪泛区恢复、带流域恢复或保护的蓄水——所有能使农业企业对洪水和干旱等威胁更具韧性的项目。 l. 保护和生产本地或归化农作物种子的品种，特别是地方性物种。 m. 在供应链管理中采用促进零毁林或对生物多样性产生其他积极影响的实践和／或技术。
	2.再生农业	指能够重建土壤有机质、恢复退化土地的生物多样性、增强并维护生态系统功能，保护本地种子和畜牧种类，以及提供其他相关惠益的耕作和放牧实施活动；注重通过改进土地管理以恢复生态系统，并将此实践贯穿整个供应链系统的生产及其他相关活动。
	3.生产和交易经认证的作物／商品	符合严格的可持续农业认证，这些认证遵循确认生物多样性和潜在气候效益的审计协议。
	4.替代农业生产方式	或使用可持续水培法生产的农作物以及牛肉替代品等产品，此类生产方式和产品有助于减少土地压力，防止土地用途的转换。替代农业包括支持野生动物保护，尤其是支持濒危或受威胁的物种保护的农业生产实践（如野生动物友好型项目实施方案），以及促进野生动物友好型实践以改善土地管理、建立野生动物活动走廊和减少对野味的需求的商业活动。

续表

领域		说明/条件
一、寻求产生生物多样性共同惠益的投资活动		
A.生产性用地/农业	5.采用创新做法和技术	改善土地使用和农业实践，如地理空间数据工具和检测土壤退化的工具。
B.淡水/海洋可持续生产	1.实现节水、提高用水效率和可持续用水的措施	在以下活动中减少至少20%的用水量： a.农业生产； b.制造加工； c.建筑施工； d.基础设施建设。
	2.开发和制造节水产品	用于住宅和商业用途。
	3.降低湿地或其他淡水水体污染水平的措施	
	4.生物多样性友好型渔业	a.河流与其他水体中本地物种的再增殖。 b.生产、贸易或零售的海产品达到或超过最佳实践认证标准。
	5.可持续水产养殖生产	经过可持续性生产认证的水产养殖，需确保投资不会破坏如红树林、盐沼、海草和重要栖息地等生态系统的功能和韧性。
	6.可再生（恢复性）水产养殖生产	双壳类和海藻的养殖可增加粮食产量并恢复海洋健康。
	7.可持续渔业和渔场生产实践	作业符合渔具限制/改造、承购和采购程序、船舶改造要求，并符合防止渔业退化的最佳实践（例如，减少副渔获物）。
	8.采用供应链管理方面的做法和/或技术（包括冷藏、鱼类加工设施和运输）	减少水产品损失，扩大市场准入，并减少运输时间。
	9.生物多样性友好型航运和航行	a.在船舶上安装压载水处理装置，以防范入侵物种的污染。 b.安装膜生物反应器类废水处理装置，用于处理船舶的所有黑水和灰水。 c.在船舶上安装船底废水处理装置。 d.在船舶上安装设备以减少对海洋物种有害的噪声污染。 e.在港口与码头建设固体垃圾的收集与处理设施。 f.部署以技术为基础的绘图和分析工具和/或替代性路线实践，以保护生物多样性（例如，避免与大型哺乳动物发生碰撞的措施）。
	10.海洋友好和淡水友好型家用产品的制造或零售	如可生物降解的无磷洗涤剂、洗发水、香皂、除臭剂、清洁剂；不含塑料微珠的牙膏；非塑料包装。

续表

领域		说明/条件
一、寻求产生生物多样性共同惠益的投资活动		
B. 淡水／海洋可持续生产	11.通过用非合成有机肥取代磷氮复合化肥，降低下游富营养化	与改善农业生产实践有关。
	12.防止雨水和废水流入水道	包括投资于基于自然的废水处理解决方案，如建造湿地以支持去除废水中的有机污染物。
	13.升级废水处理厂（农业、工业、商业、住宅或城市级别）	以消除所有对生物多样性有害的污染物。
	14.改善上游流域活动（与改善土地管理、农业实践和卫生设施相关）	以减少沉积物流动和污染。
C. 废弃物和塑料管理	1.可堆肥和可生物降解产品的制造、贸易融资或零售	包括取代影响海洋、淡水和陆地生物多样性的传统产品的植物基塑料和包装解决方案。
	2.低碳、可生物降解材料的制造、贸易融资或零售（例如，Lyocell纤维）	作为棉花和化石基纤维的替代品。
	3.城市排水系统	防止塑料、固体垃圾和污染物流入淡水和海洋栖息地的城市排水系统。
	4.防洪措施	防止塑料、固体垃圾或污染物径流的防洪措施。
	5.减少塑料的使用	在产品设计和制造中减少塑料的使用，并使用回收的塑料来满足剩余材料的需求。
	6.支持研究和创新技术	支持旨在回收一次性塑料的研究和创新技术，作为大规模塑料回收工作的一部分。
	7.塑料回收活动和设施	
	8.塑料的可持续再利用	

续表

领域		说明/条件
一、寻求产生生物多样性共同惠益的投资活动		
D. 林业与种植业	1.林地复育	用本地或归化物种进行林地复育，以产生生物多样性惠益和生态系统服务（例如，固碳、水质、关键生态流地区的供水）。
	2.造林（种植）或自然森林再生	在退化的土地上用本地或归化的物种进行造林（种植）或自然森林再生，以建立生产缓冲区或生物多样性走廊，特别是在毗邻或连接原始森林或保护区时。
	3. 本地非木材林产品	与森林保育、土壤保持和改善及替代生计相关的本地非木材林产品。
	4. 可持续森林管理	符合国际最佳做法和国际公认的质量认证标准的森林生产和管理，确保生态、经济和社会效益。
	5. 可持续的林木作物生产	纳入本地或归化物种，不造成或导致天然林或任何其他具有高保护价值的生物多样性热点地区或高碳汇生态系统的砍伐或损失。
	6.农林混作系统	与可持续农业实践相关，利用本地或移植的适应当地气候条件的品种，进行树木与农作物的混合生产。
E. 旅游业/生态旅游服务	1. 可持续或生态旅游企业	符合既定最佳实践标准的可持续或生态旅游企业，保护或恢复栖息地或避免增加对栖息地的侵蚀，并致力于减少碳排放。
	2. 在陆地和海洋保护区内开办旅游特许经营业务	旨在为加强生物多样性保护或降低生物多样性危害的活动创造机遇或提供激励机制。这些机遇可以是经济层面的（例如，替代生计）、社会层面的（例如，支持社会规范或行为改变的教育项目/最佳实践）以及财政层面的（例如，旅游业与保护区分享景区利润）。此外，此类活动必须遵守经认可的生态旅游规定。
	3. 在保护区外符合生态旅游原则的生态旅游企业和经营活动	例如，这些企业可能位于保护区的缓冲区、关键栖息地或其他敏感地点，或社区参与度或所有权很强的地方。
F. 其他投资	1. 研究和开发以及有助于识别、监测、报告和核实生物多样性和商业影响的技术	例如，用于保护生物多样性的地理信息系统和人工智能工具和软件，以跟踪野生动物和监测可能发生偷猎的地区的动物流离失所情况。
	2. 对现有的基础设施和建设项目进行改造	以解决以前由项目引起或加剧的对生物多样性的不利影响。
	3. 在航空、卡车运输和物流方面进行创新	以避免运入侵物种。

续表

领域		说明/条件
二、以生物多样性保护和/或恢复为主要投资目标		
A. 保护性土地使用 / 陆地栖息地保护	1. 保护重要的生物多样性地区	通过建立法律认可的保护区。
	2. 投资用于保护或修复的土地，以创造生物多样性信用额度	例如，"缓解银行"。这可与保护地役权相关联，通过保护/管理/修复来提供补偿。
	3. 保护地役权/路权	保护地役权将特定私人土地用于生物多样性保护，同时允许土地所有者保留特定私有财产权（有些直接与生物多样性信用额度/缓解银行相关）。
	4. 生态系统服务付费或投资于支持PES机制和保育信托基金	生态系统服务付费（Payments for Ecosystem Services，PES）或投资于支持与自然和生物多样性保护直接相关的PES机制和保育信托基金。
	5. 公共与私营部门合作机制（PPP）为私人土地所有者提供奖励/税务削减	从而在与既有保护区毗邻区域实施新的私人管理保护区；投资于监督和核查机制，确保使用合理。
	6. 再野化	与生态保护修复密切相关，创建和重建野生动物栖息地等。
	7. 防火管理/降低火灾风险	项目投资于能够直接降低火灾风险并且展示了生物多样性惠益的防火管理及减灾措施。
	8. 投资于REDD+	投资于REDD+（即减少毁林和森林退化所致排放量加上森林可持续管理以及保护和加强森林碳储量）经营项目以产生碳信用额度（后《巴黎协定》框架），并为当地社区带来持续的经济机会和社会效益。
B. 淡水与海洋栖息地的保护	1. 保护/恢复湿地，以提供和维持生态系统服务	
	2. 保护和创造湿地以创造生物多样性信用	建立湿地缓解银行。
	3. 投资海洋地区的保护/修复（如海草床、珊瑚、红树林等）	以保护重要物种，改善栖息地，并提供服务或重要的生态功能。在某些情况下，可对干预措施进行设计，用于提供碳信用和生物多样性信用（海洋栖息地银行）。
	4. 提供自然栖息地的修复服务	用无人机种植红树林；为捕鱼配额的强制执行提供监测服务；特定环境中本地物种的再增殖。
	5. 营养物排放信用额度体系	以减少排入水体的污染物量（在规范市场开展营养物排放权交易）。
	6. 流域管理活动	与改善土地管理、农业实践和卫生设施相关，以改善水质并减少下游生态系统（例如，珊瑚礁）的沉积。

续表

领域		说明/条件
三、投资基于自然的解决方案，以保护、加强和恢复生态系统和生物多样性		
A. 基于自然的解决方案	1. 自然或生态基础设施投资	防止农用化学品径流进入河道和海岸流域（如洼地、生物过滤）。
	2. 人工湿地	进行水处理（一级到三级），前提是它们不会干扰项目影响区内的任何天然湿地，最好是与它们形成互补。
	3. 流域管理实践	减少径流、沉淀和淤积，增加补注。
	4. 降低废水排放温度的自然基础设施	
	5. 自然基础设施或自然基础设施和灰色基础设施的组合	侧重于管理雨水并将传统的沿海和河流防洪基础设施与生态基础设施（例如，带海堤的红树林和带堤坝的沼泽地）相结合。
	6. 保护或修复湿地	减少洪涝及土壤/水的盐渍化。
	7. 保护或修复红树林	减少洪涝、土壤侵蚀，增加沿海地区韧性，并实现固碳。
	8. 保护或修复珊瑚礁	减少风暴潮和洪涝。
	9. 通过植被缓冲带、农业缓冲带、洼地或其他技术	避免营养物和沉积物流失。
	10. 针对绿色/蓝色基础设施的指数化保险计划	如珊瑚礁、渔场、水产养殖及海岸保护。
	11. 绿色/蓝色城市基础设施	例如，绿色屋顶、绿色立面、透水表面、雨水花园、生态湿地、运河和池塘，以应对干旱、洪水和城市高温的影响。
	12. 为光伏项目提供基于自然的解决方案	以冷却太阳能电池板并提高其性能（例如，用本地草和花播种，农业光伏）。

影响力报告方面，尽管国际金融公司有此计划，但《指南》中尚未提供

具体绩效指标，建议发行人可以与投资者、生物多样性专家和受影响的利益相关方合作，确定适当的影响力指标，将其纳入年度影响力报告，并作为支持短期、中期和长期监测的融资考量，以及在可能的情况下，支持独立的第三方核查。

致谢：

在本课题编写过程中，我们要特别感谢中央国债登记结算有限责任公司的宗军、史祎、程振华、商瑾、魏海瑞、陈莹莹、郭惠娥和孔渊媛，中证鹏元绿融（深圳）科技有限公司的王雪晶、王鼎和吴彦。他们为课题顺利开展作出了很大贡献，在此我们表示衷心的谢意。

烟台市蓝色产业投融资支持目录

编写单位：烟台市财政局

　　　　　北京绿色金融与可持续发展研究院

课题组成员：

贾　磊　　烟台市财政局

陈爱杰　　烟台市财政局

汤　笑　　烟台市财政局

白韫雯　北京绿色金融与可持续发展研究院

韩红梅　北京绿色金融与可持续发展研究院

赵丹阳　北京绿色金融与可持续发展研究院

编写单位简介：

烟台市财政局：

烟台市财政局负责根据国民经济和社会发展规划，拟订烟台市财政、税收、相关国有资产管理的中长期规划及改革方案，分析预测宏观经济形势，参与制定宏观经济政策，提出运用财税政策实施宏观调控和综合平衡社会财力的建议，完善鼓励公益事业发展的财税政策等工作。2023年烟台市财政局主导推动了以蓝色为特色的绿色金融改革创新工作，取得良好的进展。

北京绿色金融与可持续发展研究院（以下简称北京绿金院）：

北京绿金院是一家注册于北京的非营利研究机构。北京绿金院聚焦ESG投融资、低碳与能源转型、自然资本、绿色科技与建筑投融资等领域，致力于为中国与全球绿色金融和可持续发展提供政策、市场与产品的研究，并推动绿色金融的国际合作。北京绿金院旨在发展成为具有国际影响力的智库，为改善全球环境与应对气候变化作出实质贡献。

一、适用范围

为了更好地引导资金进入蓝色金融领域并精准支持蓝色产业发展，《烟台市蓝色产业投融资支持目录》（以下简称《目录》）提出一套广泛覆盖海洋产业并符合海洋产业地方特色的蓝色经济活动分类体系，该体系可指导投资者识别对环境目标（包括：1.可持续利用和保护水和海洋资源；2.预防和控制海洋污染；3.保护和恢复生物多样性和生态系统；4.气候变化减缓和适应）有实质性贡献的海洋经济活动。《目录》主要适用范围如下所述。

1. 地方政府和监管部门：制定更有针对性的激励措施；编制项目库。

2. 金融机构：确定资金投放方向；存量客户蓝色经济活动快速筛选；筛选新增企业蓝色产业名单企业融资用途判断；支持环境相关信息披露要求。

3. 企业：可持续发展规划依据；产业转型发展的界定。

二、编制依据

1.《海洋及相关产业分类》（GB/T 20794—2021）[①]；

2.《国民经济行业分类》（GB/T 4754—2017）[②]；

3.《绿色产业指导目录（2019年版）》[③]；

4.《绿色债券支持项目目录（2021年版）》[④]；

[①] 《海洋及相关产业分类》（GB/T 20794—2021）现行版本在2021年发布，规定了我国海洋及相关产业的分类和代码。

[②] 《国民经济行业分类》（GB/T 4754—2017），现行版本在2017年发布，文件规定全社会经济活动的分类和代码。

[③] 《绿色产业指导目录（2019年版）》于2019年由国家发展改革委等部门联合印发，旨在划定绿色产业边界，支持绿色产业发展。

[④] 《绿色债券支持项目目录（2021年版）》于2021年由中国人民银行、国家发展改革委、证监会印发，统一了各类绿色债券定义和分类标准。

5. 世界银行蓝色经济分类[①]；

6. 亚洲开发银行《蓝色债券框架》[②]；

7. 国际金融公司《蓝色金融指引》[③]；

8. 联合国开发计划署蓝色融资框架[④]。

三、编制原则

原则1：环境目标的实质性贡献原则

蓝色经济活动应为支持恢复、保护或维持海洋生态系统作出实质性贡献。具体来说应对可持续利用和保护水和海洋资源，预防和控制海洋污染，生物多样性和生态系统保护及气候变化的缓解和适应四个环境目标中的一个或多个产生重大环境效益。

原则2：避免重大损害原则

蓝色经济活动不应对目标中的任何一个环境目标造成重大损害。例如，即使某些项目可以达到降低污染的效果，但如果同时导致了明显更多的碳排放，也不能被认为是可持续经济活动（如利用柴油发动机船只清理海上垃圾，减少垃圾的同时增加CO_2排放）。又如，即使某些项目可以达到降污减碳的效果，但如果同时导致了明显的生物多样性丧失，也不能被认为是可持续经济活动（如部分海上风电项目会影响候鸟的飞行航道或海洋生物多样性）。

---

① 世界银行把蓝色经济包含的相关活动分成了以下 5 类，分别为海洋生物资源的捕捞和贸易，提取开采和利用海洋非生物资源，使用可再生资源，海洋商贸，对经济和环境有间接影响的活动。

② 为了扩大绿色债券框架，将海洋健康投资纳入其中，亚洲开发银行开发了《蓝色债券框架》用来评估项目是否可以纳入绿色或蓝色债券。

③ 国际金融公司（International Finance Corporation，IFC）于 2022 年提出《蓝色金融指引》，旨在界定募集资金使用用途并提供合格性清单，用于支持私营部门蓝色投资。

④ 2019 年联合国开发计划署 UNDP 制定了蓝色融资框架，旨在为蓝色经济的投资开放资本市场。

原则3：包容原则

蓝色经济活动还应考虑支持和提高当地居民的生计，通过与当地社区和利益相关者的有效沟通，来识别、回应和减缓受影响方相关问题。

原则4：动态调整原则

《目录》应根据海洋产业发展趋势、市场和技术发展、政策环境以及国家发展需求和优先事项不断调整和完善。

四、编制方法

《烟台市蓝色产业投融资支持目录》以《海洋及相关产业分类》（GB/T 20794—2021）为基础，围绕联合国可持续发展目标14（SDG14目标）以及我国海洋生态保护和海洋经济发展重大优先事项，结合海洋产业发展特色和重点，依据以上四大原则，运用目录法对涉海产业进行筛选。根据"编制依据"中的八大文件，共计筛选出海洋渔业、海工装备制造、海洋生物医药、海水淡化、海洋文化旅游和海洋交通运输等12个蓝色一级产业，41个二级产业和84个三级产业。

五、指标说明

指标体系用于核准企业的经济活动是否满足《烟台市蓝色产业投融资支持目录》的经济活动，判定标准如下。

1. 企业要全部满足所属产业无重大伤害指标[①]，有其一不符合即判定其不符合无重大伤害原则，不予支持。

2. 企业是否满足所属产业实质性贡献的指标，满足其一即可判定其满足实质性贡献原则。

---

① 本目录把蓝色产业指标体系分为"环境目标的实质性贡献"指标（本文标注 SC 表示）、"无重大损害"指标（本文标注 NH 表示）和辅助判断指标（未有标注类）3 类。

3. 以上两条判定标准要同时符合，即可判定企业经济活动符合《目录》经济活动范围。但此指标不作为金融支持程度的判定依据。

4. 附加指标起辅助判断作用。《目录》部分指标暂无相关标准界定，所以《目录》中以相应指标计量单位为基础，以达到行业表现前30%作为界定数值进行判定，本界定数值可依据地方实际发展情况做相应调整。

5. 未来在使用《目录》的过程中，可根据使用方需求，对不同指标给予不同权重，进行打分评定。

六、目录内容

《烟台市蓝色产业投融资支持目录》如表1所示。

蓝色产业分类如图1所示。

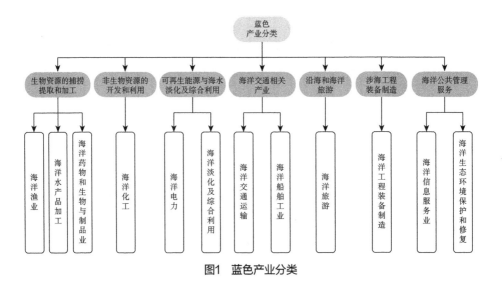

图1　蓝色产业分类

表1 《烟台市蓝色产业投融资支持目录》详情

一级	二级①	三级	活动描述与规范	指标体系（指标体系对应一级产业）			环境目标
				环境影响指标			
				指标类别	指标内容	指标依据	
海洋渔业 来源： UNDP《蓝色金融框架》； IFC《蓝色金融指引》； 世界银行蓝色经济分类； 《绿色产业指导目录（2019年版）》； 《绿色债券支持项目目录（2021年版）》	海水养殖0411	海上养殖	智能以可持续的养殖方式，采用先进的数字化技术等达到避免养殖尾水污染，提升养殖效率，修复渔业资源，改善生态环境等目的的海水养殖活动。以生态环境污水的控制方面：1.循环水养殖；2.可持续方式在含营养盐的产藻类和其他海藻绿色微型成除海水中的氮类和其他营养物质。养殖效率提升方面：1.应用生物技术，用于生产食品、药品、化妆品或其他生物基产品。2.采用先进数字技术进行养殖种群管理、环境监测、风险防范。3.适应中集约用海，打造立体养殖模式，将海洋与海洋牧场建设绿色养殖，研发海底藻床构建技术，在解决海藻化工原料的同时改善海洋生态环境。 海洋牧场以及海生态系统能力分允评价格依据《海洋牧场建设技术指南》（GB/T 40946—2021）进行人工生态环境修复的生物资源养护等能够修复改善生态环境的海洋牧场建设和维护项目。1.经过科学规划布局和有效的养护海洋前，开发高效、环境友好状况调查，同时对建设海域能够举办载的生物种类和数量进行科学评估。2.通过科学的方式投放人工鱼礁、种植大型藻类、改造滩涂等方式改善人工生境，为海洋生物提供良好的栖息地。对于经济价值高的珍稀生物，采用人工繁育和天然种质资源保护品，实现规模化养殖的方式，建立高的科学种调养殖的同时，推动海洋生物种种质资源多样性。相关活动应符合以下指导意见监管规则：《关于加强海水养殖生态环境监管的意见》（环海洋〔2022〕39号）《关于加快推进深远海养殖发展的意见》（农渔发〔2019〕1号）《浮游式海水网箱养鱼技术规范》（SC/T 2013—2003）《2024年水产绿色健康养殖技术推广"五大行动"实施方案》	污水排放（NH）	养殖水排放标准： 悬浮物质：一级标准：≤40mg/L；二级标准：≤100mg/L。 pH 水域正常变动范围的0.5单位6.5～9.0 COD 一级标准：≤10mg/L；二级标准：≤20mg/L。 BOD 一级标准：≤6mg/L；二级标准：≤10mg/L。 无机氮（以N计）一级标准：≤0.5mg/L；二级标准：≤1.0mg/L。 硫化物：一级标准：≤0.2mg/L；二级标准：≤0.8mg/L。 锌 一级标准：≤0.2mg/L；二级标准：≤0.5mg/L。 铜 一级标准：≤0.1mg/L；二级标准：≤0.2mg/L。 活性磷酸盐（以P计）一级标准：≤0.05mg/L；二级标准：≤0.1mg/L。 总余氯：二级标准：0.2mg/L。	养殖污水排放要求：山东省地方标准《海水养殖污水排放标准》（DB37 4676—2023）养殖尾水排放标准：一级标准、一般水域按照（重点保护水域执行），具体按划分类别，二级标准《海水水质标准》（GB 3097—1997）执行	可持续利用及保护水和海洋资源；预防和控制污染；减缓气候变化或对气候变化应对

① 文本中数字编号为与《国民经济行业分类》（GB/T 4754—2017）相对应编号，合计37项。

续表

活动描述与规范	一级	二级	三级	指标类别	指标内容	指标依据	环境目标
				水质（SC）	是否有为减少养分排放而采取的措施？如果有请说明	—	
				水质（NH）	大肠菌群≤5000个/L，供人生食的贝类养殖水质≤500；黄大肠菌群≤2000个/L，供人生食的贝类养殖水质≤140，镉水质≤0.0002mg/L，等满足右侧水质标准	《无公害食品 海水养殖用水水质》（NY 5052—2001）	
				废物/废水管理回收（NH）	是否有固体废物和废水处理技术？如果有请产生的废物的吨数	—	
				废物/废水管理回收（SC）	废物产生和回收，废水的产生和利用，每年产生及造废物的吨数和再用废水的吨数	单位产值每年废水再利用吨数和循环再造物质数占水资源消耗和原材料消耗的比例至少达到同行业表现的前30%	
				产生的废物水平	产生废物/海洋垃圾、每年产生的无害及有害废物吨数	—	
				污染	每年产生废物和海洋垃圾及废弃的重量	《海洋废物管理条例》（2017年修订）	
				温室气体排放（SC）	直接排放（范围1）间接排放（范围2）供应链排放3	《温室气体核算体系（2011）》 企业核算与报告标准：产品寿命周期核算与报告标准《温室气体核算体系（2011）》 企业核算与报告标准《温室气体核算体系（2011）》单位产值比值链表现优于同行业表现的前30%	
				能耗水平	天然气消耗量（立方米/年）液化石油气消耗量（吨/年）汽油消耗量（升/年）柴油消耗量（升/年）外购电力总量（兆瓦时/年）外购蒸汽消耗量（吉焦/年）综合能耗总量（吨标准煤/年）单位工业增加值能耗（吨标准煤/万元）	单位工业增加值能耗表现至少优于同行业表现的前30%	
				能源结构（SC）	可再生能源是否满足能源需求、非化石能源消费占比（百分比，是否达到20%）	《"十四五"现代能源体系规划》，到2025年，非化石能源消费比重提高到20%左右	
				能源效率（SC）	是否有为提高能源效率而采取的措施？如果有请说明	—	

续表

一级	二级	三级	活动描述与规范	指标体系（指标体系对应一级产业）			环境目标
				指标类别	指标内容	指标依据	
				生态系统影响管理	受到正向支持或负向影响的海岸和海洋栖息地的面积（公顷）	《环境影响评价技术导则 生态影响》（HJ19—2022）《生态保护红线内人类活动生态环境影响评价技术指南（正式意见稿）》	
				生态系统影响管理（SC）	生态系统范围内包含的濒危物种（参考IUCN红色名录）及数量	—	
					是否有物种受保护效应？如果有请说明	—	
					支持致力于保护、养护和管理当地生物多样性和限度恢复的地方实体，具体致力于此类支持或应提供人力或成本机制	须至少达到同行业表现的前30%	
				缓解（SC）	投资与自部门活动相关的环境事业的总收入或总收入百分比（如缓解、恢复、监控或间接抵消）	须至少达到同行业表现的前30%	
				化学品使用（NH）	是否有详细化学品使用信息的农场文件？（包括抗生素）？如果有请说明	《无公害食品 渔用配合饲料安全限量》（NY 5072—2002）	
				饲料管理（SC）	是否有负责饲料原料来源的溯源管理？如果有请具体说明	—	
				养殖管理	每年逃生事件数量	—	
					每年逃逸鱼群数量	—	
		滩涂养殖	指以可持续的养殖方式达到避免水污染、改善渔业资源、修复渔业环境等目的，利用位于海边潮同带的软泥或砂泥滩地带加以平整、筑堤、围堰等从事海水养殖的生产活动。其养殖活动要满足农业农村部等十部门有的《关于加快推进水产养殖业绿色发展的若干意见》。	捕捞种群存续状况	是否存在非策略降低死亡率草案？如果有请说明	—	
				捕捞渔具（NH）	以最高可持续产量开发的种群百分比（每个物种）	—	
		其他海水养殖	指采用大棚底铺设以上可持续遮盖的方式从事海水养殖的生产活动。如工厂化养殖、养殖活动要满足水产养殖业绿色发展的《关于加快推进水产养殖业绿色发展的若干意见》的相关支持要求。		是否使用非碳环保性捕鱼技术/装备？如果有请说明	《海洋捕捞准用渔具最小网目（或网囊）尺寸标准》（农业农村部发布）	
				捕捞渔具（SC）	是否使用可选择性捕鱼的技术和装备？如果有请说明	《海洋捕捞过渡渔具最小网目（或网囊）尺寸标准》（农业农村部发布）	

续表

一级	二级	三级	活动描述与规范	指标体系（指标体系对应一级产业）			环境目标
				指标类别	指标内容	指标依据	
	海洋捕捞0412	近洋捕捞	指通过限额捕捞、遵守区域对兼捕鱼种和生态系统养护的规定和对捕捞海产品可追溯等方式达到可持续利用和保护海洋资源的目的的近洋性渔业捕捞活动。在公海或国外专属经济区水域从事某水生生动植物的捕捞活动。活动包括但不限于：确保海产品可持续供应链的可追溯性和供应发展基金会注册的可持续发展的渔业改善项目FIP。 捕捞总量控制方面： 采用可持续利用的捕捞策略Harvest strategy，支持和主张配额和捕捞能力的合理化量、控制捕捞能力的合理化；严格遵守区域渔业管理组织的捕捞限额核验计划，遵守对兼捕鱼种恢复目标的养护措施。 使用对目标种群低致危、海龟、海鸟等海洋动物误捕及降低兼捕对生态系统干扰的渔具和作业方式，为企鱼鱼放生保护装置；RYMO要求系统要求及各组织的渔业管理组织的捕捞限额按照基于生态系统管理EBFM方法，坚持在捕捞目标鱼种的同时，兼顾生态系统相关其他水生资源的可持续利用问题。 相关活动应符合以下标准： 《远洋渔业管理规定》《中华人民共和国渔业法》（中华人民共和国农业农村部2020年第2号发布）	减缓措施			
				影响评估（NH）	是否有通过监测和评价体系进行有效实施的生态环境影响评估	—	
				战略与愿景	是否参考所在国家/地区战略中的可持续发展目标，并且公司战略和运营中整合可持续发展规划？如果参考，那么公司战略和运营报告中此类活动的百分比是多少	—	
				认证和标签（SC）	是否有可持续性标签或证书的存在？是否已应用	MSC渔业标准及其他相关认证标准：水产养殖管理委员会认证（ASC）；最佳养殖规范（BAP）认证	
				风险管理（NH）	是否存在/实施了考虑到预防性原则的风险管理计划	—	
				创新（SC）	是否在生产活动及管理中应用新技术，如是，研发创新投入占收入的百分比	—	
				渔业捕捞管理（NH）	是否存在废弃物管理案例	须至少达到同行业表现的前30%	
				渔业捕捞管理	制定并执行捕捞废弃物管理条例，如果是，请说明	保证无非法、无管制、未报告的捕捞行为	
					是否已实施鱼类配额制度，如果是，请说明		
					是否制定并实施多年度捕捞管理计划，如果是请说明		
					装有电子定位及渔获报告装置的渔船占比（占捕捞船只的比例）		
				气候变化（SC）	是否有应对气候变化的措施？如果有，请说明	—	
				教育	是否组织相关可持续发展教育和培训？如果有请说明		
				供应链（SC）	1. 是否存在供应链可持续发展管理政策 2. 是否存在海产品供应链可持续发展管理政策？如果有请具体说明	—	
				许可（NH）	在鲜销捕捞前遵循的典型的许可制度	《渔业捕捞许可管理规定》《公海渔业捕捞许可证》	

① 2002年，遗产基金会（Resources Legacy Fund）设立了可持续渔业基金SFF，支持小规模渔业通过海洋管理委员会MSC认证，实现有效管理和改进。后来，可持续海产品运动项目已囊括包括公平贸易认证和渔业改进项目FIPs等更多通过MSC认证的可持续发展途径，以促进渔业可持续发展。

续表

一级	二级	三级	活动描述与规范	指标类别	指标体系（指标体系对应一级产业）		环境目标
					指标内容	指标依据	
海洋渔业专业及辅助性活动	海水鱼苗及鱼种场活动						保护和恢复生物多样性及生态系统
海洋水产品加工《烟台市"十四五"海洋经济发展规划》	海洋水产品冷冻加工		指通过先进技术和合理的管理方式给海洋鱼类、贝类、甲壳类、藻类等水生动植物进行的可追溯的冷冻加工活动，以保证活动减少或成超过以下过程中的食物浪费。经济活动需满足以下规范和要求：《水产品生产企业卫生注册规范》（SN/T 1347—2004）《食品安全国家标准 水产制品生产卫生规范》（GB 20941—2016）《水产品危害分析与关键控制点（HACCP）体系及其应用指南》（GB/T 19838—2005）《食品安全管理体系 水产品加工企业要求》（GB/T 27304—2008）《水产品加工质量管理规范》（SC/T 3009—1999）等国家标准。海产品加工持续获得MSC/ASC产销监管认证。	污水排放（NH）	以下指标适用于直接排放情况：pH值（其他）一级标准：6—9 pH值（肉类加工）一级标准：6—8.5 色度（稀释倍数）一级标准：30 悬浮物 一级标准：20mg/L 二级标准：30mg/L 化学需氧量（COD）一级标准：50mg/L 二级标准：60mg/L 生化需氧量（BOD）一级标准：10mg/L 二级标准：20mg/L 氨氮 一级标准：5mg/L 二级标准：8mg/L 总氮 一级标准：15mg/L 二级标准：20mg/L 总磷 一级标准：0.5mg/L 二级标准：0.5mg/L 动植物油 一级标准：3mg/L 二级标准：5mg/L	《流域水污染物综合排放标准第5部分：半岛流域》（DB 37/3416.5—2018）	
				污染	每年产生废物和海洋垃圾的重量	—	
				废物/废水管理（NH）	每年产生的非危险废物和危险废物处理的重量 每年产生的非危险废物和危险废物处理技术？是否有效应用固体废物废水处理技术？（描述）鱼产品再利用情况。（描述）使用可回收的包装材料。	—	
				生态系统影响管理（SC）	受到正面支持或负向影响的海岸和海洋栖息地的面积（公顷）	—	
				生态系统影响管理（SC）	支持致力于保护养护和管理当地生物多样性和景观的地方实体，具体说明其企业被用于此类养护支持或捐赠实物（如免费提供人力或机器，或捐树或土地）的百分比	—	须至少达到同行业表现的前30%

① 为了增强可信度，MSC 建立了一套管理体系对供应链进行审查和监管，即 MSC 产销监管，确保 MSC 认证的海产品可以追溯到可持续的源头。MSC 的产销监管链标准同样适用于水产养殖管理委员会 Aquaculture Stewardship Council，简称"ASC"，确保养殖的水产品可以带有绿色的 ASC 标签。

续表

一级	二级	三级	活动描述与规范	指标类别	指标内容	指标依据	环境目标
	海洋鱼糜制品及水产品干腌制加工1362		指通过可持续化的方式，利用先进技术、包括但不限于数字化、智能化的管理和溯源用于海产品制造鱼糜制品的活动。产品活动及产品达到并满足以下标准：《冻鱼糜制品》（GB/T 41233—2022）《绿色食品 鱼糜制品》（NY/T 1327—2018）	温室气体排放（SC）	直接排放（范围1）间接排放（范围2）供应链排放（范围3）	《温室气体核算与报告体系：企业核算与报告体系》（2011）《温室气体核算体系：产品寿命周期核算和报告标准》（2011）《温室气体核算体系：企业价值链（范围三）核算报告标准》（2011）单位产值温室气体减排量优于同行业表现的前30%	
				能源效率（SC）	提高能源效率的措施（描述）	—	
				能耗水平	天然气消耗量（立方米/年）液化石油气消耗量（吨/年）汽油消耗量（升/年）柴油消耗量（升/年）外购电力总量（兆瓦时/年）外购蒸汽消耗量（吨/年）综合能耗总量（吨标准煤/年）单位工业增加值能耗（吨标准煤/万元）	单位工业增加值能耗表现优于至少优于同行业表现的前30%	
				能源结构（SC）	可再生能源是否满足能源需求、非化石能源消费的百分比（是否达到20%）	《"十四五"现代能源体系规划》，到2025年，非化石能源消费比重提高到20%左右	
				基于自然的解决方案（SC）	是否应用自然的解决方案：请具体说明	—	
				缓解			
	海洋水产饲料制造		指以可持续方式利用鱼、虾、贝等海洋水产品生产饲料的加工活动。包括：技术的提升减少能耗、工艺处理减少污染排放等。其生产的水产饲料安全性要满足：《水产饲料安全性评价慢性毒性试验规程》（GB/T 23186—2009）	供应链（SC）	投资于与部门相关的环保事业的总价值或纳入百分比（如减缓、缓复、监测或间接抵消）是否存在供应链生命周期评估政策？是否存在可持续供应链管理政策？请描述。是否存在有效地执行公司政策？以确保投入原材料来源的可持续性	投资于活动的直接相关的环保事业的总价值占纳入收入百分比优于同行业表现的前30%	
				影响评估（NH）	是否有通过监测和评价进行制实施的生态环境影响评估	《环境影响评价技术导则 生态影响》（HJ 19—2022）	
	海洋鱼油提取及制品制造1363		指通过从鱼类或鱼肝中提取油脂，并生产油产品的活动。不包括海洋渔油保健品制造《鱼油》（SC/T 3502—2016）	成熟与愿景	是否参考所在国家/地区战略中的可持续发展目标。并且公司战略和运营中整合可持续发展目标？如果参考，那么，个体或活动在可持续发展报告所涵盖此类活动的百分比是多少	《生态保护红线内人类活动生态环境影响评估技术指南（征求意见稿）》	
	海洋水产品罐头制造		包括海洋水产品的硬性包装和软化包装罐头制造。	认证和标签（SC）	使用前认证标签是否存在可持续发展的标签认证	MSC/ASC 产品监督认证是否存在可持续发展的标签认证证书	

续表

一级	二级	三级	活动描述与规范	指标类别	指标体系（指标体系对应一级产业）指标内容	指标依据	环境目标
	其他水产品加工	其他水产品加工1369	其他未列明的海洋水产品加工活动，其活动要满足MSC/ASC产销监管链认证。	风险管理（NH）	是否存在/实施了考虑了预防性原则的风险管理计划	—	
				创新（SC）	是否有应用于持续发展的创新的技术应用/如果有请说明，年研发费用与总收入占比	领至少达到同行业表现的前10%	
				许可（NH）	在操作前避免破坏的典型的许可制度	《排污许可证申请与核发技术规范 农副食品加工工业—水产品加工业》（HJ 1109—2020）	
				气候变化（SC）		—	
				可持续性教育	为气候变化和减缓气候变化而采取的措施，请具体说明成效；参加有关可持续性的信息和培训课程	—	
海洋药物生物制品业 世界银行蓝色经济分类：UNDP蓝色金融资架	海洋药物制品	海洋生物药品制剂2750	指以可持续的方式利用海洋生物及其他产物的加工和经过进一步加工后的中间产物为原料，利用生物技术大生产化学药品乙基因工程药物药物等产品的活动。例如，将乙肝肝疫苗基因导入海藻中，使通过口服海藻对可以达到免疫乙肝的目的。利用鲨鱼的软骨中的抑制因子，可以阻止肿瘤生长。	环境影响指标 污水排放（NH）	适用于生物工程类醅药工业水污染物直接排放情况，包括但不限于以下指标： pH: 6-9 色度: 50 mg/L 悬浮物（SS）: 50 mg/L BOD5: 20 mg/L COD: 80 mg/L 氨氮: 10 mg/L 动植物油: 5 mg/L 总磷: 0.5 mg/L 甲醇: 2.0 mg/L 乙腈: 3.0 mg/L 总余氯（以Cl计）: 0.5 mg/L 粪大肠菌群数（MPN/L）: 500 mg/L 总有机碳: 30 mg/L 急性毒性（以HgCl2急性当量）: 0.07 mg/L	《生物工程类醅药工业水污染物排放标准》（GB 21907—2008）	可持续利用及保护水和海洋资源；预防和控制污染
				气（体）排放（NH）	醅药工业大气污染物排放情况 NMHC: 30 mg/m³ TVOC: 100 mg/m³ 颗粒物: 150 mg/m³ 苯系物: 60 mg/m³ 光气: 1 mg/m³ 氯化氢: 1.9 mg/m³ 甲醛: 5 mg/m³ 氯气: 5 mg/m³ 氨: 30 mg/m³ 硫化氢: 5 mg/m³ 二氧化硫: 200mg/m³ 氮氧化物: 200mg/m³ 二噁英: 0.1ng-TEQ/m³	《醅药工业大气污染物排放标准》（GB 3783—2019） 《区域性大气污染物综合排放标准》（DB 37/2376—2019）（依据生态环境承载能力不同素，将人口密度、环境承载能力不同区域，将重点控制区、核心控制区和一般控制区，由各区人民政府制定。报省生态环境主管部门备案） 颗粒物 核心控制区≤10mg/m³ 一般控制区≤20mg/m³ 二氧化硫 核心控制区≤20mg/m³ 一般控制区≤35mg/m³ 氮氧化物（以NOx计）核心控制区≤50mg/m³ 一般控制区≤100mg/m³ 重点控制区颗粒物≤200mg/m³	

续表

一级	二级	三级	活动描述与规范	指标类别	指标内容	指标依据	环境目标
		海洋化学药品制剂制造2720	以可转化的方式利用海洋生物及其代谢产物，把一步加工后的中间产物作为原料药，制造供人体用的原料药、诊断剂的化学药品制剂制造的活动。例如，从海带中提取出褐藻、硫酸酯酶，并制成海洋药物。	污染	每年产生的海洋垃圾的重量	—	
				产生的废物水平	每年产生的非危险废物和危险废物的重量	—	
				废物/废水管理	有害废弃物排放总量（吨/年）有害废弃物排放密度（吨/百万元）医疗废物排放量（吨/年）废药物/药品排放量（吨/年）废有机物和含矿物油废物排放量（吨/年）其他有害废弃物排放量（吨/年）废催化剂排放量（吨/年）	单位产值内有害废弃物排放总量表现至少优于同行业表现的前30%	
				废物/废水管理（NH）	是否有效应用固体废物和废水处理技术?	—	
				温室气体排放（SC）	直接排放（范围1）间接排放（范围2）供应链排放（范围3）	《温室气体核算体系：企业核算与报告标准（2011）》《温室气体核算体系：产品寿命周期核算和报告标准（2011）》《温室气体核算体系：企业价值链（范围三）核算与报告标准（2011）》单位工业增加值温室气体减排量优于同行业的前30%	
				能耗水平	天然气消耗量（立方米/年）液化石油气消耗量（吨/年）汽油消耗量（升/年）外购电力总量（兆瓦时/年）外购蒸汽消耗量（吉焦/年）综合能耗总量（吨标煤/年）单位工业加加值能耗（吨标煤/万元）	单位工业增加值能耗表现更少优于同行业表现的前30%	
				能源结构（SC）	可再生能源是否满足能源需求、非化石能源消费的百分比（是否占到20%）	《"十四五"现代能源体系规划》，到2025年，非化石能源消费比提高到20%左右	
				能源效率（SC）	提高能源效率的措施，请具体说明	策至少达到同行业表现的前30%	
		海洋原料药制药制造2710	以海洋生物及其代谢产物为原料，制造供进一步加工药品药物制剂的原料药的活动。例如，利用先进技术海洋生物制剂制造。掌握运用新型的对环境友好的海洋有利有机酶制剂的干技术和工艺。	缓释（SC）	投资于与部门活动相关的环保事业的总值（加减值、监测或回收或正面/负面影响的海岸生境范围，受到正面及负面影响的生态面积（以公顷计））		
				生态系统影响管理	生态系统正面/负面影响的海洋生态恢复、接抵消	《环境影响评价技术导则 生态影响》（HJ 19—2022）（生态保护红线内人类活动生态环境影响评价准则（正式要定稿）	
				生态系统影响（SC）	支持着力于保护和修复适当地生物多样性和栖息地改善的实体，具体说明营业额中用于此类支持实物或实物支持（如免费提供人力或机器）的百分比	策至少达到同行业表现的前30%	

续表

一级	二级	三级	活动描述与规范	指标体系（指标体系对应一级产业）			环境目标
				指标类别	指标内容	指标依据	
				减缓举措			
		海洋中药饮片加工2730	以可持续的方式以海洋生物和海洋中具有药用价值的矿物等为原料，进行加工、炮制，使其符合中药处方调剂或中成药生产使用活动，如煅石决明、海浮石等加工活动。	影响评估（NH）	是否有通过监测和评价来进行和实施的生态环境影响评估?	《环境影响评价技术导则　生态影响》（HJ 19—2022） 《生态保护红线内人类活动生态环境影响评价技术指南（征求意见稿）》	
		海洋中成药制造2740	以可持续的方式利用海洋生物及其代谢产物，以海洋生物及其代谢产物和经进一步加工后的中间产物为原料，生产中药制品的活动，如抗肿瘤药物海生素，治疗乳腺小叶增生药物菲安等的生产活动。	认证和标签（SC）	使用认证或标签	—	
					是否存在可持续发展的标签或证书?	—	
	海洋生物制品制造	海洋生物酶制剂制造	利用生物技术将海洋生物的遗传物质中的酶基因转化为具有催化作用的酶的生产加工活动，如利用海洋生物生产多糖酶。	供应链（SC）	是否有绿色可持续供应链管理政策?	—	
					是否存在生命周期评估政策?	—	
				许可（NH）	在操作前遵循的典型的许可制度	—	
		海洋农用生物制品制造	指以可持续的方式利用海洋生物为原料，生产农用生物制品的活动，如海藻农用微生物制剂、海藻生物碳肥，在海洋微生物环保制品方面，开展海洋石油降解菌、高盐有机废水生物处理菌剂、脱氨脱硫和除臭等环保微生物制剂等研发。	气候变化（SC）	是否有为适应和减缓气候变化而采取的措施? 如果有，请具体说明	—	
				可持续性教育	参加有关可持续性的信息和培训课程	—	
				战略与愿景	是否参考所在国家/地区战略中的可持续发展目标，并且在公司战略和运营中整合可持续发展目标? 如参考，那么体现在可持续发展报告所涵盖此类活动的百分比是多少	—	
				创新（SC）	是否有新技术的应用? 如果是，年研发费用占收入百分比	须至少达到同行业表现的前30%	
		海洋生物医用功能材料制造	指以海洋生物或其他提取物为原料，生产卫生材料、外科敷料以及其他内外科用医药制品、药品用辅料和包装材料的活动，如壳聚糖止血海绵、海藻植物软胶囊。	风险管理（NH）	是否存在/实施了考虑到预防性原则的风险管理计划?	—	
		海洋生物基材料制造	指以可持续的方式利用海洋生物单体或天然有机高分子为原料生产纤维，或以可再生海洋生物资源为原料生产聚乳酸等生物基材料，如壳聚糖纤维，海藻纤维等。				
		海洋化妆品制造	指以可持续的方式利用海洋生物及其代谢产物制作药品及化学制剂，如利用鲍鱼的外壳制作石决明中药，利用鱼骨、鱼皮等提取多肽等用于化妆品的制作。				
		其他海洋生物制品制造	指其他未列明以可持续的方式进行海洋生物制品制造活动。				

续表

一级	二级	三级	活动描述与规范	指标类别	指标内容（环境影响指标）	指标依据	环境目标
海洋化工 ADB蓝色债券框架（塑料替代）	海盐化工	无机酸、无机碱、无机盐制造（2612-2613）	通过资源循环利用及节能减排等先进、适用技术和装备的推广应用，达到降低能耗的盐酸的活动包括不限于：积极对接海水化产业资源、海洋化学资源。开展盐水包括海水液化氯化钾、氯化镁等项目，做好与铵盐、钾肥等工艺的对接。保持水资源综合利用的研究，加快实施盐田生物资源开发。实现绿色协调发展。光、渔、盐新业态。盐田生态平衡，发展生态农业。相关活动应符合以下指导意见：《盐行业"十四五"发展指导意见》（中国盐业协会发布）同时活动应达到超过以下指标：《工业盐》（GB/T 5462—2015）	污水排放（NH）	以下指标适用于直接排放（其他）： pH值（其他）：一级标准：6-9，二级标准：6-9 色度（稀释倍数）：一级标准：30，二级标准：30 悬浮物：一级标准：20mg/L，二级标准：30mg/L 化学需氧量（COD）：一级标准：50mg/L，二级标准：60mg/L 生化需氧量（BOD）：一级标准：10mg/L，二级标准：20mg/L 氨氮：一级标准：5mg/L，二级标准：8mg/L 总氮：一级标准：15mg/L 总磷：一级标准：0.5mg/L 动植物油：一级标准：3mg/L，二级标准：5mg/L	《流域水污染物综合排放标准 第5部分：半岛流域》（DB 37/3416.5—2018）	可持续利用水和海洋资源；预防和控制污染；保护和恢复生物多样性及生态系统；气候变化应对
				温室气体排放（SC）	直接排放（范围1） 间接排放（范围2） 供应链排放（范围3）	《温室气体核算体系：企业核算与报告标准（2011）》《温室气体核算体系：产品寿命周期核算和报告标准（2011）》《温室气体核算体系：企业价值链（范围三）核算与报告标准（2011）》核算温室气体排放量优于同行业表现的前30%	
				气体排放（NH）	海洋化工行业大气污染物排放情况包括但不限于以下指标： 颗粒物 核心控制区：10mg/m³ 一般控制区20mg/m³ 重点控制区20mg/m³ 二氧化硫 核心控制区：50mg/m³ 一般控制区：35mg/m³ 氮氧化物（以NOx计）核心控制区：50mg/m³ 一般控制区：100mg/m³ 重点控制区200mg/m³ 氯化氢 0.5 mg/m³ 氟化物 5 mg/m³ 氯气 1.9 mg/m³ 光气 0.5 mg/m³ VOCs 60mg/m³	《区域性大气污染物综合排放标准》（DB 37/ 2376—2019）（依据生态环境敏感度、人口密度，环境承载能力分为四类，将全省区域划分为一般控制区、即核心控制区、重点控制区一般控制区，由该区市人民政府划定，报省生态环境主管部门备案。《排放有机物排放标准第6部分：有机化工行业》（DB 37/2801.6—2018）。（自2020年1月1日起，现有企业执行目前的排放限值）	
				污染 产生的废物水平	每年产生的废物和海洋垃圾的重量	—	
				废物管理（NH）	每年产生的非危险废物和危险废物的重量 是否有效应用固体废物和废水处理技术？	—	

续表

一级	二级	三级	活动描述与规范	指标体系（指标体系与生态一级产业）			环境目标
				指标类别	指标内容	指标依据	
	海洋石油化工	海洋原油加工及石油制品制造	指采用智能化技术、先进控制技术、冷再生剂催化裂化技术等和提高能源利用效率和废渣废弃存在的活动。包括但不限于： 1.采用油气（使用优化油活动。提高能效率的陈化率技术，加强高温对石油品加强高温品制造。从而避免耗能。改造。 2.采用优化与技术、高效率精馏塔、压缩机控制优化与管理，通过废热...采用回用冷却能源的技能替换和资源...节能改造...提高丁二烯综合利用率。 3.在生产过程中各有关我的温室气体排放控制，推动生产工艺、能耗增加、原料消耗异化，提高产品...品、制造化工产品，数据监理参级...提高综合利用率。 4.对用能管理和监测评估活动，推动在应用于LCA，以社会经济对全球环境效益等方面项目的工程期间可持续... 5.开发智能化、业务期间可用面向的监测工具...相关活动须符合以下要求： 《工业和信息化部以下相关文件指导意见》（工信部联原〔2022〕34号） 《石化行业绿色发展白皮书》《中国石化工行业高质量发展的指导意见》 《高耗能行业重点领域节能降碳改造升级实施指南（2022版）》（发改产业〔2022〕200号）	能耗水平	天然气消耗量（立方米/年）、液化石油气消耗量（吨/年）、汽油消耗量（升/年）、柴油消耗量（升/年）、外购蒸汽消耗量（兆瓦时/年）、综合能耗总量（吉瓦时/年）、外购电消耗量（吨标准煤/年）、单位工业增加值综合能耗（吨标准煤/万元）	单位工业增加值综合能耗现现至少优于同行业表现的前30%	
				能源效率（SC）	提高能效率的措施	—	
				能源结构（SC）	可再生能源是否满足需求（占用电消费的百分比，是否达到20%）	《"十四五"现代能源体系规划》，到2025年，非化石能源消费比重提高到20%左右	
				基于自然的解决方案（SC）	是否应用自然的解决方案？请具体说明	—	
				缓解（SC）	投资于与环保相关的生态保育、恢复、监测，现购成本人数占比（如碳足迹监测，现闷减排）	须至少达到同行业表现的前30%	
				生态系统影响管理	受影响正向支持或向影响的海岸和海洋物种（参与IUCN红色名录）及数量	《环境影响评价技术导则 生态影响》（HJ19—2022）《生态保护红线内人类活动生态环境影响评价技术指南（征求意见稿）》	
				生态系统影响管理（SC）	生态系统范围内包含的濒危危物种（红色名录）数及数量	须至少达到同行业表现的前30%	
					支持致力于保护和修复当地物种多样性...（占用费提供人力或资金占比）	减缓举措	
				影响评估（NH）	是否有通过监测和评价的来进行的生态环境影响评估?	—	
				创新（SC）	是否有创新技术的应用、年研发费用占比	须至少达到同行业表现的前30%	
				战略与愿景	是否参与所在国家/地区各地可持续发展战略中的...是否有明确目标？如果参与持续发展战略是否报告在所涵盖类活动的百分比多少？	—	
				风险管理（NH）	是否存在实施了专门针对预防性的管理计划？	须至少达到同行业表现的前30%	
				认证和标签（SC）	使用碳认证或标签	碳标签相关认证《碳标签认证依据数据包括但不同于：《碳标签标识》（T/DZJN004—2019）和《碳标签评价通则》（T/DZJN075—2022）	
				供应链（SC）	是否有供应链管理政策、是否存在生命周期影响评估政策	—	

续表

一级	二级	三级	活动描述与规范	指标体系（指标体系对应一级产业）			环境目标
				指标类别	指标内容	指标依据	
		溴化物及盐制造	通过资源循环利用及节能减排等先进、适用技术和装备的推广应用，达到降低能耗、清洁生产等目的的商砸加值和精细化的提取及制造生产活动。海盐区大力推广卤晒，海藻化学资源、海田综合利用、盐田生态平衡，加快实施盐田减产并接海水深加工项目，利用浓海水提取盐田生物及深加工。保持海风、光、渔、盐新业态，探索风、渔、盐多样性协调发展。相关活动应符合以下指导意见：《盐行业"十四五"发展指导意见》（中国盐业协会发布）同时活动应达到或超过以下标准：《工业盐》（GB/T 5462—2015）	许可（NH）	在操作前遵循的典型的许可制度	—	
				气候变化（SC）	为适应和减缓气候变化而采取的措施，请具体说明	—	
				可持续性教育	参加有关可持续性的信息和培训课程	—	
	海藻化工	溴化物及盐制造	通过资源循环利用及节能减排等先进、适用技术和装备的推广应用，达到降低能耗、清洁生产等目的的商砸加值和精细化的提取及制造从业中活动。相关活动应符合以下指导意见：《盐行业"十四五"发展指导意见》（中国盐业协会发布）同时活动应达到或超过以下标准：《工业盐》（GB/T 5462—2015）				
		其他海藻化工产品制造	指采用发酵有效成分提取技术和超高压技术、分离膜技术等新型技术达到提取海藻有效利用价值和产品质量以及降低能耗的目的的海藻化工产品（以海藻为原料，如琼胶、卡拉胶、甘露醇等）的生产活动。活动包括但不限于：提高综合利用价值和产品质量方面：研究和推广采用海藻加工及海藻化工废水中有效成分的提取、分离与应用技术，在新增海藻废弃物综合利用的同时，提高海藻的综合利用价值，实现对海藻"吃干榨净"。降低能耗方面：研究和推广超临界流体萃取技术、酶工程技术、膜技术、超临界CO2萃取工艺、开发核心技术装备、降低能耗方面；用"高速离子分离、高压过滤、高浓度稀释"等新型技术以达到降低水耗能耗。相关标准应达到或超过以下标准：《海藻类肥料》（HG/T 5050—2016）相关标准应达到或超过以下标准：《食品安全国家标准 食品添加剂 卡拉胶》（GB 1886.169—2016）				

续表

一级	二级	三级	活动描述与规范	指标类别	指标内容 环境影响指标	指标依据	环境目标
海洋 依据来源： 世界银行行蓝色经济分类（海） ADB蓝色（债券框架） UNDP蓝色债券框架	电力能源（可再生能源）/海洋风力发电	海上风力发电（4415）	指通过科学规划、合理布局，避开重点保护区域，达到有效降低持续生产活动、以及渔业资源影响的将海上风能转化成电能的生产活动，包括但不限于： 科学规划、合理布局：避开重点保护海洋的海上风电项目；向深海区发展海洋布局，减少风电运行对海洋生物和人类生活的影响； 避开重要海洋生物的栖息地、繁殖地，正在使用的海上风电项目；向海上交通航道、城镇建设和施工和运行期间对海洋生物和人类生活空间的海洋使用符合规划深度开发和利用海底的海上风电项目；确保对环境影响评价和同时规划协调等不能与海洋生态保护有冲突。 不占用自然岸线、不可围填海的海上风电项目； 符合国家监督和所需要求的海上风电项目；施工区域、施工范围、高压线铺设范围等不能与海洋生态保护有冲突。 生态保护有冲突。 在环境影评价和环境影响评价中评价海上风电项目的海上风电良好的自然栖息和生态保护行动要求： 海洋环境影响评价，排污许可，人海排污口设置符合自然保护和的； 海上风电项目可以在使用寿命设计中包括海外绿色环保功能，做作为关键关于促进自然资源保护和海洋生物多样性，生态及栖息资源的影响解释的海洋资源项目； 如尽量减少对生境的施工、运营的污染排放水和效降低运行事故对区域海水域污染风险；栖息及其生境的影响的；有效降低油污染环境风险；减少对海洋动物的栖息和渔业资源负面影响的捕捞的鱼类、虾、蟹类的；渔业和栖息的鸟类，减少对风电场噪声对主要物种的主要动物的影响；碰撞和污染的建设、运行和退役时对野生动物的影响，包括污染及减少ETP物种栖息地的高危及ETP物种对生境的避免。避免区（内：避免对主要栖息物种动物及保护地区）； 相关活动应符合以下标准： 《环境噪声环境质量标准》（GB 51096—2015） 《人工鱼礁对海洋生物影响评价指南》（HY/T 0341—2022） 《防治海洋工程建设项目污染损害海洋环境管理条例》（国务院令第475号公布） 《风力发电场设计规范》（GB 51096—2015） 《风力发电工程施工与验收规范》（GB/T 51121—2015） 《风电场接入电力系统技术规定》（GB/T 19963—2011） 《大型风电场并网设计技术规范》（NB/T 31003—2011）	生态系统影响管理措施（NH）	减少物种因碰撞而造成的死亡数量的措施	《海上风电场工程规划报告编制规程》（NB/T 31108—2017）	可持续利用及保护水和海洋资源 气候变化应对
				生态系统影响管理（SC）	是否有物种的灌溉效应对措施？	《建设项目对海洋生物的灌溉效应技术规程》（SC/T 9110—2007）	
				生态系统影响管理（SC）	支持致力于保护、养护和管理当地多种生物的地方方案，具体说明商业第中用于此类支持或实物支持（如免费赠与土地、人力或硬件设备等）的百分比	《防治海洋工程建设项目污染损害海洋环境管理条例》（国务院令第475号公布）	
				生态系统影响管理	受到正向支持或向影响的海岸和海洋栖息地的面积（公顷）	—	
				污水排放（NH）	以下指标适用于直接排放的情况： pH值：6-9 准：6-9 色度（稀释倍数）：30 二级 30 标准：30 悬浮物：一级标准 20mg/L 二级标准 30mg/L 化学需氧量（COD） 一级标准 60mg/L 50mg/L 生化需氧量（BOD） 一级标准 10mg/L 一级标准 20mg/L 氨氮 一级标准 5mg/L 二级标准 8mg/L 总氮 一级标准 15mg/L 二级标准 20mg/L 总磷 一级标准 0.5mg/L 二级标准 3mg/L 动植物油 一级标准 5mg/L	《流域水污染物综合排放标准 第5部分：半岛流域》（DB 37/3416.5—2018）	
				温室气体排放（SC）	直接排放（范围1） 间接排放（范围2） 供应链排放（范围3）	《温室气体核算体系：企业核算与报告标准（2011）》 《温室气体核算体系：产品寿命周期核算和报告标准（2011）》 《温室气体核算体系（2011）》 单位产值温室气体减排排低于同行业表现的前30%	

续表

一级	二级	三级	活动描述与规范	指标类别	指标体系（指标体系对应一级产业）指标内容	指标依据	环境目标
				气体排放（NH）	颗粒物 核心控制区：5mg/m³ 一般控制区20mg/m³；二氧化硫 核心控制区：50mg/m³ 一般控制区：35mg/m³；氮氧化物（以NOx计）重点控制区：50mg/m³ 核心控制区：100mg/m³；有组织排放VOCs II时段60mg/m³ 一般控制区200mg/m³；无组织排放VOCs（厂界监控点）VOCs 2.0mg/m³ 甲苯 0.05 mg/m³	《区域性大气污染物综合排放标准》（DB 37/ 2376—2019）（依据生态环境敏感程度、人口密度，环境承载能力三个因素，将全省区域划分三类控制区，即核心控制区、重点控制区和一般控制区，由设区市人民政府划定。报告省生态环境主管部门公告。《挥发性有机物排放标准 第7部分：其他行业》（DB 37/ 2801.7—2019）（自2020年1月日起，现有企业执行II时段的排放限值）。	
				废物/废水管理（NH）	固体废物（废旧蓄电池、油渣、油泥、废油、生活垃圾等）和废水处理技术	—	
				基于自然的解决方案（SC）	是否运用自然的解决方案，请具体说明	—	
				能源结构（SC）	通过可再生能源来满足的能源需求，非化石能源消费占比是否达到20%	《"十四五"现代能源体系规划》列2025年，非化石能源消费占比重提高到20%左右	
				能耗水平（SC）	天然气消耗量（立方米/年）液化石油气消耗量（吨/年）汽油消耗量（升/年）柴油消耗量（升/年）外购电力总量（兆瓦时/年）外购蒸汽消耗量（吨/年）综合能耗总量（吨标准煤/年）单位工业增加值能耗（吨标准煤/万元）	单位工业增加值能耗降至优于同行业表现的前30%	
				减缓举措			
				影响评估（NH）	是否通过监测和评价来进行和实施的生态环境影响评估。	《风电场项目环境影响评价技术规范》（NB/T 31087—2016）	
				战略与愿景（SC）	是否参考了国家/地区战略中的可持续发展目标。并且公司战略和运营中的业务与可持续发展目标整合在可持续发展报告所涵盖活动的百分比	须至少达到同行业表现的前30%	
				认证和标签（SC）	是否存在可持续发展的标签或认证证书		
				创新（SC）	是否有创新技术的应用，研发投资额占收入百分比	须至少达到同行业表现的前30%	
				供应链（SC）	是否存在绿色可持续供应链管理政策 是否存在生命周期评估政策	—	

续表

一级	二级	三级	活动描述与规范	指标体系（指标对应一级产业）			环境目标
				指标类别	指标内容	指标依据	
				许可（NH）	是否在作业前遵循遇典型气候变化而采取的制度	加环境影响评估等	
				气候变化（SC）	为适应和减缓气候变化而采取的措施，请具体说明	—	
				可持续性教育	组织参加有关可持续性的信息和培训课程	—	
	海洋能发电	海岸风力发电（4415）	指通过科学规划和合理布局，避开重点保护海域，达到有效降低电力活动对海洋环境、生态及渔业资源影响的将能转化成电能的生产活动。相关活动需达到以下标准：《人为水下噪声对海洋生物影响评价指南》（HY/T 0341—2022）《防治海洋工程建设项目污染损害海洋环境管理条例》（国务院令第475号公布）《风力发电场设计规范》（GB 51096—2015）《风力发电工程施工与验收规范》（GB/T 51121—2015）《风力发电场接入电力系统技术规定》（GB/T 19963—2011）《大型风电场并网设计技术规范》（NB/T 31003—2011）等标准				
		海洋潮汐能发电（4419）海洋波浪能发电（4419）海洋温差能发电（4419）海洋盐差能发电（4419）	指利用科学规划和合理布局将海洋潮汐能、波浪能、温差能、盐差能转化成电能的生产活动。相关活动需达到以下标准：《海洋能电站海洋活动技术规范 第1部分：潮流能》（GB/T 41341.1—2022）《海洋能电站海洋活动技术规范 第2部分：波浪能》（GB/T 41341.2—2022）				
海水淡化和综合利用（依据来源世界银行蓝色经济分类）	海水淡化	工业用水淡化制造 4630	指利用清洁能源、辅以海水综合利用方式达到减少环境污染和海水资源最大化的将海水利用于工业用水标准的工业用水淡化活动。保障海水资源最大化的工业用水标准以下方面：保护地下水资源和湿地，避免对水源地造成污染等能力方面；避免对环境造成高盐污染物的海水淡化活动。如：对海水的综合利用方式减少淡化过程中高盐污染物质、盐场化工废水等，实现海水资源最大化淡化方式；发展高含氯碱性工业水等，冷却利用等，实现海水资源最大化淡化活动；经济行海水淡化的用于工业用水的海水水质符合《城市污水再生利用工业用水水质》（GB/T 19923—2024）或相关地方标准。采用新型海水淡化的技术、风电、海洋能和太阳能等可再生能源推进海水淡化的发展。《海水淡化利用发展行动计划（2021—2025年）》（发改环资〔2021〕711号）《山东省海水淡化利用发展行动实施方案（2021—2025年）》《海水综合利用工程 海水淡化水产品水水质》（ISO 23446: 2021）《城市污水再生利用 工业用水水质》（GB/T 19923—2024）			环境影响指标	可持续利用及保护水和海洋资源

61

续表

活动描述与规范			指标体系（指标体系对应一级产业）			环境目标
一级	二级	三级	指标类别	指标内容	指标依据	
			生态系统影响管理	受到正向支持或负向影响的海岸和海洋栖息地的面积（公顷）	《海洋工程环境影响评价的技术导则》（GB/T 19485-2014）	
			生态系统影响管理（SC）	支持致力于保护、养护和管理当地海洋生物多样性和景观的地方实体，具体说明营业额中用于此类支持或变物变物支持的（如免费提供人力或机器、或捐赠土地）的百分比	须至少达到同行业表现的前30%	
			生态系统影响（NH）	致使海水温度上升的程度 排放水温度限值（与海水淡化水相比）10℃（与海水淡化水相比）	《海水淡化浓盐水排放要求》（HY/T 0289-2020）	
				盐度增加情况，即海水环境盐度的pH值：pH：6.5-8.5 铁：0.3mg/L 铝：0.05mg/L 总磷：0.5mg/L 铜：0.2mg/L 铬：0.05mg/L 镍：0.02mg/L	《海水淡化浓盐水排放要求》（HY/T 0289-2020）	
			污水排放（NH）	以下指标适用于直接排放情况：pH值（其他）：一级标准：6-9 二级标准：6-9 色度（稀释倍数）：基准：30 一级标准：30 二级标准：30 悬浮物：30mg/L 一级标准：20mg/L 二级标准：化学需氧量（COD）：50mg/L 一级标准：50mg/L 二级标准：60mg/L 生化需氧量（BOD）：10mg/L 一级标准：10mg/L 二级标准：20mg/L 总氮：20mg/L 一级标准：15mg/L 二级标准：8mg/L 氨氮：一级标准：5mg/L 二级标准：8mg/L 总磷：0.5mg/L 一级标准：0.5mg/L 二级标准：3mg/L 动植物油：20mg/L 一级标准：3mg/L 二级标准：5mg/L	《流域水污染物综合排放标准 第5部分：半岛流域》（DB 37/3416.5-2018）	
			污染 废物/废水管理（NH）	每年产生的废物和海洋垃圾的重量	—	
			废物/废水管理（NH）	固体废物和废水处理技术 产生和再利用的废水吨数		
			温室气体排放（SC）	直接排放（范图1）间接排放（范图2）供应链排放（范图3）	《温室气体核算体系：企业核算与报告标准》（2011）《温室气体核算体系：产品生命周期核算与报告标准》（2011）《温室气体核算体系：企业价值链核算与报告的单位产值温室气体减排量优于同行业表现的前30%	
			能源效率（SC）	提高能源效率的措施	—	

续表

一级	二级	三级	活动描述与规范	指标类别	指标内容	指标依据	环境目标
		生活用淡水制造4630	利用清洁能源，辅以海水综合利用方式达到减少环境污染和海水资源最大化利用的目的且符合《生活饮用水卫生标准》或相关地方标准。活动包括但不限于：经海水淡化的生活饮用水的水质应符合《生活饮用水卫生标准》（GB 5749—2022）或相关地方标准，用于保障饮用者健康安全和管网稳定。采用新型技术储加工能力方面。利用电厂余热和太阳能等可再生能源。利用风能、海洋能和太阳能等可再生能源用于海水淡化及其技术。活动应达到以下标准：推进海水淡化应超过以下标准：《山东省海水淡化利用发展行动实施方案》《海洋电力—反渗透海水淡化产品水质标准—市政供水指南》（ISO 23446：2021）《生活饮用水卫生标准》（GB 5749—2022）	能耗水平	天然气消耗量（立方米/年）液化石油气消耗量（吨/年）汽油消耗量（升/年）柴油消耗量（升/年）外购电力总量（兆瓦时/年）外购蒸汽消耗量（吉焦/年）综合能耗总量（吨标准煤/年）单位工业增加值能耗（吨标准煤/万元）	单位工业增加值能耗至少优于同行业表现的前30%	
				能源结构（SC）	通过可再生能源满足的能源需求，非化石能源消费占比是否达到20%	《"十四五"现代能源体系规划》，到2025年，非化石能源消费比重提高到20%左右	
				化学品的使用（NH）	海水淡化过程中是否有化学品的使用	—	
				基础设施（NH）	是否有盐水排放做处理设施，使用收水能够满足排放要求	《海水淡化浓盐水排放要求》（HY/T 0289—2020）	
				创新（SC）	是否复复利用盐水作为宝贵原材料的来源	—	
				基于自然的解决方案（SC）	是否运用基于自然的解决方案，请具体说明	—	
				基础设施储能容量	减缓举措 在水需求较低的时期所采取的战略缓冲措施	—	
				战略与愿景	是否参考所在国家地区战略中的可持续发展目标，并且公司战略中整合与可持续发展目标一致？如果参考，那么具体现在在可持续发展报告所涵盖此类活动的百分比是多少	—	
				认证和标签（SC）	是否存在可持续发展的标准或认证证书，并且运用	—	
				创新（SC）	是否有新技术的应用，如果有请举例说明，以及研发费用占收入百分比	领至少达到同行业表现的前30%	
				供应链（SC）	是否存在可持续供应链管理政策，如果有请说明	领至少达到同行业表现的前30%	
				风险管理（NH）	是否存在生命周期评估政策	—	
				影响评估（NH）	是否通过监测和评价来进行实施期的生态环境影响评估	—	

续表

一级	二级	三级	活动描述与规范	指标体系（指标体系对应一级产业）				环境目标
				指标类别	指标内容	指标依据		
海洋交通运输 依据标准分类：世界银行《蓝色经济》；ADB《蓝色金融指引》；IFC《蓝色金融》	海洋旅客运输	海洋旅客运输5511	指通过对废弃物体和固体废弃物采取专门处置和回收的措施，压载水保持在水体当中以及处理和以及收收设施，运输活动是特别为其运输活动来保持的，运输活动包括专门从事海上运输活动，近海包括客运。活动不限于…… 污水防治方面： 改善现代化设施、方式，如集中化、纵向一体化，货物装卸、装配能力相应污染防护措施。运输大力推进环境质量发展意见》（交海发〔2018〕168号） 《国际防止船舶造成污染公约》 《防治船舶污染海洋环境管理条例》（国务院令第561号） 《营运船舶燃料消耗量限值及测量方法》（JT/T 826—2012）	污水排放（NH）	为减少排放水体水平方面采取的相关标准中： 标准中或将排入人接收设施。 石油类（含油污水排放水平，下指标以排放限值限于： 五日生化需氧量（BOD5）：25mg/L； 悬浮物（SS）：35mg/L； 化学需氧量（COD）：125mg/L； 总氮（总含氮）：<0.5mg/L（具体限值参考有关标准） pH值：6~8.5 总含油量液体产品的污水排放但不含有害液体物质的污水排放。	《船舶水污染物排放控制标准》（GB 3552—2018）	预防和控制污染、保护和恢复生物多样性、应对气候变化
				温室气体排放（SC）	直接排放（范围1）； 间接排放（范围2）； 供应链排放（范围3）	《温室气体核算体系：企业核算与报告标准》《温室气体核算体系：产品寿命周期核算和报告标准》（2011）《温室气体核算体系：企业价值链核算和报告标准》（2011）单位产值温室气体减量降低于同行业水平表现的前30%	
				气体排放（NH）	船机排气污染物限值（以比排放量为单位，以氮气一阶段限值排放为例）： 一氧化碳（CO）：5.0g/kWh； 碳氢化合物+氮氧化物（HC+NOx）：7.2g/kWh； 甲烷（CH4）：1.5g/kWh； 颗粒物（PM）：0.4g/kWh（描述） 使用低硫燃料（描述） 通过废气净化减少空气排放的措施（描述） 每次加油的平均燃料硫含量（描述） 减少大气污染物排放的措施（描述）	《船舶发动机排气污染物排放限值及测量方法（中国第一、二阶段）》（GB 15097—2016） 《营运船舶CO2排放限值及验证方法》（JT/T 827—2012）	

① 2004年2月，国际海事组织（IMO）召开的压载水管理国际会议通过《国际船舶压载水和沉积物控制与管理公约》（以下简称《压载水管理公约》）。该公约包括22条条款和一个规则附则《控制管理船舶压载水和沉积物以防止、减少和消除有害水生生物和病原体转移规则》。

② 国际防止船舶造成污染公约，是为保护海洋环境，由国际海事组织制定有关防止和限制船舶排放油类和其他有害物质污染海洋方面的安全规定的国际公约。

③ 《联合国海洋法公约》于1982年12月10日在牙买加蒙特哥贝通过并开放供签署。《公约》开启了海洋法的变革，为世人提供了一部总体"宪法"来治理最重要的全球公域。

续表

一级	二级	三级	活动描述与规范	指标类别	指标内容	指标依据	环境目标
		海洋货物运输5521 5522	指通过对废弃物和固体废物的专门处置和回收措施、压载水载生物的专门管理以及改善节能及降低能耗等方面的活动来降低污染、保护海洋环境。远洋海洋运输货物为主的海洋远洋运输活动。活动包括但不限于： 在污染海洋防治方面： 对废水和生物污染的海洋污染进行改进，对可持续进行上游和池塘的船舶；船舶馈运专门清洁专用品；对可持续实物产品的海洋运输电池和电子产品的回收利用活动。 在提高能源能力方面： 优化运输方式，如集装箱化、纵倾优化、货物增载；加装节能装置设备与减少和缓解；提升船舶能效，进行船舶清洁、拆解；码头、岛屿、装卸配套备与混凝土制品的修改建设；改善专用基础设施；污染防治活动 新建造船的燃料消耗的能力提升改善活动 《国际防止船舶造成污染公约》 《国际船舶压载水和沉积物控制与管理公约》 《国务院令第561号公布……关于大力推进海洋运输发展的指导意见》（交海发[2020]18号） 《船舶大气污染物排放控制区实施方案》 《船舶污染物排放标准》（GB 15097—2016） 《营运船舶燃料消耗限值及测量方法》（中国船级社） 《船舶发动机排放限值及测量方法（含营运船舶燃料消耗限值及验证方法）》（JT/T 826—2012）	废物/废水管理（SC）	废物管理系统，特别是污泥处理情况（描述）；处理有害物质的指南和计划（描述）	《国际防止船舶造成污染公约》	
				废物/废水管理（NH）	是否有效应用固体废物和废水处理技术	—	
				能耗水平	船舶能效指标（EEXI）（参考右侧标准）；碳排放管理营运指标（CII）（参考右侧标准）；能源消耗（油耗量）（TOE/年）；通过可再生能源满足的能源需求；是否有船舶能源效率管理计划（SEEMP）（描述）	《国际防止船舶造成污染公约》《JT/T 826—2012》《营运船舶燃料消耗限值及验证方法》（JT/T 827—2012）	
				能源效率（SC）	提高能源效率的措施	—	
				毗电的使用	可连接岸电上电力系统的船基础设施（描述）；港口电基础设施的可用性（描述）	《港口和船舶岸电管理办法》（交通运输部令2019年第45号）	
				基于自然的解决方案（SC）	是否应用自然的解决方案，具体说明成效	—	
				外来物种的引进（NH）	船上压载水处理系统是否可用并正常运行	《国际船舶压载水沉积物控制和管理公约》	
				生态系统影响管理（SC）	支持海上保护、养护和管理当地生物多样性和干预性（如当地和地方层面与其他机构合作的程度）是否与当地，采用低密度实物或土地）的百分比；人力资源机构	领先至达到同行业表现的前30%	
				缓解（SC）	受到碳影响的栖息地信息范围面积，在特别敏感海域或敏感区域所产生的生态影响		
					投资与部门相关的环保事业的总值或成问相关的活动；监测或同接触；接措施	领先至达到同行业表现的前30%	
				漏油反应	漏油反应演习习训练的频率（描述）	减缓举措（描述）	
				可持续基础设施	采取措施确保基础设施的可靠性、可持续性和抗风险能力（请具体说明）	可持续	
				影响评估（NH）	是否通过监测和评价活动实施的生态环境影响评估		
				战略与愿景	是否参考所在在国家/地区战略中的可持续发展目标；如果参考某项战略参与这种战略那么体现可持续 继续发展报告涵盖此类活动分比是否是多		

续表

一级	二级	三级	活动描述与规范	指标类别	指标内容	指标依据	环境目标
				认证和标签（SC）	使用认证或标签	绿色生态船舶附加标志（参考《绿色生态船舶规范》；绿色生态船舶技术附加标志（参考《绿色港口等级评价指南》（JTS/T 105-4—2020）	
					是否存在可持续发展的标签或证书	—	
				风险管理（NH）	是否存在/实施了考虑到预防性原则的风险管理计划	—	
				创新（SC）	是否有创新技术的应用，年研发费用占收入百分比	须至少达到同行业表现的前30%	
				供应链（SC）	是否存在可持续供应链管理政策	—	
					是否存在生命周期评估政策	—	
沿海港口	沿海港口	沿海客运港口5531	指通过采取废物处理和回收措施，水资源收集和利用措施；港区绿化措施，采用低碳燃油等达到预防污染防治、资源可持续利用和节能减碳目的的沿海港口客运服务活动或营运活动。客运中心、客运站等提供的沿海港口客运服务活动。资源利用与生态环境保护方面：从采取污水和废物处理或处置措施；配备固体废物的分类收集或处理设施；或采取废水源收集或利用设施；配备非传统水源收集或利用设备；采取厂区绿化或生态污泥综合利用等固体废物资源化措施。节能减碳方面：具备港口船舶岸电供应能力并合规利用；具备港口船舶岸电供应能力并合规利用；的靠港船舶低碳燃油污染物收集处理或依托的船用清洁能源天然气供应能力并合规利用；在专业化作业中开展节能气候变化的相关活动的平顺接，实施船舶受电设施改造等；统岸电供应设施建设，达到船舶应急防备能力要求》（JT/T 451—2017）	许可（NH）	在操作前遵循的典型的许可制度	《船舶载运危险货物安全监督管理规定》（中华人民共和国交通运输部令2018年第11号）等	
				气候变化（SC）	为应对和减缓气候变化而采取的措施。具体说明	—	
				可持续性教育	参加有关可持续性教育的信息和培训课程	—	

续表

一级	二级	三级	活动描述与规范	指标体系（指标体系对应一级产业）			环境目标
				指标类别	指标内容	指标依据	
		沿海货运 港口5532	指通过采取废物处理和回收利用措施、水资源收集和利用措施、采用绿化和节能降低污染应对气候变化等目的和活动沿海港口的装卸船舶和节能收集油污的装卸船舶收储低碳收储供应服务等。活动可依托的靠港船舶低碳收储供应服务等；具备自有或可依托的船车用液化天然气；具备自有或可依托的船车用液化天然气或采取收集固体废物分类收集措施，从采取收集固体废物分类处理措施。贮存收集措施，配备固体废物大宗分类处理措施。选用国家节能环保技术，采取生态环境保护。设施采用前端源头污染防治，水水中转等措施减损比例40%以上；或采取直流运营单年增长率不小于5%且保持增物作为动力的靠港船舶应用。加强清洁能源应用。位于港的岸电，长江通用货等专业化治理，实施海缆设置，监控系统等海岸电气改造。港口大宗运输，干散货、集装箱等实施电气改造等。港口绿色低碳。《港口岸电布局方案》（JT/J 105-4—2020）《港口岸电管理办法》（交通运输部令2019年第45号）《港口近水上污染事故应急能力要求》（JT/T 451—2017）	污水排放 （NH）	具体指标及限值：pH值（其他）：一级标准：6~9 二级标准：6~9；色度（稀释倍数）：一级标准：30 二级标准：30；悬浮物：一级标准：20mg/L 二级标准：30mg/L；化学需氧量（COD）：一级标准：50mg/L 二级标准：60mg/L；生化需氧量（BOD）：一级标准：10mg/L 二级标准：20mg/L；氨氮：一级标准：5mg/L 二级标准：8mg/L；总氮：一级标准：15mg/L 二级标准：20mg/L；总磷：一级标准：0.5mg/L 二级标准：0.5mg/L；石油类：一级标准：3mg/L 二级标准：5mg/L	《流域水污染物综合排放标准 第5部分：半岛流域》（DB 37/ 3416.5—2018）	预防和控制污染 气候变化应对
海洋船舶工业 依据来源：世界银行《2019绿色产业指导目录》《绿色债券支持项目目录（2021年版）》	海洋船舶制造	海洋金属船制造3731	指通过考虑加装船舶压载水系统、新型替代燃料船舶动力系统、加装节能环保好友的船舶排放的船舶防污（涂料等法活动）活动，加强船舶制造活动中对目的应用的海洋环境保护全全海洋活动的主要技术，建造海洋新型船舶。新型替代燃料船舶，风能等新能源船舶；采用新型船舶能动清洁能源使用，电力船舶等。集装箱船用的节能化等绿色船舶，高污染岸电生船制，高污染岸电生制。替代新能源船舶的船舶岸电和建造及应用船岸电技术；如支持资源碳减少污染，配备防污染；北斗等。采用安全环保的岸电条件。采用绿色电动船舶。环境友好等符合行业规范条件。《山东省船舶与海工装备产业高质量发展三年行动计划（2023—2025年）》《中国船级社》《工业和信息化部等发布》《海洋船舶工业绿色发展行动纲要（2024—2030年）》（工信部装备〔2023〕254号）	气体排放 （NH）	大气污染物排放情况，包活括不限于以下：颗粒物：核心控制区：5mg/m³；重点控制区：10mg/m³（核心控制区＜20mg/m³）；一般控制区：35mg/m³（核心控制区＜20mg/m³）；二氧化硫：核心控制区：50mg/m³（核心控制区＜20mg/m³）；重点控制区：50mg/m³；氮氧化物（以NOx计）：核心控制区：100mg/m³；重点控制区：100mg/m³ 一般排区＜200mg/m³ 其他；有组织排放VOCs（厂界监控点）：无组织排放VOCs：2.0mg/m³；甲醛0.05 mg/m³	《区域性大气污染物综合排放标准》（DB 37/ 2376—2019）（依据生态环境敏感度、人口密度及经济发展情况，将全省区域划分三类。即核心控制区、一般控制区、重点控制区，由相关区域政府审定，报省生态环境主管部门备案。其他排污单位执行表2排放限值。现有企业执行自目前起至2020年1月1日起。现有企业执行自目前起至2020年限值。）	

续表

活动描述与规范			指标体系（指标体系对应一级产业）			环境目标
一级	二级	三级	指标类别	指标内容	指标依据	
			温室气体排放（SC）	直接排放（范围1） 间接排放（范围2） 供应链排放（范围3）	《温室气体核算体系：企业核算与报告标准（2011）》《温室气体核算体系：产品寿命周期核算与报告标准（2011）》单位产值碳排放量优于同行业表现的前30%	减缓举措
			生态系统影响管理	受到正向支持或负向影响的海岸和海洋栖息地的面积（公顷）	—	
			基于自然的解决方案（SC）	是否运用自然的解决方案，请具体说明	—	
			能源结构（SC）	通过可再生能源来满足的能源需求，非化石能源消费占比是否达到20%	《"十四五"现代能源体系规划》，到2025年，非化石能源消费比重提高到20%左右	
			能耗水平	天然气消耗量（立方米/年） 液化石油气消耗量（吨/年） 汽油消耗量（升/年） 柴油消耗量（升/年） 外购电力总量（兆瓦时/年） 外购蒸汽消耗量（吉焦/年） 综合能耗总量（吨标准煤/年） 单位工业增加值能耗（吨标准煤/万元）	单位工业增加值能耗表现至少优于同行业表现的前30%	
			能源效率（SC）	提高能源效率的措施	—	
			废物废水处理技术（NH）	是否有固体废物和废水处理技术，如果有请说明	—	
			废物废水管理（SC）	废物产生和回收：废水的产生和利用，每年产生及循环再造废物的公吨数，每年产生及利用再造废水的公吨数	单位产值每年废水再利用吨数和循环再利用数占水资源量及原材料消耗的比例直至少达到同行业表现的前30%	
			废物废水管理	产生废物/海洋垃圾，每年产生的无害及有害废物公吨数	—	

续表

一级	二级	三级	活动描述与规范	指标体系（指标体系对应一级产业）			环境目标
				指标类别	指标内容	指标依据	
		海洋非金属船舶制造3732	指通过考虑加装岸电压岸电、节能环保装置的船舶等、新型替代燃料船舶动力系统、加装节能环保装置的船舶等活动（防污染海水达到高效高效、加装钢材等等材料等金属材料建造海洋船舶的活动）。包括但不限于：加强清洁能源使用（电、电力动力船舶、太阳能、风能等新能源船舶，天然气动力船舶等）、船舶岸电受电连接、高压岸电节能技术；集装箱船舶船舶的电动新型、高效电动船舶和磁悬浮高效节能技术。采用安全高效、节能绿色好安好型、环境友好型装备防污染、配套防污染等。等方资源资源好好型、"捕卡式 AIS"等装备船舶的升级改造。相关活动符合以下规范或标准：《船舶行业规范条件》（中国船级社部发布）《绿色生态船舶规范》（中国船级社绿色低碳商高质量船只精造《山东省船舶与海工装备产业发展三年行动实施方案（2023—2025年）》（鲁工信装〔2023〕221号）	影响评估（NH） 战略与愿景	是否有通过监测和评价来进行和实施确的生态环境影响评估 是否参考所在国家/地区战略中的可持续发展目标并且公司战略和政策中整合和参考；情景分析如果会服务所涵盖此类活动的百分比是多少	—	
				认证和标签（SC）	是否存在可持续发展的标签或认证证书	绿色生态船舶附加标志（参考《绿色生态船舶规范》）船舶生态技术附加标注（参考《绿色生态船舶规范》ID I评价通则）《绿色生态船舶规范》（GB/T 36132—2018）	
				创新（SC）	是否应用创新技术、年研发费用占收入百分比	至少达到同行业表现的前30%	
				供应链（SC）	是否存在可持续供应链管理政策	—	
				风险管理（NH）	是否存在生命周期的风险管理计划	—	
		海洋娱乐和运动船舶制造3733	指通过考虑加装岸电压岸电、节能环保装置的船舶等、新型替代燃料船舶动力系统、加装节能环保装置的船舶等活动（防污染海水达到高效高效、加装钢材等等材料等金属材料建造海洋娱乐和运动船舶的活动）。包括但不限于：加强清洁能源使用（电、电力动力船舶、太阳能、风能等新能源船舶，天然气动力船舶等）、船舶岸电受电连接、高压岸电节能技术；高效电动船舶和磁悬浮高效节能技术。采用安全高效、节能绿色好安好型、环境友好型装备防污染、配套防污染等。等方资源资源好好型、"捕卡式 AIS"等装备船舶的升级改造。相关活动应符合以下规范或标准：《船舶行业规范条件》（工业和信息化部发布）《绿色生态船舶规范》（中国船级社绿色低碳商高质量船只精造《山东省船舶与海工装备产业发展三年行动实施方案（2023—2025年）》（鲁工信装〔2023〕221号）				

续表

一级	二级	三级	活动描述与规范	指标体系（指标体系对应一级产业）			环境目标
				指标类别	指标内容	指标依据	
	海洋船舶改装拆除与修理	海洋船舶改装3735	指优化升级改善环保、安全高效的绿色船舶为目的的船舶的船体、系统、设备、结构的改装活动，相关的改装活动应符合以下标准或规范：《船舶大型改装实施指南（2016年）》《中国船级社发布》《绿色生态船舶规范》《中国船级社发布》	—	—	—	
		船舶动力系统装置制造	指使用新型替代燃料达到降碳目的的船用动力主机和配件的制造活动，主要包括船用的制造活动，包括：船用主机、柴油发电机组和推进装置含全螺旋桨再回转等船用机轮船。相关活动应符合、达到或超过以下标准：《船舶行业规范条件》《工业和信息化部发布》《绿色生态船舶规范》《中国船级社发布》《山东省船舶与海工装备产业绿色低碳高质量发展三年行动实施方案（2023—2025年）》《鲁工信船装〔2023〕221号》	—	—	—	
	海洋船舶配套设施制造	船舶舱室机械制造	指以能降碳和减少对环境负面影响为目的的船舶舱室机械生产活动，包括泵类、风机、空压机、船用钢炉、污水处理设施、空调装置及冷凝设备等。相关活动应符合、达到或超过以下标准：《船舶行业规范条件》《工业和信息化部发布》《绿色生态船舶规范》《中国船级社发布》《山东省船舶与海工装备产业绿色低碳高质量发展三年行动实施方案（2023—2025年）》《鲁工信船装〔2023〕221号》		环境影响指标		
海洋旅游业 依据来源：IFC《蓝色金融指引》、世界银行蓝色经济分类、UNDP蓝色债券框架	海洋旅游服务	滨海公园	指以可持续的方式利用海岸资源在沿海城市以及宜居宜游海县文化遗产、自然资源的服务活动。公园内的设施建设避免建设不可移动的区质文化遗产，自然资源对生态环境敏感以及景观价值高的区域。建设结构满足环保要求、外观、材质与周边环境相协调。材料应以自然生态体系、建筑体量、外观，宜以当地材料及绿色环保材料为主。活动应超过以下要求或标准：《旅游景区可持续发展指南（GB/T 41011—2021）》	水质（NH）	水的质量：根据不同区域按照石油类标准PM10/NOx/Sox执行	按照《海水水质分类标准》（GB 3097—1997）一类、二类、三类水质标准	可持续利用及保护水和海洋资源、保护和恢复生物多样性及生态系统、预防和控制污染
				温室气体排放（SC）	直接排放（范围1）间接排放（范围2）供应链排放3	按照《温室气体核算体系（2011）报告标准》《温室气体核算体系：产品寿命周期核算与报告标准（2011）》《温室气体核算体系：企业价值链核算与报告标准（2011）》单位产品温室气体排放量低于同行业表现值前30%	
				空气质量	PM10/NOx/Sox 超标情况 每年超过限值的天数控制：具体指标与排放情况：二氧化硫SO2：一级20ug/m³；二级60ug/m³ 二氧化氮NO2：一级40ug/m³；二级40mg/m³ 一氧化碳CO：一级4mg/m³；二级4mg/m³ 臭氧O3：一级100ug/m³；二级160ug/m³ PM10：一级40ug/m³；二级70ug/m³ PM2.5：一级15ug/m³；二级35ug/m³	《环境空气质量标准》（GB 3095—2012）	

续表

一级	二级	三级	活动描述与规范	指标类别	指标内容	指标依据	环境目标
		滨海风景名胜区	指以可持续的方式利用滨海景观现在沿海城市以及省管辖海县各类风景名胜区的服务活动，但不包括自然保护区管理。活动应达到或超过以下意见标准：《旅游景区可持续发展指南》（GB/T 41011—2021）	污染	每年产生的废物和海洋垃圾的重量；产生废物/海洋垃圾，每年产生的无害发有废液含甲烷数	—	
				废物/废水处理（SC）	是否有同固体废物如废物处理技术，如果有请说明	—	
				废物/废水（NH）	废物产生和回收/废水的产生和再利用	—	
		海洋动植物观赏（789）	指以可持续的方式对海洋动植物观赏的服务活动，如海洋馆、水族馆和海世界等服务。活动应达到或超过以下意见标准：《旅游景区可持续发展指南》（GB/T 41011—2021）	能耗水平	天然气消耗量（立方米/年），液化石油气消耗量（升/年），柴油消耗量（升/年），外购热力总量（吉瓦时/年），外购蒸汽消耗量（吉焦/年），综合能耗总量（吨标准煤/年），单位工业增加值能耗（吨标准煤/万元）	单位工业增加值能耗表现至少优于同行业现的前30%	
				能源效率（SC）	是否有为提高能源效率而采取的措施？如果有请说明	《"十四五"现代能源体系规划》，到2025年，非化石能源消费比重提高到20%左右	
				能源结构（SC）	可再生能源满足能源需求、非化石能源消费占比达到20%	可再生能源消费占比达20%	
				用水量（SC）	每位客人每晚用水量	可参考《水利部关于印发通知》计算用水量	
		其他海洋游览服务（789）	指其他未列明的海洋游览服务活动。活动应达到或超过以下意见标准：《旅游景区可持续发展指南》（GB/T 41011—2021）	生态系统影响管理	受到正有支持或负向影响的海岸和海洋栖息地的面积（公顷）	—	
				生态系统影响管理（SC）	支持致力于保护、养护和管理与海洋生物多样性和景观的地方实体，具体说明营业额人员或免费提供支持（如免费使用土地）的百分比	领至少达到同行业表现的前30%	
				缓解（SC）	投资于相关环境事业的总收入收入百分比（如缓解、恢复、监测或体验）同比增长	领至少达到同行业表现的前30%	
				基于自然的解决方案（SC）	是否运用基于自然的解决方案说明，诸具体方案	减缓举措	
	海洋旅游娱乐服务	海滨浴场	指具有包容性生计和商业理念经许可证的以可持续的方式最大程度减少和避免自然对海滨浴场及衣及租借用品等服务。活动应达到或超过以下意见标准：《旅游景区可持续发展指南》（GB/T 41011—2021）	影响评估（NH）	是否有通过监测和评价来进行的生态环境影响评估	—	
				战略与愿景	是否参考列国家的公司战略中的可持续发展目标并且融入整合在可持续发展目标所涵盖此类活动的百分比是多少	领参考可持续发展目标中的占比百分比是多少	
				认证和标签（SC）	是否有可持续性标签认证（第三方认证）并且已应用	零碳旅游景区认证（第三方认证）	

续表

一级	二级	三级	活动描述与规范	指标类别	指标内容	指标依据	环境目标
	海洋旅游文化服务	海洋文化保护（8840）	在保证旅游资源质量不降低和生态环境不退化的前提下，具有历史、文化、艺术、科学价值，并经有关部门鉴定列入人文化保护范围的不可移动文物或有保护价值的，以及海洋民间艺术、民俗等海洋文化的不可移动保护和相关服务活动。提供海洋文化知识赋能的旅游活动。《旅游景区可持续发展指南》（GB/T 41011—2021）	风险管理（NH）	是否存在/实施了务必到预防性原则的风险管理计划	—	
				气候变化（SC）	是否有适应和减缓气候变化的措施？如果有请说明	—	
				教育	是否组织和参与可持续发展的信息、和培训？如果有请有请说明	—	
		海洋博物馆（8850）	指沿海城市以及省直管沿海县海洋类博物馆、展览馆等服务活动。	发展控制管理	是否存在游客和费用？目的是重新投资，以减轻经济指转对当地生态系统和社区的负面影响。如果有请结果说明	《景区最大承载量核定导则》（LB/T 034—2014）	
		其他海洋旅游文化服务	指为海洋旅游提供环保和文化休验相结合的海洋旅游文化服务活动。				
	海洋旅游住宿服务	滨海旅游饭店 6110	提供具有包容性设计和商业机会经济许可认证的沿海城市以及省直管沿海县标准评定或确定评定的旅游饭店的服务活动。水平符合国家有关规定的活动。产业活动包涵超过以下意见或标准：《旅游景区可持续发展指南》（GB/T 41011—2021）《绿色旅游饭店》（LB/T 007—2015）《饭店业碳排放管理规范》（SB/T 11042—2013）				
		滨海旅馆（612）	指沿海城市以及省直管沿海县提供具备评定标准的同等水平旅馆等的服务活动，应备有符合优化利用环境，区内确有需要建设的配套建设项目性饭店以及旅馆的管理守体量小，密度适中、生态型建设进行饭店以及旅馆的建设活动。				
		特色滨海住宿（6130—6140）	包括沿海渔村海岛渔家乐、房车等深海露营的服务、自驾游、夏令营，房车露营地服务。《旅游景区可持续发展指南》（GB/T 41011—2021）				
	海洋旅游经营服务	旅行社及相关服务	指沿海城市以及省直管沿海县旅行社提供商务、组团和散客旅游的服务。活动应达到超过以下意见和标准：《旅游景区可持续发展指南》（GB/T 41011—2021）				

续表

一级	二级	三级	活动描述与规范	指标类别	指标内容	指标依据	环境目标
海洋工程装备制造（3737） 依据来源： 《绿色产业指导目录（2019年版）》、《绿色债券支持项目目录（2021年版）》	海洋油气资源勘探开发装备制造及修理	海洋油气开发装备制造	指以通过设备优化、装备设备的开发和废弃物管理等措施达到降低生产能耗，减少对环境的负面影响的海洋石油和天然气活动。包括但不限于：钻井平台、钻井船、自升式钻机修井/作业平台、半潜式生产平台、浮式生产储油装置、大型起重铺管船、水下采油树、泄漏油应急处理装置等水下系统及作业及装备等的制造。 相关活动应符合以下规范标准：《海洋工程装备制造业发展行动计划（2017—2020年）》（工信部联装〔2017〕298号）《中国制造2025》	污水排放（NH）	具体指标及限值： pH值（其他）：一级标准：6~9 二级标准：6~9 色度（稀释倍数）：一级标准：30 二级标准：30 悬浮物：一级标准：20mg/L 二级标准：30mg/L 化学需氧量排放量（COD）：一级标准：60mg/L 二级标准：50mg/L 生化需氧量排放量（BOD）：一级标准：20mg/L 二级标准：10mg/L 氨氮：一级标准：5mg/L 二级标准：8mg/L 总氮：一级标准：15mg/L 二级标准：20mg/L 总磷：一级标准：0.5mg/L 二级标准：0.5mg/L 动植物油：一级标准：3mg/L 二级标准：5mg/L	《流域水污染物综合排放标准 第5部分：半岛流域》（DB 37/3416.5—2018）	可持续利用水和海洋资源 保护海洋、预防和控制污染
				气体排放（NH）	大气污染物排放情况包括但不限于以下指标： 颗粒物：核心控制区：5mg/m³ 重点控制区：核心控制区20mg/m³ 一般控制区20mg/m³ 二氧化硫：核心控制区：50mg/m³ 一般控制区35mg/m³ 氮氧化物（以NO2计）：核心控制区：50mg/m³ 一般控制区200mg/m³ 重点控制区VOCs：核心控制区100mg/m³ 一般控制区200mg/m³ 有组织排放VOCs：I时段120mg/m³ II时段60mg/m³ 无组织排放VOCs：厂界监控点 VOCs 2.0mg/m³ 甲烷 0.05 mg/m³	《区域性大气污染物综合排放标准》（DB 37/2376—2019）（根据生态环境敏感程度、人口密度、环境承载能力等因素，全省区域划分三类控制区，即核心控制区、重点控制区和一般控制区，由设区市人民政府确定，报省生态环境主管部门备案）《排放有机物排放标准 第7部分：其他行业》（DB 37 2801.7—2019）（自2020年1月1日起，现有企业按第II时段的排放限值）	
				温室气体排放（SC）	直接排放（范围1） 间接排放（范围2） 供应链排放（范围3）	《温室气体核算体系：企业核算与报告标准（2011）》《温室气体核算体系：产品寿命周期核算和报告标准（2011）》《温室气体核算体系：企业价值链核算和报告标准（2011）》单位产值增加值能耗优于同行业表现的前30%	气候变化应对
				能耗水平	天然气消耗量（立方米/年） 液化石油气消耗量（吨/年） 汽油消耗量（升/年） 柴油消耗量（升/年） 外购电力总量（兆瓦时/年） 外购蒸汽消耗量（吉焦/年） 综合能耗总量（吨标准煤/年） 单位工业增加值能耗（吨标准煤/万元）	单位工业增加值能耗现有值优于行业表现的前30%	
				能源结构（SC）	可再生能源是否满足能源需求、非化石能源消费的分比（是否达到20%）	《"十四五"现代能源体系规划》到2025年，非化石能源消费比重提高到20%左右	
				能源效率（SC）	提高能源效率的措施		

续表

一级	二级	三级	活动描述与规范	指标类别	指标科目	指标依据	环境目标
		非常规油气勘查开采装备制造	指以建造过程优化、效率提升和加强废物管理等措施达到降低生产管理、减少对环境的负面影响为目的的钻采专用装备及其配套设备的制造活动。包括但不限于：包括百万吨级地面采集系统、多级高精度成像测井系统、深井自动化钻机、腰杆导向钻井系统、1000 米级耐油井下作业装备、国产水下生产系统、长寿命耐油井下动力钻具、埋流螺杆过水平井快速钻井装备、井下分段压裂装备、井钻井液压裂装置等。运排液处理装置符合以下意见或标准：《海洋工程装备制造业绿色健康发展行动计划（2017—2020 年）》（工信部装备〔2017〕298 号）《中国制造2025》	污染 废物和废水处理（NH）	每年产生的废弃物和海洋垃圾的重量	—	
				废物废水管理（SC）	固体废物处理和废水处理技术	—	
					产生和利用的废水数量	单位产值再利用废水或数与水资源总消耗量比例高于同行业同行表现的前40%	
				生态系统影响管理（SC）	受到正向支持或负向影响的海岸和海洋栖息地的面积（公顷）	—	
				基于自然的解决方案（SC）	是否运用基于自然的解决方案，如果有请具体说明；减缓举措	—	
				基础设施容量	在水需求较低的时期所采取的战略缓冲措施	—	
	海洋风能与能源开发装备利用制造及修理	海洋风能发电设备制造及修理	指以提高风能转化效率、降低对环境影响的利用海洋风能发电的专用装备及其配套设备的制造活动。活动包括但不限于：大容量海上风电机电水磁均衡并网发电系统等；支持大容量收储业务容灵发展的滩间带风电建设；推进海洋能源综合利用；加快 5 兆瓦以上风电机组及配套研发制造设备；鼓励海洋风电装置智能化换检查，降低运营和运行维护成本，提升可靠性。相关活动应符合以下意见及标准：《风力发电工程施工与验收规范》（GB 51096—2015）《风电场工程等级划分及设计规范》（GB 51121—2015）《风电场接入电力系统技术规定》（GB/T 19963—2015）《大型风电场并网设计技术规范》（NB/T 31003—2011）等标准《防治海洋工程建设项目污染损害海洋环境管理条例》（国务院令第475号公布）《人为水下噪声对海洋生物影响评价指南》（HY/T 0341—2022）	创新（SC）	是否应用处置创新技术、年研究费用投行业表现的前30%	须至少达到同行业表现的前30%	
				影响评估（NH）	是否有通过处置影响利用在可持续的生态环境影响评估	—	
				战略与愿景	是否参考所在国家/地区战略中的可持续发展目标，并且公司的战略和运营中整合可持续发展目标？如果是，那么这些活动在可持续发展活动的占比是多少	—	
				认证和标签（SC）	是否获得在可持续发展的标签签或认证证书	—	
				风险管理（NH）	是否在实施了考虑前瞻性原则的风险管理计划	—	
				供应链（SC）	是否存在可持续供应链管理政策	—	
				气候变化（SC）	为适应和减缓气候变化而采取的措施，请具体说明	—	可持续利用水和海洋资源 气候变化应对
				可持续性教育	参加有关可持续性的信息和培训课程	—	

续表

一级	二级	三级	活动描述与规范	指标体系（指标体系对应一级产业）			环境目标
				指标类别	指标内容	指标依据	
		海洋能发电装备制造	指以提高能源转化效率、降低对环境影响的利用潮汐能、波浪能、潮流能等海洋能发电的专用装备及其配套设备的制造活动。活动包括但不限于： 积极开发海洋潮汐能； 推进海洋能源综合利用、波浪能和潮流能发电装备； 提高海洋能装置转换效率、降低建造和运行成本、提升可靠性、稳定性及可维护性； 突破新材料、新工艺、防腐蚀防生物附着等共性技术瓶颈； 开展万千瓦级低水头大容量潮汐能发电机组设计及制造、安装； 开展潮流能机组整机、叶片、高可靠性水下密封、系统安装、基础等技术优化、潮流能机组设计及制造，重点开发300～1000千瓦模块化、系列化潮流能发电装备； 开展波浪能发电装备整机、能量捕获、动力输出、锚泊系统等技术优化。重点开发50～100千瓦模块化、系列化波浪能发电装备等。 活动应符合以下叠见成标准： 《海洋工程装备制造业持续健康发展行动计划（2017—2020年）》（工信部联装〔2017〕298号） 《中国制造2025》 《波浪能、潮流能发电站选址技术规范 第1部分：潮流能》（GB/T 41341.1—2022） 《波浪能、潮流能发电站选址技术规范 第2部分：波浪能》（GB/T 41341.2—2022）				
	海洋生物资源利用装备制造及维修	深海养殖装备制造	指通过新材料和新技术提高商养殖效率、减少对环境影响目的用于深海养殖活动的装备及其配套设备的制造。活动包括但不限于： 大型化、规模化的深远海网箱养殖装备制造、HDPE、金属、玻璃钢等新材料和技术的运用达到提高网箱网材的结构强度、增强其抗腐蚀性、抗老化、抗风浪能力等。 相关活动应符合以下叠见标准： 《海洋工程装备制造业持续健康发展行动计划（2017—2020年）》（工信部联装〔2017〕298号） 《中国制造2025》				
	海水淡化与综合利用装备制造及维修	海水淡化装备制造	指以资源的可持续利用和循环经济为目的的海水淡化的专用装备及其配套装备、活动包括但不限于： 反渗透技术、蒸馏技术等制造活动； 膜法和热泵影响海水淡化专用产品制造技术、一体化产品制造技术。 相关的活动应符合以下叠透海水淡化产品水质一市政供水指南》 《海洋技术—反渗透海水淡化产品水质》（ISO 23446: 2021） 《海洋工程装备制造业持续健康发展行动计划（2017—2020年）》（工信部联装〔2017〕298号） 《中国制造2025》				

续表

一级	二级	三级	活动描述与规范	指标类别	指标内容	指标标准	环境目标
					环境影响指标	指标体系（指标体系对应一级产业）	
海洋信息服务《绿色产业指导目录（2019年版）6.4监测检测》	海洋信息采集服务	海洋环境信息采集	指通过卫星观测、航空遥感、海洋调查船、岸基观测平台、浮标潜标、海床基自动观测等手段，获取、测量海洋环境参数和地球物理数据的活动，包括海洋水文、气象、生物、化学、地球物理、声学、光学、遥感以及测绘地理等信息采集活动。满足《海洋观测规范》	污水排放（NH）	具体指标及界限值：pH值（其他）：一级标准：6-9 二级标准：6-9；色度（稀释倍数）：一级标准：30 二级标准：30；悬浮物：一级标准：20mg/L 二级标准：30mg/L；化学需氧量（COD）：一级标准：60mg/L 二级标准：50mg/L；生化需氧量（BOD）：一级标准：20mg/L 二级标准：10mg/L；总铁：一级标准：5mg/L 二级标准：8mg/L；氨氮：一级标准：15mg/L 二级标准：20mg/L；总氮：一级标准：0.5mg/L 二级标准：0.5mg/L；动植物油：一级标准：3mg/L 二级标准：5mg/L	《流域性污染物综合排放标准 第5部分：半岛流域》（DB 37/3416.5-2018）	可持续利用及保护水和海洋资源 防治和控制污染 保护及恢复生物多样性和生态系统 气候变化应对
		海洋目标信息采集	指通过海洋合成孔径雷达、高清摄像头、无线电接收机、红外探测器以及目标运动元电波等手段，获取水上、水下以及海岸带周边活动目标信息的活动。满足《海洋观测规范》	气体排放（NH）	排放限制要求：颗粒物 核心控制区：5mg/m³ 一般控制区：10mg/m³；二氧化硫 核心控制区：35mg/m³ 一般控制区：50mg/m³；氮氧化物（以NOx计）核心控制区：50mg/m³ 一般控制区：50mg/m³；有组织排放VOCs 100mg/m³ 一般控制点：200mg/m³；无组织排放VOCs（厂界监控点）VOCs 2.0mg/m³ 甲醇 0.05 mg/m³	《区域性大气污染物综合排放标准》（DB 37/2376-2019）（依据生态环境敏感度、环境承载能力三类因素，将全省区域细分为重点控制区和一般控制区，由设区市人民政府确定，报省生态环境主管部门备案。）	
				温室气体排放（SC）	直接排放（范围1）间接排放（范围2）供应链排放（范围3）	《温室气体核算体系：企业核算与报告标准》（2011）《温室气体核算体系：产品全生命周期核算标准》（2011）《温室气体核算体系：企业价值链（范围3）核算与报告标准》（2011）单位产值温室气体减排量处于同行业表现的前30%	
				污染物/废水管（SC）	每年产生的废弃物和海洋垃圾的重量	《洋发性有机物排放标准 第7部分：其他行业》（DB 37/2801.7-2019）（自2020年1月1日起，现有企业执行下同时段的排放限值。）	
		海洋专题信息采集	指通过海洋调查、海洋科学考察、统计制度和互联网等手段，采集大洋数据、极地数据以及海洋经济、海岛等业务专题信息的活动，包括海洋权益维护、海岛保护监测以及海洋预报警监测。满足《海洋观测规范》	污染物/废水管（SC）	是否有固体废物回收利用技术，如果有请说明。废物产生及废水再生利用，每年产生及再循环再利用的废水	单位产值废水再生利用废水资源和海和谐和谐环境造成材料消耗的比例至少达到判别同行业表现的前30%	

续表

一级	二级	三级	活动描述与规范	指标类别	指标内容	指标依据	环境目标
					指标体系（指标体系对应一级产业）		
	海洋通信传输服务	水下通信与导航服务	指通过水下通信导航设施提供信息传输服务，或为水下水面航行器提供导航定位服务，满足海上导航的相关定位需求及服务活动需要参考海洋生态系统保护及污染预防相关活动的要求	能耗水平	天然气消耗量（立方米/年）液化石油气消耗量（吨/年）沥青消耗量（升/年）柴油消耗量（升/年）外购电力总量（兆瓦时/年）外购能源消耗量（吉焦/年）综合能耗总量（吨标准煤/年）单位工业增加值能耗（吨标准煤/万元）	单位工业增加值能耗表现至少优于同行业表现的前30%	
		海洋卫星传输服务	指通过通信卫星为海上设施、设备提供信息传输服务，包括点对点传输、卫星广播服务等。如播报定位等服务（如提供的气象卫星服务满足《基于北斗北三卫星海上安全信息传输要求》（BD 440086—2022）	能源结构（SC）	可再生能源是否满足能源需求;非化石能源消费的百分比（是否达到20%）	《"十四五"现代能源体系规划》，到2025年，非化石能源消费比重提高到20%左右	
		海洋移动通信组网	指综合利用多种通信网络为海上设施、空中通信网络、水面、卫星通信提供综合通信服务。如敷设基站成本和等。通信、卫星通信服务和放通信的综合通信服务，通信通信服务满足海上移动通信系统的相关要求，如《港口5G移动通信系统要求》（JT/T 1472—2023）	能源效率（SC）	提高能源效率的措施	—	
	海洋信息处理与存储	海洋信息处理管理（6550）	海洋信息的数字化提取、存储编辑、解析整理等加工处理服务	生态系统影响管理	受到正向支持或负向影响的海岸和海洋栖息地的面积（公顷）	—	
		海洋数据存储技术管理（6550）	为海洋环境、海洋测绘等各类海洋数据的分类、存储、索引查询等管理服务		减震季惜		
	海洋信息系统开发	海洋软件开发（6513）	指为海洋生产、管理提供技术需求分析、设计、编制、分析，测试，运行维护等方面的服务。包括基础软件的开发	创新（SC）	是否有应用创新技术、年研发费用占比收入百分比	至少达到同行业表现的前30%	
		海洋系统集成（6531）	指基于海洋生产、管理等业务需求进行的信息系统集成，并通过结构化的综合集成技术，将各个分离的设备、功能和信息统一协调到相互关联的、统一协调的、集中的信息系统之中，并为信息系统的日常运行提供支持的服务	影响评估（NH）	是否有通过监测和评价进行实施的生态环境影响评估	—	
	海洋信息共享与应用服务	海洋环境信息服务	指为满足用户需求，气象、海洋温度、盐度、海流、海度、海面高度等海洋环境、水位等海洋环境数据及其产品提供的信息服务	战略环境影响	是否参考所在国家/地区战略，并且公司自身的发展目标而运营在可持续发展目标中的整合。那么本项目运营活动在可持续发展根据当前所属运营此类活动的百分比是多少		
		海洋测绘与地理信息服务	指以测绘和地理信息系统、遥感、导航定位等技术从事海洋测绘信息服务，处理和应用的活动	认证和标签（SC）	是否存在可持续发展的图标认证签或认证证书	《绿色工厂评价通则》（GB/T 36132—2018）	
		海洋专题应用信息服务	指为满足海洋经济、海洋生产、管理服务海洋预报，利用海洋信息情、海洋生态减灾、气候资源、海洋生态保护、海洋科技、海洋人文等方面的信息服务活动	供应链（SC）	是否存在可持续供应链管理、请具体说明;是否存在生命周期评估活动	—	

续表

一级	二级	三级	活动描述与规范	指标体系（指标体系对应一级产业）			环境目标
				指标类别	指标内容	指标依据	
		海洋信息咨询服务（6560）	指利用各种海洋信息处理技术，对各类海洋信息开展搜集、加工、整理、建设、规划或咨询等服务活动。	风险管理（NH）	是否存在实施了专项预防性原则的风险管理计划	—	
				气候变化（SC）	为适应或减缓气候变化而采取的措施，具体说明效果	—	
				可持续性教育	参加有关可持续性的信息和培训课程		
				环境影响指标			
海洋生态环境保护和修复 依据来源：IFC《蓝色金融融资指引》；世界银行蓝色经济；ADB蓝色经济分类；《绿色产业指导目录（2019年版）》；《绿色债券支持项目目录（2021年版）》	海洋生态保护	海洋生态系统保护（7711）	指对海洋自然生态系统的保护活动，包括海洋及海岸带自然保护区和重要海洋生态系统等在重点海洋生态功能区、海洋生态保护红线、实行严格保护。活动要符合生态保护部《国家重点生态功能区保护和建设规划编制技术导则》有关海洋保护的要求。《自然保护区建设项目生物多样性影响评价技术规范》（LY/T 2242—2014）《自然保护区生态旅游规划技术规程》（GB/T 20416—2006）《国家级自然保护区基础设施建设和科学考察规范（试行）》（环函〔2010〕139号）《自然保护区综合科学考察规程（试行）》（环函〔2009〕195号）等标准。	生态系统影响管理（SC）	支持致力于保护、养护等地当地生物多样性地方实体，具体说明当地项目中用于这些地区的保护（如免费提供人力或成果支持或向这些机构）	至少达到同行业表现的前30%	预防和控制污染 保护和恢复生物多样性和生态系统 气候变化应对
				生态系统影响管理	受到正向支持或负向影响的海岸和海洋信息的面积（公顷）	—	
				废物/废水管理（NH）	是否有固体废物被水处理技术，如果有，如果有说明	—	
				基于自然的解决方案（NH）	是否运用基于自然的解决方案	—	
				能源效率（SC）	可再生能源是否能满足能源需求，非化石能源消费的百分比（是否达到20%）	—	
				能源结构（SC）	可再生能源活动相关的环境影响的百分比（如清除、恢复、监控或成本接抵消）	《"十四五"现代能源体系规划》到2025年，非化石能源消费比重提高到20%左右	
				缓解（SC）	按资与部门口活动相关的环境效益的占比，减少投入或收益或对接抵消	—	
				减缓特情			
		海洋生物物种保护（7713）	指对海洋生物物种的保护活动。对海洋野生离危动植物的管理活动。以及对海洋动植物符合《生态环境状况评价技术规范》（HJ 192—2015）《区域生物多样性评价标准》（HJ 623—2011）《生物多样性观测技术导则》（HJ 624—2011）。	影响评估（NH）	是否有通过监测和评价来进行实施的生态环境影响评估	—	
				参与地方区域管理（SC）	是否参与地方环境管理		
				利益相关者参与程度	利益相关方参与行为者，1.除公共行为者外，利益相关方参与协调商。2.偶尔与无利益相关方参考 3.利益相关方参与		
				战略愿景	是否参考所在国家目标，并且公司战略和运营中整合可持续发展目标。如果是，那么具体那么保护所所属活动类活动的百分比是多少		
		海洋自然资源和修复保护（7712）	指对海洋地质构造、海洋古生物物种和海洋自然资源等自然保护活动的保护行为。活动满足《海洋调查规范》	创新（SC）	是否运用创新技术，年研发创新投入占比人的占比	相关成果技术至少达到同行业表现的前30%	

续表

一级	二级	三级	活动描述与规范	指标类别	指标体系（指标体系对应一级产业）		环境目标
					指标内容	指标依据	
	海洋生态修复	海洋污染生态修复	指因海洋污染造成海洋生态环境破坏的修复整治活动。通过生态修复、最大程度地修复地貌和退化的海洋生态系统，恢复海岸自然地貌，改善海洋生态系统服务功能。海洋生态修复活动要满足《海洋生态修复技术指南》：（GB/T 42642—2023）；海底动物种群和效果评估依照《生态保护修复成效评估技术指南（试行）》（HJ 1272—2022）执行	认证和标签（SC）	是否有可持续性标签或认证书的存在？并且是否已经应用	—	
		海洋灾害生态修复	对海洋灾害造成海洋生态环境破坏的修复整治活动。海洋生态修复活动要满足《海洋生态修复技术指南》：（GB/T 42642—2023）；海底动物种群和效果评估依照《生态保护修复成效评估技术指南（试行）》（HJ 1272—2022）执行	风险管理（NH）	是否存在/实施了专业到预防性的风险管理计划	—	
		其他海洋生态修复	通过生态修复、最大程度地修复地貌和退化的海洋生态系统，恢复海岸自然地貌，改善海洋生态系统服务功能。海洋生态修复活动要满足《海洋生态修复技术指南》：（GB/T 42642—2023）；海底动物种群和效果评估依照《生态保护修复成效评估技术指南（试行）》（HJ 1272—2022）执行	气候变化（SC）	是否有适应和减缓气候变化的措施？如果有请说明	—	
	海洋环境治理（772）	海洋陆源污治理	指对沿海水域、入海河流、陆源排污口的污染物及危险废物的综合治理活动。《入河入海排污口监督管理技术指南 入海污口规范化建设》（HJ 1309—2023）；水质和流量在线监测系统安装 验收、运行、数据有效性判别等要求参照《水污染物在线监测系统运行技术规范》等相关规范的要求	教育	是否组织和参与可持续发展的信息和培训？如果有请说明		
		海上排污治理	对船舶、海上石油平台等排放污染物进行处理、处置的活动。活动要符合《中华人民共和国海洋环境保护法》和《海洋可倾倒物质名录》的要求				
		海洋倾废治理	对接海洋废产物的特殊海域的废物入海进行处理。活动要遵守《国际防止船舶造成污染公约》（国家海洋局第2号）和《海洋倾倒废弃物名录》（征求意见稿）《生态环境部起草》的要求				
		其他海洋环境治理	其他未列明的海洋环境治理活动。				

致谢：

在本课题编写过程中，我们要特别感谢全球气候债券倡议组织中国项目负责人谢文泓先生在课题研究过程中给予的指导，以及北京绿色金融与可持续发展研究院的实习生高歌和王曦冰两位同学，他们为课题顺利开展给予了有力支持，在此我们表示衷心的谢意。

金融支持生物多样性研究

编写单位：华夏银行

北京绿色金融与可持续发展研究院

课题组成员：

彭 凌 华夏银行

苏 楠 华夏银行

白 琦 华夏银行

白韫雯 北京绿色金融与可持续发展研究院

韩红梅 北京绿色金融与可持续发展研究院

殷昕媛 北京绿色金融与可持续发展研究院

编写单位简介：

华夏银行：

华夏银行始终坚持绿色发展理念，作为联合国环境规划署《负责任银行原则》首批签署成员和气候相关财务信息披露工作组（TCFD）的支持机构，华夏银行将可持续发展理念融入经营发展的各个环节，大力发展绿色金融业务，积极服务国家"碳达峰"和"碳中和"目标，全面应对气候变化挑战，开展生物多样性保护工作，探索自身绿色运营实践，打造"绿筑美丽华夏"金融品牌，助推生态文明建设和绿色低碳发展。

北京绿色金融与可持续发展研究院（以下简称北京绿金院）：

北京绿金院是一家注册于北京的非营利研究机构。北京绿金院聚焦ESG投融资、低碳与能源转型、自然资本、绿色科技与建筑投融资等领域，致力于为中国与全球绿色金融和可持续发展提供政策、市场与产品的研究，并推动绿色金融的国际合作。北京绿金院旨在发展成为具有国际影响力的智库，为改善全球环境与应对气候变化作出实质贡献。

执行摘要

随着全球生物多样性丧失危机的加剧，加强生物多样性保护已经成为国际共识，国际社会和各国政府都在努力为保护生物多样性而作出努力。

本研究从国际治理和实践入手，系统梳理了金融支持生物多样性面临的挑战，并从降低负面影响和增加正向支持两个方面进行系统性分析，旨在为金融机构支持生物多样性提供风险分析和正向机遇识别的方法，使金融机构能够在运营过程中降低生物多样性丧失带来的相关风险、高效识别生物多样性友好型项目进行正向支持，从而弥补生物多样性保护的资金缺口，促进《生物多样性公约》目标的实现。

研究以某商业银行为例，从其业务覆盖区域及业务覆盖行业展开相关研究。区域层面，从保护区数量、物种数量、及资源禀赋等角度进行生物多样性风险筛查，判断业务覆盖区域生态敏感性，并以长三角地区为例进行分析。行业层面，借助探索自然资本机会、风险和敞口（ENCORE）工具对某商业银行业务覆盖九大行业的77个二级细分行业的经济活动对生态系统依赖性和对自然资源的影响进行评估，初步得出六大行业的28个二级细分行业为依赖性和影响都为H/VH（高/非常高）的生物多样性敏感行业，并依据可得数据初步测算其存量业务的风险敞口占比。

同时，本研究总结梳理国内外与生物多样性相关的EOD贷、GEP贷、碳汇贷、可持续发展挂钩贷，生物多样性主题债券和绿色基金的创新案例，供金融机构开发支持生物多样性的创新产品提供参考。此外，本研究根据联合国《生物多样性公约》《中国生物多样性保护战略与行动计划》（2011—2030年）有关定义，以及国际资本市场协会《绿色债券原则》对生物多样性项目的环境指标披露指引，依据国内《绿色产业指导目录（2019年版）》和《绿色债券支持项目目录（2021年版）》共同覆盖的生物多样性保护产业以及某商业银行覆盖的现有业务，总结得出其《生物多样性友好型产业投融资活动目录》共48个产业。同时结合国家战略规划、区域政策，及区域资源禀赋，梳理区域生物多样性正向支持产业，建议商业银行依据《生物多样性友好型产业投融资活动目录》拓展尚未支持的生物多样性友好型业务，开发与多边国际机构的合作，以混合融资模式支持财务性较弱的生物多样性友好型项目。

最后，本研究从治理、战略、风险管理以及指标目标四个层面，为商业银行支持生物多样性提出工作方案，为国内金融支持生物多样性提供依据，推动金融支持生物多样性的进程。

一、国内外金融支持生物多样性政策发展与实践

生物多样性，即生物的物种多样性、生态系统多样性和基因多样性，是地球上重要的自然资源，也是维护生态平衡和人类和谐发展的重要基础。然而由于环境污染、气候变化和人类活动等多种因素的影响，生物多样性正面临前所未有的威胁。联合国环境规划署发布的《全球环境展望》报告指出，近一半的陆地面积受到了不同程度的人为破坏，30%的物种处于灭绝的边缘。因此，国际社会和各国政府都在努力为保护生物多样性作出努力。

（一）国际金融支持生物多样性进展

全球经济中有44万亿美元适度或高度依赖自然及生态系统，这相当于全球GDP的一半以上[1]，生物多样性丧失会给经济带来巨大的负面冲击，最终给金融系统带来风险。根据保尔森基金会的数据统计，2019年，全球每年生物多样性融资约为1430亿美元，约占全球GDP的1.2%。而到2030年，预计每年支持和保护生物多样性的需求为7000亿至10000亿美元，资金缺口高达85%左右。

20世纪70年代，国际社会开始探索保护生物多样性的全球治理，发展

---

[1] 世界经济论坛（WEF）. 新自然经济报告 [EB/OL]. （2020-07-14）[2024-05-30]. https：//www3.weforum.org/docs/WEF_NNER_II_The_Future_Of_Nature_And_Business_CN_2020.pdf.

过程中，逐步形成了推动全球生物多样性治理进程最重要公约之一的《生物多样性公约》。联合国《生物多样性公约》第十五次缔约方大会会议（COP15）进一步推动了生物多样性保护工作在社会各部门主流化进程。与其相关的还有《关于特别是作为水禽栖息地的国际重要湿地公约》《联合国防治荒漠化公约》《濒危野生动植物种国际贸易公约》等。上述公约的签署和实施，推动了全球生物多样性保护的发展。近年来，二十国集团（G20）领导人峰会也逐渐将生物多样性纳入可持续发展目标，并积极推进相关工作。为了应对生物多样性丧失这一威胁，政府与政府间机构、非政府组织、企业与工商界等各方成立了诸多倡议平台，旨在调动全球资源，共同保护生物多样性。例如，《生物多样性金融倡议》（BIOFIN）和《生物多样性金融伙伴关系全球共同倡议》等。

央行与监管机构绿色金融网络（NGFS）的最新研究表明，应对与生物多样性相关的金融风险，既要考虑生物多样性丧失对金融主体的影响，还应考虑金融主体对生物多样性的影响。随着自然资本与系统性金融风险的联系逐渐引起全球央行、监管与金融机构的关注，政府层面到准则制定层面也逐渐加强了对生物多样性议题的重视。在行业标准层面，近几十年来，国际多双边金融机构以及部分全球商业性金融机构持续完善自身环境和社会风险管理框架，并将生物多样性风险管理纳入其中。例如，国际金融公司（IFC）绩效标准6、赤道原则等已发展成为金融机构开展项目投融资生物多样性风险识别与管理的全球性标准或参考依据。全球各准则制定及倡议平台也逐步将生物多样性指标纳入其中，如专门针对自然财务数据披露的自然相关财务披露工作组（TNFD）、全球报告倡议（GRI）、气候变化信息披露计划（CDP）等，从不同层面指导各组织进行相关信息披露工作，增加信息透明度，科学指导以降低生物多样性丧失带来的相关风险。这些信息披露标准和框架可以帮助公众、利益相关方和决策者了解组织的生物多样性风险和机遇，以更好地进行决策并采取相关的保护措施。

国际多边金融机构如世界银行、亚洲开发银行、亚洲基础设施投资银行、法国开发计划署等作为全球金融的协调者和引领者，从政策激励机制、风险管理、产品创新、信息披露等多方面进行先行先试，引领全球各金融机构共同支持生物多样性，弥补生物多样性保护的资金缺口。在内部治理层面，部分金融机构依据通用性原则，制定具有可操作性的贷款政策和标准，鼓励和支持生物多样性友好型项目。在项目层面，世行、亚行、亚投行等均在《项目的环境和社会保障政策》中纳入生物多样性相关信息与绩效指标，确保人员和环境免受潜在的不利影响，以识别、避免和最大限度地减少对人员和环境的危害。在风险层面，支持其客户在项目设计、实施和运营的整个过程中酌情考虑生物多样性和生态系统的影响产生的相关风险，评估项目生态影响并要求其提供所需的缓释措施，设定申诉机制等。在产品层面，国际金融机构推广针对生物多样性的多种产品模式和服务，例如，森林绿色债券、可持续发展债券、可持续发展挂钩贷款、野生动物保护债券以及绿色发展基金等。上述产品和服务旨在为推广生物多样性保护相关工作提供资金支持和经济激励，各机构在信息披露层面要求借款国和项目方均需披露其项目对生物多样性保护带来的风险及缓释措施。

商业银行层面，由于专门对生物多样性进行保护的项目很难论证其实现商业可持续性的能力，目前，国际商业银行直接提供融资支持生物多样性的项目尚不多见，但部分银行在业务发展和规范中已开始进行探索和实践。如汇丰银行制定了农产品行业政策、森林行业政策、世界遗产选址以及拉姆萨尔湿地政策等，对违反相关政策的项目拒绝提供金融服务，间接实现对生物多样性的金融支持；还有些商业银行将生物多样性保护纳入自身绿色表现，如生物多样性保护公益计划、对生物多样性保护的捐赠支持以及将生物多样性保护工作纳入员工培训等。

（二）国内金融支持生物多样性政策发展与实践

作为世界上生物多样性最丰富的国家之一，中国生物多样性保护面临严峻挑战。党的十八大以来，中国在习近平生态文明思想的引领下，坚持生态优先和绿色发展，积极推进生态文明建设和生物多样性保护，采取一系列有力举措制定相关法律法规、制度规划、政策意见等，促使中国生物多样性保护目标执行效果显著优于全球平均水平，生物多样性已逐步主流化。

在政策层面，中国政府从1992年签署《生物多样性公约》开始，正式引入生物多样性意识，认真贯彻公约要求，全面围绕基因多样性、物种多样性和生态系统多样性，从就地保护、迁地保护、生物安全管理、改善生态环境质量、推进绿色发展等角度出发，制定相关法律法规，并于2010年颁发的《中国生物多样性保护战略与行动计划（2011—2030年）》划定35个生物多样性保护优先区域，包括32个内陆陆地及水域生物多样性保护优先区域，以及3个海洋与海岸生物多样性保护优先区域。这些法律法规及战略计划为生物多样性保护提供保障，也为管理机制建设和科学研究提供基础，逐步推动生物多样性在国内主流化的进程。

中国作为COP15主席国，在第一阶段会议前夕2021年10月，国务院新闻办公室发表《中国的生物多样性保护》白皮书，从"秉持人与自然和谐共生理念""提高生物多样性保护成效""提升生物多样性治理能力"和"深化全球生物多样性保护合作"四个方面提出中国在生物多样性保护方面的立场和政策措施。在COP15大会第一阶段会议后，中国印发了《关于进一步加强生物多样性保护的意见》，从九个方面提出生物多样性保护的明确要求，包括加快完善生物多样性保护政策法规、建立保护机制、强化监管、深化国际合作、推动公众参与等，并强调完善资金保障制度，加强各级财政资源统筹，通过现有资金渠道继续支持生物多样性保护；研究建立市场化、社会化投融资机制，多渠道、多领域筹集保护资金，充分展现在推进全球生物多样性保护方面的中国态度。同年10月，为进一步促进社会资本参与生态建设，国务院办公厅发布了《关于鼓励和支持社会资本参与生态保护修复的意见》，该意见进一步提出了鼓励社会资本参与生态保护的政策措施，如设立生态保护产业基金、支持生态旅游、提供中长期资金支持、允许发行绿色资产证券化产品等。

2019年，中共中央办公厅、国务院办公厅印发《关于建立以国家公园为主体的自然保护地体系的指导意见》，强调到2025年，健全国家公园体制，初步建成以国家公园为主体的自然保护地体系；2023年初，国家林草局、财政部、自然资源部、生态环境部联合印发了《国家公园空间布局方案》，强调到2035年，基本完成国家公园空间布局建设任务，基本建成世界最大的国家公园体系。目前，在空间布局上，中国自然生态系统最重要、自然景观最独特、自然遗产最精华、生物多样性最富集的区域已被纳入国家公园体系，遴选出49个国家公园候选区，包括陆域44个、陆海统筹2个、海域3个[①]。2008年，中国开始进行GEP（生态系统生产总值）核算方法研究，通过对生态系统服务和产品价值的测量和评估，确定生态系统经济和社会价值。目前，GEP概念已在全国100多个县中得到了广泛应用。

在央行与监管层面，2022年，中国人民银行发布《金融支持生物多样性保护调研报告》，中国银保监会发布《银行业保险业绿色金融指引》，相关政策文件要点均体现了生物多样性保护已成为金融投资决策、产品创新与风险管理的重点领域之一。2021年10月，由中国银行业协会牵头，36家中资银行业金融机构和24家外资银行及国际组织共同发表《银行业金融机构支持生物多样性保护共同宣示》和《银行业金融机构支持生物多样性保护共同行动方案》，其中明确提出，将支持生物多样性保护与应对气候变化纳入治理架构、战略目标和业务中，健全生物多样性风险和气候风险的识别、计量、监测和控制体系。

在央行、监管机构及协会的推动下，中国金融支持生物多样性已有如下良好基础：在标准界定层面，国家发展改革委会同有关部门研究制定的《绿色产业指导目录（2019年版）》和《绿色债券支持项目目录（2021年版）》都已将生物多样性相关项目纳入，据统计涉及生物多样性保护的行业共有40余项。在创新金融产品方面，目前通过多样化银行贷款产品、银保合作、发行专项债券、"基金+"等方式，辅以与生物多样性相关的信贷政策，金融支持生物多样性已取得初步成效。信息披露方面，目前国内整体生物多样性信息披露程度较低，处于探索阶段。头部机构已先行先试，比如嵌入在企业

---

① 中国政府网. 到 2035 年——基本建成世界最大国家公园体系 [EB/OL].（2023–01–03）[2024–05–30]. https://www.gov.cn/zhengce/2023–01/03/content_5734674.htm.

环境信息披露、可持续发展报告中①，但披露数据信息分散、内容有限，多为正向影响数据。在地方实践方面，首批绿色金融改革创新试验区之一的湖州，印发了我国首个区域性金融支持生物多样性保护制度框架《关于金融支持生物多样性保护的实施意见》，明确提出引导更多的金融资源配置到减缓影响与促进生物多样性保护的行业。2023年7月，山东省出台《山东省生物多样性保护条例》，填补了海洋生物多样性保护制度空白，该条例在2024年1月开始施行。

借鉴国际金融机构的良好实践，中国金融支持生物多样性工作还需要制定激励机制、完善监管机制、开源数据、统一标准、优化资金投入、加强团队能力建设等以促进更多金融机构参与生物多样性相关工作，并引导上下游产业链一起实现生物多样性保护的目标。

二、金融支持生物多样性面临的挑战及应对思路

金融机构作为支持经济社会可持续发展的重要力量，与生物多样性互相依赖、互相影响。但如今，金融机构在应对生物多样性丧失带来的风险、金融支持生物多样性方面还存在诸多挑战。

（一）金融支持生物多样性面临的挑战

生物多样性相关项目普遍以公益或准公益为主，项目周期长、回报能力有限，效益评估过程复杂，且尚未形成成熟统一的方法论，短期内无法实现可观的经济效益。除项目本身的挑战，金融机构支持生物多样性还面临以下挑战。

第一，生物多样性项目的标准界定尚不统一。没有专属的相关标准发布，仅是绿色金融相关的产业标准将其部分涵盖。标准是金融支持生物多样

---

① 中央财经大学.企业生物多样性信息披露研究 [EB/OL].（2022–10–10）[2022–11–04].https：//iigf.cufe.edu.cn/system/_content/download.jsp?urltype=news.DownloadAttachUrl&owner=1667460506&wbfileid=11640510.

性的前提，缺乏标准导致金融机构很难确定生物多样性项目的边界和识别投资机遇，从而降低其投资意愿。

第二，金融机构的产品创新存在困难。产品创新是金融支持生物多样性的关键。但目前，在中国，生物多样性丰富地区往往是欠发达地区，金融发展水平相对滞后，金融支持主要依靠绿色信贷，融资产品和服务模式单一，资金来源也主要为政府财政拨款。

第三，部分金融机构尚未将生物多样性纳入风险管理体系。由于生物多样性项目与自然环境紧密相关，存在着较高的不确定性，风险管理是金融支持生物多样性必须面对的问题。因此，需要制定有效的风险管理策略，建立完善的风险评估体系和风险管理机制，利用有效的评估方法和工具及时跟踪和控制项目风险，确保资金安全和项目可持续。目前，评估方法学、工具及数据信息也较为缺乏。

第四，激励机制尚未得到有效建立和推广。激励机制是金融支持生物多样性的重要手段，通过建立激励机制，可以促进投资者更积极地参与生物多样性项目。未来，可通过优惠政策、税收减免、奖励机制等措施来解决这一问题。

第五，暂未建立统一有效的信息披露制度。信息披露是金融支持生物多样性的重要监管方式。金融机构需加强对生物多样性项目的信息披露，提高信息透明度，及时公开项目风险和收益情况，以便对项目进行监管和决策。

第六，金融机构生物多样性相关能力建设不足。现阶段，金融机构开展生物多样性项目的专业力量不足，尚需加强国内外交流、产学研合作、人才培养，提升金融机构开展生物多样性项目的软实力。

（二）金融支持生物多样性的应对思路

生物多样性保护已经成为国际社会的共同责任，对于巨大资金缺口问题，除政府资金、公共资金外，还需引入私有资金、社会资金等多元化资金来源，弥补资金缺口。北京绿色金融与可持续发展研究院对金融机构在支持生物多样性方面如何发挥作用进行研究，得出金融机构可从以下两个层面发挥作用，降低风险，探索机遇，支持生物多样性相关项目，如图1所示。

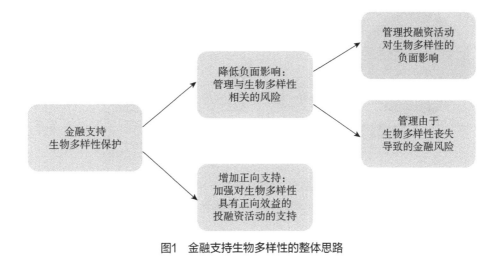

图1 金融支持生物多样性的整体思路

（资料来源：北京绿金院）

1. 降低负面影响

管理与生物多样性相关的风险。最大化地避免、减少、修复和补偿投融资活动对生物多样性的负面影响，同时预防和管理由于生物多样性丧失导致的金融风险。一是管理投融资活动对生物多样性的潜在风险。在项目层面，加强投融资活动对生物多样性影响的评估和管理，完善评估方法、工具和体系等。在投融资活动前期做好风险筛查工作，根据国土空间规划、区域生物多样性保护战略与目标、资源禀赋和区域特点，结合使用评估工具等，来支持金融机构对此类风险的管理。例如，帮助其识别并规避经济活动所在地点是否位于保护区或关键生物多样性地区内或其附近。二是管理由于生物多样性丧失导致的两类金融风险，与气候相关风险类似，金融机构面临的与生物多样性丧失相关的金融风险可以分为物理风险和转型风险，如图2所示。

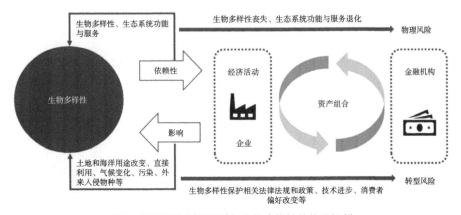

图2　物理风险/转型风险与生物多样性的传导机制

（资料来源：北京绿金院）

（1）物理风险：生产建设活动对生态系统服务具有依赖性，生物多样性丧失会导致自然资产所提供的生态系统服务退化，依赖这些服务的生产建设活动因此会受到负面影响，从而引发企业亏损、倒闭、金融资产减值等物理风险。例如，授粉昆虫是提供授粉服务功能的重要生物种群，该生态系统服务退化可能会导致粮食作物产量的严重下降。

（2）转型风险：指社会在绿色转型和迈向可持续发展之路的过程中，由于生物多样性监管政策法规的出台、技术的进步以及消费者偏好的改变等因素而导致的企业经营成本增加、项目停滞、无力偿还贷款、违约或倒闭等风险。

将以上两种风险纳入企业风险管理中，进行有效防控，能够更好地降低生物多样性相关项目带来的风险，进而降低投融资活动对生物多样性造成的负面影响。

2. 增加正向支持

加强对生物多样性具有正向效益的投融资活动的支持，弥补生物多样性保护的资金缺口。金融机构可以结合自身业务实践，依据《绿色产业指导目录（2019年版）》和《绿色债券支持项目目录（2021年版）》等绿色金融分类标准，探索生物多样性友好型投融资活动的边界，从而创新各类金融产品和服务，以及激励机制等，加强对生物多样性保护具有正向效益的投融资活动的支持。例如，为兼具生态效益和经济效益的绿色项目发放贷款等。

通过正向支持，金融机构将有机会通过生物多样性项目创造长期价值、提升品牌影响力。以上措施可以为金融机构提供参考，帮助其更好地支持生物多样性项目。

三、生物多样性相关风险分析与机遇识别

本部分根据金融支持生物多样性的整体思路，分析某商业银行投融资活动（以信贷业务为例）与生物多样性相关的风险和机遇。在风险方面，研究基于国家或地区层面的生物多样性保护相关战略、政策和规划，辅以国际通用的生物多样性风险评估工具，结合某商业银行2022年贷款业务分布情况，从地域和行业层面入手，分析其贷款业务所涉及的生物多样性风险，并提出应对建议。基于此，结合中国不同区域内面临的由于生物多样性丧失导致的潜在物理风险和转型风险，对贷款业务可能涉及的潜在金融风险类型进行甄别。在机遇方面，将从创新各类金融产品和服务，以及政策规划和地区资源禀赋进行区域性机遇分析，梳理分析金融机构未来可以支持的对生物多样性具有正向效益的区域经济活动及可参考的金融产品。

（一）生物多样性相关风险识别

1. 区域性风险识别

本部分以某商业银行贷款业务为例，根据国家国土空间规划（包括生态保护红线、国家级自然保护区、国家公园等），结合生物多样性风险筛查工具，识别其2022年贷款投向所涉及的不同区域的潜在生物多样性风险。

为有效帮助金融机构在项目筛选环节，依据项目选址及空间分布，加强对生物多样性相关风险的识别与管理，本部分梳理区域层面识别和管理此类风险的步骤如下所述。

第一步：了解贷款投向所覆盖区域的国土空间规划政策，重点梳理各省

《生态保护红线规划方案》《国土空间生态修复规划》《重点保护野生动物名录》等。2017年，中共中央办公厅、国务院办公厅印发了《关于划定并严守生态保护红线的若干意见》，要求在2020年底前，全国全面完成生态保护红线的划定。因此，各地区积极推进并落实《生态保护红线规划方案》，明确划定陆域/海域生态保护红线面积和主要分布城市/地区，这对于帮助金融机构在项目前期选址环节研判经济活动是否与生物多样性保护空间格局重合或相邻至关重要。2020年，自然资源部办公厅发布了《关于开展省级国土空间生态修复规划编制工作的通知》，旨在推动各省级行政区聚焦自然保护地、生态保护红线等国家生态安全战略格局和区域生态安全重点区域，科学编制国土空间生态修复规划，明确修复目标并提出相关措施。基于此，包括北京市、浙江省、江苏省、安徽省、福建省、吉林省等在内的诸多省级行政区制定了《国土空间生态修复规划》。2023年，自然资源部办公厅发布了《关于加强国土空间生态修复项目规范实施和监督管理的通知》，这一通知的发布为各省级行政区制定的《国土空间生态修复规划》的实施与落地提供了重要支持。此外，金融机构也应了解各地区重点保护物种及其栖息地位置，避免所投资的经济活动对其造成负面影响。

第二步：梳理某商业银行贷款投向所覆盖的区域。根据其2022年年报数据，2022年贷款余额主要分布在以下六个区域：长三角地区、京津冀地区、中东部地区、西部地区、粤港澳大湾区和东北地区，占比分别为29.12%、24.68%、15.19%、12.54%、10.65%和2.66%。①

第三步：应用各区域国土空间规划政策与各区域贷款情况进行对标分析。依据各项目选址信息，初步判断其是否位于生态保护红线范围内或附近，必要时可使用生物多样性风险筛查工具。根据初步判断结果，建议金融机构根据项目的生物多样性风险情况要求，监督项目方在项目周期内制定、实施减缓举措并进行信息披露。根据某商业银行2022年年报数据，长三角地

---

① 根据某商业银行2022年年报数据，除上述六个区域外，按地区划分的贷款中还有5.16%的占比归属于"附属机构"。

区贷款余额位居第一，且增速较快，现以长三角地区为例进行分析。

表1 长三角地区政策信息梳理

长三角地区	贷款占比	政策及要求 （以生态保护红线为例）	重点保护物种	自然资源/地区特点
上海	29.12%	《上海市生态保护红线》： 上海市生态保护红线总面积2527.30平方公里。其中，陆域面积130.05平方公里,长江河口及海域面积2397.25平方公里。根据区域主导生态功能,上海市生态保护红线共分为五种类型，分别是：生物多样性维护红线、水源涵养红线、特别保护海岛红线、重要滩涂及浅海水域红线、重要渔业资源产卵场红线。	《上海市重点保护野生动物名录》： 棕背伯劳、豹猫、绿啄木鸟、黄鹂、四声杜鹃、刺猬……	水资源丰富；矿产资源匮乏；生态空间有限；土地资源匮乏
江苏		《江苏省国家级生态保护红线规划》： 全省陆域生态保护红线划定面积为8474.27平方公里，主要分布在长江、京杭大运河沿线、太湖等水源涵养重要区域，洪泽湖湿地、沿海湿地等生物多样性富集区域、宜溧宁镇丘陵、淮北丘岗等水源涵养与水土保持重要区域。 按照主导生态系统服务功能,全省陆域生态保护红线分为水源涵养、水土保持、生物多样性保护三大功能保护红线。其中，生物多样性维护生态保护红线面积2588.05平方公里，分布在沿海地区、洪泽湖等地，主要包含2个生态保护红线分区：①沿海湿地生物多样性生态保护红线。位于江苏省东部沿海，涉及盐城市、连云港市、南通市。②洪泽湖湿地生物多样性生态保护红线。位于江苏省西部淮河下游，苏北平原中部西侧，涉及淮安、宿迁。 全省共划定海洋生态保护红线面积9676.07平方公里，分为禁止和限制类两类区域。其中：禁止类红线区面积680.72平方公里，占海洋生态保护红线总面积的7.0%；限制类红线区面积8995.35平方公里，占海洋生态保护红线总面积的93.0%。 苏州市、宿迁市、无锡市、淮安市、扬州市生态保护红线面积较大，应重点关注	《江苏省生物多样性红色名录（第一批）》： 白颈长尾雉、白鹇、青头潜鸭、鸿雁、白额雁、大天鹅、小天鹅、鸳鸯、棉凫、花脸鸭……	水资源丰富；人均水资源量不足；土地资源丰富；湿地面积萎缩；耕地破碎化；海洋生态环境形势严峻

续表

长三角地区	贷款占比	政策及要求（以生态保护红线为例）	重点保护物种	自然资源/地区特点
浙江	29.12%	《浙江省生态保护红线划定方案》： 浙江省生态保护红线总面积3.89万平方公里。其中，陆域生态保护红线面积2.48万平方公里；海洋生态保护红线面积1.41万平方公里。浙江省陆域生态保护红线主要包括水源涵养、生物多样性维护、水土保持和其他生态功能重要区生态保护红线四种类型、五个分区。五个分区分别为：浙西北丘陵山地水源涵养生态保护红线划定面积6821.52平方公里；浙西南山地丘陵生物多样性维护生态保护红线划定面积8368.59平方公里；浙东沿海及近岸生物多样性维护生态保护红线划定面积2794.22平方公里；浙中丘陵水土保持生态保护红线划定面积5496.26平方公里；浙北水网平原其他生态功能生态保护红线划定面积1363.32平方公里。 浙江省海洋生态保护红线包括海洋生态保护红线区和海洋生态保护红线岸线两部分	《浙江省重点保护陆生野生动物名录》（2016）： 狼、赤狐、豪猪、黑脚信天翁、勺嘴鹬、黑尾鸥、沼水蛙、大绿臭蛙、天目臭蛙、平胸龟……	林水资源丰富；海洋资源丰富；耕地资源稀缺；农田破碎化；矿产资源不丰富
安徽		《安徽省生态保护红线》： 安徽省生态保护红线总面积为21233.32平方公里，按照生态保护红线的主导生态功能，划分为水源涵养、水土保持、生物多样性维护三大类。 生态保护红线面积比重较高的为黄山市（37.55%）、池州市（33.49%）、六安市（28.12%）、安庆市（22.45%）	《安徽省重点保护野生动物名录》： 一级保护野生动物：马来豪猪、花面狸、食蟹獴…… 二级保护野生动物：小麂、猪獾、黄鼬……	矿产资源丰富；农产品资源丰富；湿地受到威胁；水土流失较为严重；矿山生态环境严峻

资料来源：北京绿金院。

根据长三角地区相关政策，商业银行可根据该区域内贷款业务各经济活动开展的空间范围，识别其是否与生态保护红线区域等国家生态重点区域交叉或重叠，是否会对重点保护动物的栖息地造成负面影响。

同时，商业银行也可使用生物多样性风险筛查工具（如IBAT[①]），从不

① 具体可参考"IBAT 所示的中国保护区（PAs）和关键生物多样性区（KBAs）概览"。获取方式：请发送主题为《金融支持生物多样性研究》的邮件至课题组邮箱 nbs@ifs.net.cn，获取本报告相关的详细地图资料。

同维度辅助其在前期识别其所投资项目的经济活动所在位置是否位于保护区/关键生物多样性地区内或附近。

综上所述，建议商业银行在发放贷款时：（1）要求项目方做好前期选址的区域层面生物多样性风险筛查工作。项目方在环境影响评价中做好"三线一单"（生态保护红线、环境质量底线、资源利用上线和环境准入负面清单）符合性分析的基础上，根据项目地理位置和各类数据，综合评估项目对周边生态环境的影响范围和影响程度，以此确定直接影响区域、间接影响区域和可能影响区域的范围，从而识别出可能受影响的物种和生物多样性重要地区，为项目全周期生物多样性风险管理打好基础。（2）金融机构应对项目方区域环境影响评价和生物多样性风险管理工作展开核查，监督项目方进行项目全周期风险筛查和管理工作（包括制定、实施减缓举措并进行信息披露），以进一步避免或降低投资活动所带来的潜在风险。

2. 行业性风险识别

（1）某商业银行信贷投向涉及生物多样性敏感行业识别

识别生物多样性敏感行业对金融机构规避与生物多样性相关的风险至关重要。本文认为，生物多样性敏感行业是指对生物多样性和生态系统服务均具有较高或极高依赖性和影响的行业。在参考了山水自然保护中心《企业生物多样信息披露评价报告（2021）》、联合国环境规划署《欧盟生物多样性和生态系统分类法简介》《负责人银行原则》和 *Business and Biodiversity-Chance and Risks for individual Industries* 以及NGFS报告等15份国内外的报告基础上，本研究梳理出以下生物多样性敏感行业。

表2　生物多样性敏感行业/经济活动

行业类型
农业，林业，渔业，制造业，化学品，电力、热力生产和供应业的水电，天然气生产，能源生产，乳制品制造与食品加工，交通运输业，农产品，食品行业，旅游业，汽车业，房地产业，建筑业，开采/采掘业，制药与化妆品，服装业等

资料来源：北京绿金院。

某商业银行2022年年报数据显示，其贷款业务所覆盖的九大行业为租赁和商务服务业，制造业，水利、环境和公共设施管理业，批发和零售业，房地产业，建筑业，电力、热力、燃气及水生产和供应业，交通运输、仓储和邮政业，采矿业。基于此，结合九大行业二级细分行业数据，可得其贷款业务所覆盖行业与表2有所交叉。因此，为更加有效地识别贷款业务中涉及生物多样性敏感行业，本部分运用生物多样性风险评估工具探索自然资本机会、风险和敞口（Exploring Natural Capital Opportunities, Risks and Exposure, ENCORE）对敏感行业进行筛查。

（2）某商业银行信贷投向涉及的生物多样性敏感行业分析

分析与生物多样性相关的金融风险，需要判断物理风险和转型风险敞口的大小，即根据经济活动对生物多样性和生态系统服务的依赖性高低和影响大小。依赖性高或影响大，则风险敞口就大，其所面临的与生物多样性相关的潜在金融风险（物理风险或转型风险）就高。

本部分将九大行业二级细分行业代入ENCORE，得出各经济活动对生态系统服务的依赖性高低，以及对环境驱动因素的影响大小，筛选出"依赖性为高（H）/非常高（VH）"且"影响为高（H）/非常高（VH）"的敏感行业，为商业银行判断其贷款业务的经济活动的物理风险和转型风险敞口大小提供思路，同时也为其识别和管理与生物多样性相关的金融风险奠定基础。

ENCORE旨在通过分析不同经济活动（或行业）的生产过程对生态系统服务和自然资产的潜在依赖性和影响，帮助企业和金融机构更直观地了解经济活动如何依赖于自然，以及经济活动对自然资产产生的影响将如何给企业和金融机构带来风险。ENCORE数据库评估了86类生产过程对21种生态系统服务的依赖性之间的关系，目前已得到摩根大通、荷兰银行、法兰西银行等国际金融机构的广泛认可与应用。

ENCORE 内在方法论：依赖性方面，各行业经济活动的生产过程所占用的自然资产（如大气、土壤与沉积物、水、矿物质等）会提供包括气候调节、疾病控制、水流维护等在内的生态系统服务，这些生态系统服务又为生产过程提供了重要物质，因此，经济活动对这些生态系统服务具有依赖性。当生态系统服务发生退化时，对生态系统服务依赖性越高的经济活动，其所面临的物理风险敞口就越大，潜在物理风险就越高。影响方面，经济活动的生产过程会产生影响驱动因素（如温室气体排放、水污染、土壤污染等），影响驱动因素又会进一步造成环境变化（如干旱、地震、火灾、气候变化等自然灾害），最终影响生产过程所占用的自然资产（如大气、土壤与沉积物、水、矿物质等）。随着政府对生物多样性重视程度的提高而出台一系列监管政策，以及技术进步、公众环保意识提升等，对生物多样性和生态系统服务影响越大的经济活动，其所面临的转型风险敞口越大，所面临的潜在转型风险越高。

图3梳理了ENCORE中各行业经济活动生产过程与生态系统服务、自然资产之间的关系（以建筑业—房屋建筑为例）。

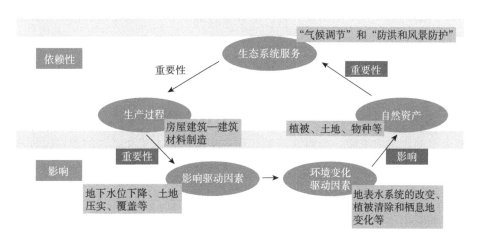

注：① ENCORE依赖性和影响评分从非常高至非常低划分为五个等级：非常高（VH）、高（H）、中（M）、低（L）以及非常低（VL）；② 为避免重复计算，ENCORE仅列出生产过程对生态系统服务和自然资产的直接依赖性和影响，不包括通过供应链产生的依赖性和影响。例如，"纸制品生产"过程的潜在依赖性不包括与种植和采伐木制品相关的潜在依赖性，后者属于林业相关范畴。这同样适用于"纸制品生产"的潜在影响。

图3　经济活动的生产过程与生态系统服务、自然资产之间的关系

（资料来源：北京绿金院）

某商业银行2022年年报数据显示，截至2022年末，其贷款分布情况如下（覆盖九大行业）：租赁和商务服务业（18.80%），制造业（9.26%），水利、环境和公共设施管理业（6.70%），批发和零售业（6.00%），房地

产业（4.60%），建筑业（4.58%），电力、热力、燃气及水生产和供应业
（2.80%），交通运输、仓储和邮政业（2.63%），采矿业（1.33%）；此
外，还有其他对公行业（6.91%），票据贴现（5.29%），以及个人贷款
（31.10%）。本文应用ENCORE工具，依次对上述九大行业及其二级细分行
业进行依赖性和影响分析，得出对生物多样性存在较高影响的敏感行业[①]。
现以典型且具代表性的几大行业为例进行分析过程展示。

制造业：如表3所示，根据制造业细分行业数据，包括化学原料和化学
制品制造业在内的12个制造业细分行业（占制造业的31%）对"地下水、地
表水"等生态系统服务的依赖性为高（H）或非常高（VH），对诸多驱动因
素的影响也为高（H）或非常高（VH），属于敏感行业。

例如，造纸和纸制品业、林产品和木材加工业，以及轮胎和橡胶制品业
都对"地下水、地表水"生态系统服务的依赖性非常高，一旦由于降雨量、
天然淡水资源匮乏等因素造成上述两个生态系统服务能力下降，该行业的经
济活动便会受到直接影响；同时，这类行业对水资源利用、水污染、土壤污
染、空气污染，以及固体废物等环境驱动因素的影响程度也很高。造纸前需
要大量的水浸泡纸浆，会对水资源利用产生影响；木浆和纸浆的漂白过程所
需的氯化物会造成水污染和土壤污染，进而对水生生态环境和陆地生态环境
产生影响。林产品和木材加工业所涉及的伐木活动可能会造成生物多样性丧
失，如野生动物可能会因为无法承受采伐所造成的干扰而离开该地区，需要
树木遮蔽的物种也可能因为无法适应伐木活动后被改变的栖息地而离开该地
区。医药制造业高度依赖地表水生态系统服务，制药的整个过程都需要大量
的水，同时，生产中使用的化学品若处理不当，会造成环境污染；制药过程
的各类排放可能会造成动物中毒或引起动物生理变化，从而造成生物群的种
群变化。

[①] 在使用 ENCORE 工具筛查其贷款业务所涉及的敏感行业过程中，本研究将敏感行业定义为"依赖
性和影响评分均为高（H）/非常高（VH）的行业"。

表3 制造业敏感行业梳理

行业	细分行业	占比	依赖性	影响
制造业	黑色金属冶炼和压延加工业	12.21%	—	水资源利用–H；温室气体污染–H；固体废物–H；
	计算机、通信和其他电子设备制造业	9.51%	—	水污染–H；土壤污染–H；
	非金属矿物制品业	6.84%	—	—
	化学原料和化学制品制造业	6.46%	地下水–H；地表水–H；	水资源利用–VH；土地利用–H；温室气体污染–H；非温室气体污染–H；水污染–H；土壤污染–H；固体废物–H
	专用设备制造业	5.28%	—	水污染–H；土壤污染–H
	通用设备制造业	4.90%	—	水污染–H；土壤污染–H
	电气机械和器材制造业	4.85%	—	水资源利用–VH；温室气体污染–H；水污染–H；土壤污染–H；固体废物–H
	金属制品业	4.90%	地下水–H 地表水–H	水资源利用–VH；土地利用–VH；温室气体污染–H；非温室气体污染–H；固体废物–H；干扰–H
	纺织业	4.18%	地下水–VH；地表水–VH	水资源利用–VH；土地利用–H；非温室气体污染–H；固体废物–H
	石油、煤炭及其他燃料加工业	3.85%	—	—
	农副食品加工业	3.10%	地下水–VH 地表水–VH	水资源利用–VH；温室气体污染–H；固体废物–H

续表

行业	细分行业	占比	依赖性	影响
制造业	有色金属冶炼和压延加工业	3.04%	—	—
	橡胶和塑料制品业	3.00%	地下水–H；地表水–H	水资源利用–VH；温室气体污染–H；固体废物–H；干扰–H
	汽车制造业	2.85%	—	水资源利用–VH；温室气体污染–H；水污染–H；土壤污染–H；固体废物–H
	医药制造业	2.23%	地表水–H	水资源利用–VH；水污染–H；土壤污染–H；固体废物–H
	纺织服装、服饰业	2.23%	地下水–VH；地表水–VH	水资源利用–VH；土地利用–H；非温室气体污染–H；固体废物–H
	化学纤维制造业	2.10%	—	—
	造纸和纸制品业	1.52%	地下水–VH；地表水–VH	水资源利用–VH；水污染–H；土壤污染–H
	食品制造业	1.33%	地下水–VH；地表水–VH	水资源利用–VH；温室气体污染–H；固体废物–H
	酒、饮料和精制茶制造业	1.28%	地下水–VH；地表水–VH	水资源利用–VH；温室气体污染–H；水污染–H；土壤污染–H；固体废物–H
	其他制造业	1.28%	—	—
	废弃资源综合利用业	1.14%	—	—

续表

行业	细分行业	占比	依赖性	影响
制造业	家具制造业	0.90%	—	水资源利用–VH；温室气体污染–H；水污染–H；土壤污染–H；固体废物–H
	铁路、船舶、航空航天和其他运输设备制造业	0.71%	—	水资源利用–VH；温室气体污染–H；水污染–H；土壤污染–H；固体废物–H
	文教、工美、体育和娱乐用品制造业	0.67%	—	—
	皮革、毛皮、羽毛及其制品和制鞋业	0.62%	—	水资源利用–H；非温室气体污染–H
	印刷和记录媒介复制业	0.57%	—	—
	木材加工和木、竹、藤、棕、草制品业	0.57%	地下水–H；地表水–VH	土地利用–H；温室气体污染–H；水污染–H；土壤污染–H
	仪器仪表制造业	0.52%	—	水污染–H；土壤污染–H
	石油加工、炼焦和核燃料加工业	0.05%	—	—
	金属制品、机械和设备修理业	0.05%	—	—
	烟草制品业	0.03%	纤维和其他材料–VH；地下水–VH；地表水–VH	水资源利用–H；土地利用–VH；温室气体污染–H；水污染–H；土壤污染–H

资料来源：北京绿金院。

水利、环境和公共设施管理业：如表4所示，该行业及其细分行业在ENCORE中未筛选出对生态系统服务的依赖性为高（H）或非常高（VH），且对环境驱动因素的影响为高（H）或非常高（VH）的敏感行业。同时，该行业数据显示，其细分行业主要包括绿化管理、游览景区管理、城市公园管理、市政设施管理等环境友好型经济活动，因此对各生态系统服务的依赖性和对环境驱动因素的影响均为低（L）或非常低（VL）。该行业不属于生物多样性敏感行业。

但应注意的是，商业银行应关注水利工程对生物多样性的影响。水利工程建设过程中会涉及水库建设、道路建设等基础设施建设，会对水质和水温造成影响，水库周围的土壤和植被也会被破坏，加剧水土流失、地貌改变、气候变化等问题，从而影响生态环境稳定性。以上问题会对水生动植物、陆地生物以及微生物造成威胁，包括侵占水生物生存空间、改变原有水生动植物生存环境和陆地生物栖息地等。因此，应关注重大水利工程建设区域内及周围的生物种群数量减少等问题，且需进行项目全周期风险管理。例如，项目应在可研阶段做好环境影响评价，在建设过程中严格落实环评批复的各项生态保护措施，在工程建成后按规定开展环境保护竣工验收。①

表4　水利、环境和公共设施管理业敏感行业梳理

行业	细分行业	占比	依赖性	影响
水利、环境和公共设施管理业	公共设施管理业	53.68%	—	—
	生态保护和环境治理业	5.19%	—	—
	水利管理业	7.10%	—	—
水利、环境和公共设施管理业	土地管理业	2.56%	—	—

资料来源：北京绿金院。

批发和零售业：如表5所示，批发和零售业各细分行业的经济活动对各生态系统服务的依赖程度为中（M）或以下，对"水资源利用、水污染和土壤污染"这三个驱动因素的影响为高（H）。因此，该行业不属于敏感行业。

考虑到该行业在贷款业务中有一定占比，且ENCORE中显示零售业的诸

---

① 中国政府网．平衡好水利发展与生态环保两者关系 [EB/OL]．（2022-04-08）[2024-06-30]．https：//www.gov.cn/xinwen/2022-04/08/content_5684119.htm.

多细分行业对"水资源利用、水污染、土壤污染"有较高影响，因此，商业银行在对该行业进行投资活动时，应关注其经济活动与"自然资源利用、污染"两个影响驱动因素的关系并对风险进行管理。金融机构可从以下角度考虑该行业经济活动对自然和生物多样性的影响：批发和零售业使用的一次性或不可降解等包装材料，对生物多样性存在直接威胁。例如，被遗弃在自然环境中的塑料包装残留物可能会被动物误食或影响植物的生长环境；海洋生物则更易受到塑料污染的影响；批发和零售业会开发仓库或增加基础设施以满足扩张需求，这种土地开发不仅会直接导致栖息地丧失，还会引起土地利用变化，如土壤结构改变和土地退化，从而对生物多样性产生长期负面影响；批发转运过程也可能增加外来物种入侵的概率。此外，涉及化学品和有毒物质的商品的批发和零售会对陆地生态环境和水生生态环境造成影响，金融机构可以对零售商与制造商的合作过程进行管理，选择生产更安全产品的制作商（如选择采用高效可持续农业作业方式，规避农药使用，生产有机健康食品的生产商）。如今，大部分零售为电商零售，网络和云服务器的运转需要直接利用水资源，零售所使用的基础设施直接排放的重金属等污染物会导致水污染和土壤污染；同时，电商零售会导致人的行为轨迹增加，生态环境受到干扰或破坏，从而造成栖息地破坏、土地退化等。

金融机构应加强对零售业的风险把控和管理，监督项目方在废弃物处置等环节及基础设施、资源利用等流程做好风险管理预案，使批发和零售业所产生的食品废物、一次性塑料包装、电子废物等得到妥善处理和回收，从而降低该行业对生态环境和生物多样性的影响。

表5　批发和零售业敏感行业梳理

行业	细分行业	占比	依赖性	影响
批发业	—	81.37%	—	—
零售业	纺织、服装及日用品专门零售	0.51%	—	水资源利用-H；水污染-H；土壤污染-H
	货摊、无店铺及其他零售业	0.22%	—	水资源利用-H；水污染-H；土壤污染-H

续表

行业	细分行业	占比	依赖性	影响
零售业	家用电器及电子产品专门零售	5.13%	—	水资源利用-H；水污染-H；土壤污染-H
	汽车、摩托车、零配件和燃料及其他动力销售	5.43%	—	水资源利用-H；水污染-H；土壤污染-H
	食品、饮料及烟草制品专门零售	0.73%	—	水资源利用-H；水污染-H；土壤污染-H
	文化、体育用品及器材专门零售	0.51%	—	水资源利用-H；水污染-H；土壤污染-H
	五金、家具及室内装饰材料专门零售	1.10%	—	水资源利用-H；水污染-H；土壤污染-H
	医药及医疗器材专门零售	0.51%	—	水资源利用-H；水污染-H；土壤污染-H

资料来源：北京绿金院。

房地产业：房地产业属于敏感行业。ENCORE显示，房地产业的经济活动对"地表水"的依赖性为高（H）：房地产开发活动需要利用水资源且对水质有一定要求，由降雨量或水体量变化带来的水资源匮乏会导致地表水生态系统服务退化，从而直接影响经济活动。房地产业对"土地利用、温室气体污染、固体废物污染"的影响程度也非常高：（1）房地产开发活动会导致栖息地退化，从而造成工地和周边地区生物多样性丧失；（2）车辆重型机械的使用会压实土壤并阻碍植物根系生长，同时产生大量温室气体；（3）包括玻璃、金属、塑料、木材、橡胶或皮革等在内的大量固体废物也会随之产生。以上影响驱动因素"土地利用、温室气体污染、固体废物污染"会进一步转化为环境变化驱动因素，从而引发洪水、栖息地退化、干旱、气候变化等环境问题，最终这些问题会对水、物种、矿物质等自然资产造成威胁，导致生物多样性丧失和生态系统服务退化（见表6）。

表6 房地产业敏感行业梳理

行业	细分行业	占比	依赖性	影响
房地产业	房地产开发	—	地表水–H	土地利用–VH；温室气体污染–H；固体废物污染–H
	房地产运营			
	房地产服务			

资料来源：北京绿金院。

电力、热力、燃气及水生产和供应业：ENCORE评估结果显示，其细分行业"电力、热力生产和供应业，燃气生产和供应业，水的生产和供应业"均极度或高度依赖于诸多生态系统服务，如地表水、水流维护、气候调节、防洪和风暴防护、质量稳定与侵蚀防治等，且对"水资源利用、土地利用、淡水利用、温室气体污染、水污染以及土壤污染"等影响驱动因素有很高或极高的影响。因此，该行业属于敏感行业（见表7）。

电力供应业中的太阳能供应高度依赖气候调节，且对水资源利用、土地利用有非常高的影响。因为太阳能热发电技术需要大量的水用于冷却，且太阳能发电厂的建立会利用大片土地，其周边围栏或其他屏障会影响物种栖息地及物种的活动与迁徙。同时，在有树木的区域建设并维护输电路权可能会影响陆地生态环境：（1）对鸟类的影响：筑巢环境的丧失；输送电力的输电塔与电线杆可能会造成鸟类与其发生碰撞，从而为鸟类带来致命风险，同时，碰撞还可能引发断电与着火的情况；（2）对植被的影响：输电路权范围内需定期控制植被生长与聚集，过度清除植被再进行补种，会增加引入入侵物种的风险。除对陆地生态环境的影响外，电力输配线路和相关设施还可能会穿过水生生态环境建设走廊，从而影响水道与湿地。热力发电通常所使用的冷却系统会使用大量的水，设备也会排放含有灭菌剂等化学污染物的水，从而影响浮游动植物、鱼类、甲壳类、贝类动物等水生动植物的生存环境。此外，地热发电厂的建设过程所使用的机动车和大型设备也会造成地表植被丧失、产生废弃物等，增加栖息地的脆弱性，同时产生的噪声会影响野生动物的正常繁殖。

表7　电力、热力、燃气及水生产和供应业敏感行业梳理

行业	细分行业	占比	依赖性	影响
电力、热力、燃气及水生产和供应业	电力、热力生产和供应业	33.00%	纤维和其他材料–VH； 地下水–VH； 地表水–VH； 水流维护–VH； 气候调节–VH； 防洪和风暴防护–H； 质量稳定和侵蚀防治–H	水资源利用–VH； 土地利用–H； 淡水利用–VH； 海洋利用–H； 温室气体污染–H； 非温室气体污染–H； 水污染–H； 土壤污染–H； 固体废物–H； 干扰–H
	燃气生产和供应业	5.81%	质量稳定和侵蚀防治–H	土地利用–H； 海洋利用–H； 温室气体污染–H
	水的生产和供应业	23.89%	地下水–VH； 地表水–VH； 水流维护–VH； 水质–H	水资源利用–H； 土地利用–H； 淡水利用–H

资料来源：北京绿金院。

　　依次将九大行业及其二级细分行业代入ENCORE后得出，贷款业务所覆盖的行业中，以下六大行业"制造业，房地产业，建筑业，电力、热力、燃气及水生产和供应业，交通运输、仓储和邮政业，采矿业"高度或极度依赖各种生态系统服务，或对生物多样性有较高影响，为敏感行业。

　　本文对上述六大敏感行业总结如下：（1）制造业中约有31%的细分行业对诸多生态系统服务的依赖性和驱动因素的影响均为高（H）或非常高（VH）；（2）房地产业对"地表水"生态系统服务的依赖性为高（H），同时对驱动因素"土地利用、温室气体污染、固体废物污染"的影响为高（H）/非常高（VH）；（3）建筑业中约有42%的细分行业（房屋建筑业）对生态系统服务的依赖性为高（H）且对诸多驱动因素的影响为高（H）/非常高（VH）；（4）电力、热力、燃气及水生产和供应业的所有细分行业均高度或极度依赖于诸多生态系统服务，且对各驱动因素的影响为高（H）或非常高（VH）；（5）交通运输、仓储和邮政业约有55%的细分行业对生物多样性的依赖性和影响均为高（H）或非常高（VH）；（6）采矿业中91%的细分行业对"地下水、

地表水、水流维护和气候调节"生态系统服务的依赖性为高（H），同时对诸多环境驱动因素的影响为高（H）/非常高（VH）。如表8所示。

表8　贷款业务所涉及的敏感行业总结

行业	依赖性（H/VH）且影响（H/VH）占比	占九大行业贷款余额比重	占总贷款余额比重
制造业	31%	5.06%	2.87%
房地产业	100%	8.12%	4.60%
建筑业	42%	3.39%	1.92%
电力、热力、燃气及水生产和供应业	100%	4.94%	2.80%
交通运输、仓储和邮政业	55%	2.55%	1.45%
采矿业	91%	2.13%	1.21%
合计		26.19%	14.85%

资料来源：北京绿金院。

经汇总计算可得，某商业银行贷款业务所覆盖的九大行业中，约有26.19%的行业贷款业务所涉及的经济活动高度或极度依赖于诸多生态系统服务，且对自然和生物多样性具有非常大的影响，即在九大行业中与生物多样性相关的物理风险和转型风险敞口为26.19%；在总贷款中的生物多样性物理风险和转型风险敞口为14.85%。

在对敏感行业进行投资决策时，应充分考虑其所依赖哪些生态系统服务，并对哪些环境驱动因素有较大影响，充分关注区域生态敏感性与资源禀赋。下一步，应重点关注上述梳理的各二级细分行业中对各生态系统服务有高依赖性且对生物多样性有高影响的敏感行业，识别不同情景设置下的风险敞口，更有效地管理潜在物理风险和转型风险。

（二）生物多样性相关机遇

生物多样性相关项目存在项目周期长、回报能力有限、项目地分布零散难以立项的情况，需要金融机构结合项目实际进行金融产品与服务的创新，同时结合国家战略规划及区域政策和资源禀赋支持区域生物多样性正向支持产业，实现金融支持生物多样性的多重效益。

1. 金融产品与服务案例

目前，全球已有多种创新金融产品和服务模式，其中，产品包括绿色债券、绿色贷款、绿色基金、结构性票据；此外，还有债务自然互换机制、生物多样性补偿、生物多样性交易许可等。本文将以金融机构创新贷款模式为主要案例，解析不同金融创新模式，总结创新经验。

（1）贷款

① EOD贷

EOD模式，即生态环境导向的开发模式（Ecology-Oriented Development），是以特色产业运营为支撑，以区域综合开发为载体，采取产业链延伸、联合经营、组合开发等方式，推动公益性较强、收益性差的生态环境治理项目与收益较好的关联产业有效融合，将生态环境治理带来的经济价值内部化，是生态产品价值实现的有效路径（见图4）。2020年，生态环境部、国家发展改革委与国家开发银行联合推动开展EOD模式试点工作。截至2022年底，国家开发银行已向25个试点项目发放贷款225亿元，涉及水生态环境保护、废旧资源再生利用、农业农村污染治理、生态保护修复等领域[①]。

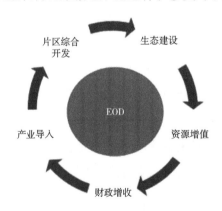

图4　EOD价值链
（资料来源：IFS绘制）

---

① 国家开发银行.推动绿水青山变为金山银山开发性金融助力探路 EOD[EB/OL]（2023-03-13）
[2024-06-30]. https://www.cdb.com.cn/xwzx/khdt/202303/t20230313_10674.html.

案例一　环境治理+旅游产业：江苏银行徐州分行于2020年8月采用环境治理和旅游产业协同发展的EOD模式成功为"潘安湖采煤塌陷地综合整治三期"（解忧湖）发放10年期项目授信2.4亿元，提前锁定环境效应带来的经济效益作为还款来源，于2021年1月成功投放首期资金5000万元。该项目位于潘安湖科教创新区核心区域，总占地面积773亩[①]，其中水域面积380亩，为2019年省级山水林田湖草生态保护和修复试点工程之一，总投资约1.2亿元。工程按照"宜农则农，宜湖则湖，宜建则建"的原则，进行区域内生态环境整治、水系治理工程、景观提升工程、管理服务设施及市政基础设施建设工程，将形成"北有潘安湖，南有解忧湖"的潘安新城生态格局。仅潘安湖景区鸟园和游船按照70元每人的标准进行收费，每年400万人次游客，如果以1/3的消费计算收入，每年将有1亿元左右的收入。

案例二　农村环境综合整治+生态种养+生态旅游[②]：山东日照水库项目是2021年国家试点项目，是"农村环境综合整治+生态种养"的典型案例。该项目由日照市水务集团有限公司进行实施，总投资26亿元，自筹30%；另外70%的资金包括国开行、农发行等政策性银行贷款以及国家涉农资金和生态文明建设专项资金等多元化的资金筹措。项目以生态农产品、生态渔产品销售收益及文化旅游收益等作还款来源。该项目建设8个主题区，形成18处景观节点，采取生态农业到深加工业、生态渔业到平台销售等产业链延伸、一二三产业融合的方式，推动公益性较强、收益性较差的水源地生态环境治理项目与收益较好的生态农业、生态渔业、生态旅游关联产业有效融合，实现水源地保护、优质资源提升、乡村振兴三大目标有机统一。

模式总结：通过以上案例可知，EOD模式的项目建设期为1~5年不等（建设期过长不利于收支平衡），运营期为10~20年。支持项目可从国家及省项

---

① 1亩≈666.67平方米，本书同。

② 中华人民共和国生态环境部.日照水库[EB/OL]（2022-01-24）[2024-06-30]. https://www.mee.gov.cn/home/ztbd/2021/mlhhyxalzjhd/tmal/202201/t20220127_968341.shtml.

目库中识别，建议在治理项目识别过程中，选择实施紧迫性强、生态环境效益高的项目；关联产业则应选择契合当地经济社会发展、生态环境关联度高、收益能力强的产业。治理需求与关联产业之间要有深度的融合关系，努力达到成本收益平衡。资金模式可以选择与国开行、农发行等政策性银行进行混合金融模式，以降低投资风险。

②可持续发展挂钩贷

可持续发展挂钩贷款，是指借款人的贷款利率与生物多样性保护、二氧化碳减排、单位耗能、ESG评级等多领域指标挂钩，用于激发借款人实现具有开创性且以可持续发展为表现的贷款产品。贷款利率可根据约定目标的完成程度进行调整。在全球范围内，2019年与可持续发展表现挂钩的贷款达到1215亿美元。与绿色贷款相比，此类贷款形式较新，但在2019年和2020年，其规模已经超过了绿色贷款。

案例一 可持续发展挂钩银团贷款：2023年5月，新加坡金鹰集团旗下亚太森博（山东）浆纸有限公司与中国农业银行、中国进出口银行、交通银行、招商银行等签署了总额为10亿元的全国首单外资可持续发展挂钩银团贷款[①]。此次贷款利率水平将与亚太森博（山东）浆纸有限公司在大气污染物排放、耗水量、水重复利用率、碱回收率以及新增就业岗位五个方面指标挂钩，并由第三方环境认证机构出具认证报告并核验每年考核结果。未来三年内，如果该公司完成了协议中对上述全部目标的考核，将享受一定的利率优惠。该笔贷款创造了境内市场外资企业和浆纸行业可持续发展挂钩银团贷款的"双首单"纪录。

---

① 日照新闻网．亚太森博（山东）浆纸可持续发展挂钩银团贷款签约仪式举行 [EB/OL]．（2023-05-17）[2024-06-30]. http://www.rznews.cn/viscms/rizhaoxinwen0271/20230517/506814.html.

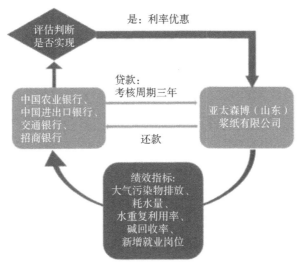

图5　可持续发展挂钩银团贷款模式

（资料来源：北京绿金院）

案例二　中长期可持续发展挂钩贷款：恒丰银行为济宁市正创矿产资源有限公司"泗水县凤仙山矿区开采式治理及环保加工项目"发放5亿元中长期可持续发展挂钩贷款①，该笔贷款设置的绩效目标为"2020—2025年累计矿山生态修复面积不少于254亩"②。贷款期间，若企业实现既定目标，可持续发展挂钩贷款利率将下调0.2%。

模式总结：中国可持续发展挂钩融资存在行业和目标设定的局限，资金用途局限于绿色产业，建议通过与企业生物多样性保护计划进一步结合、扩大参与主体，并完善可持续绩效评估体系。

③碳汇贷

碳汇分为森林碳汇、草原碳汇、耕地碳汇、土壤碳汇、海洋碳汇等。其中，海洋碳汇是将海洋作为一个特定载体吸收大气中的二氧化碳，并将其

---

① 中国证券网．恒丰银行绿色贷款余额增幅近99% 山东省发放首笔可持续发展挂钩贷款 [EB/OL]．（2023-02-01）[2024-06-30]. https://news.cnstock.com/news,jg-202302-5011765.htm.

② 中国清洁发展机制基金．山东省首笔可持续发展挂钩贷款成功发放 [EB/OL]．（2023-01-29）[2024-06-30]. https://www.cdmfund.org/32367.html. 1 亩 ≈ 666.67 平方米。

固化的过程和机制。据悉，单位海域中生物固碳量是森林的10倍，是草原的290倍，地球上超过一半的生物碳和绿色碳是由海洋中的浮游生物、细菌、海草、盐沼植物和红树林等生物捕获的。

案例一　海洋蓝色碳汇贷：2023年1月，南京银行创新推出江苏省首个"海洋蓝色碳汇贷"，为盐城市大丰区某集团"大丰滩涂紫菜种植"项目授信2亿元，贷款期限长达8年[①]。该项目海域使用面积约5.3万亩，总投资3.5亿元。紫菜养殖是海洋碳汇的重要组成部分。根据预测，未来10年，2万多亩的紫菜种植项目产生的碳汇量将超过36万吨，按照目前中国碳市场交易价格58元/吨计算，将形成碳汇总价值超过2000万元。该笔"碳汇贷"以紫菜养殖产生的减碳量、固碳量远期收益权抵（质）押担保，向当地生态环境厅就碳资产质押进行登记，以"绿色金融+海洋生态产品价值实现+碳汇"的"1+2"模式为创新，既解决了海水养殖抵押担保不足和碳汇资产长期搁置等融资难问题，也为金融支持生物多样性作出有益的尝试。

图6　南京银行紫菜养殖碳汇贷模式

（资料来源：北京绿金院）

案例二　湿地碳汇贷[②]：青岛胶州湾上合示范区发展有限公司与兴业银行青岛分行合作，以胶州湾湿地碳汇为质押，授信流动资金贷款1800万元，专项用于企业购买增加碳吸收的高碳汇湿地作物等。胶州湾湿地碳汇贷以胶州湾湿地内土壤碳库、水体碳库和植被碳库的固碳能力为基础，通过对湿地

① 江苏省生态环境厅.我省加快建立生态产品价值实现机制——先行先试,探寻"两山"转化密码[EB/OL].（2023-03-29）[2024-06-30]. http://sthjt.jiangsu.gov.cn/art/2023/3/29/art_84025_10846328.html.
② 兴业银行.兴业银行落地全国首单湿地碳汇贷 [EB/OL].（2021-08-20）[2024-06-30]. https://www.cib.com.cn/cn/aboutCIB/about/news/2021/20210820.html.

的土壤面积、植被面积和多年平均水资源量的监测分析，综合评定其固碳能力。基于此，兴业银行以全国碳排放权交易市场当日碳排放交易价格为依据，以胶州湾湿地减碳量的远期收益权为质押，测算贷款金额，并通过人民银行动产融资统一登记公示系统，进行质押权利登记和公示后，为企业发放贷款。该贷款为全国首单湿地碳汇贷。

模式总结：碳汇预期收益权质押贷款的前提是保证每年的碳汇收入，则必须保证海洋植物、湿地、植被、林木的存续与正常生长或面积的增加才能达到预期收益。在质抵押手续的办理过程中，碳排放权管理机构作为第三方机构，为融贷双方提供质押物登记存管和资产委托处置服务。质押贷款到期若企业未能偿还贷款，碳排放权管理机构出售企业的碳资产为企业偿还贷款。

④ GEP贷

金融支持生物多样性的难点之一是生物多样性难以衡量其经济价值、生态产品难以货币化。生态系统生产总值（Gross Ecosystem Product, GEP）是指一定区域的生态系统为人类提供的最终产品与服务的经济价值总和，包括生态物质产品价值、生态调节服务价值与生态文化服务价值。在金融支持生物多样性研究中结合GEP，能够量化生态系统价值，数据性体现投资价值，并为生态补偿和生态修复提供科学依据。

案例一　GEP生态价值贷：2022年，江都农商行发放江苏省首笔"GEP生态价值贷"[1]，银行结合企业需求，以农庄生态产品价值作为质押保证，成功向扬州市祥裕生态园艺农庄投放300万元贷款。该笔贷款在中国人民银行地区支行的指导下，以生态产品价值核算为切入口，经过近一个月的测算，祥裕农庄截至2022年6月的GEP价值为2731万元。其中，人居文化价值为1471万元，生态调节价值为1056万元，生态物质价值为204万元。

案例二　GEP绿色金融贷：2019年，德清农商银行联合县金融办、县人

---

[1] 扬州市江都区人民政府网.区政府推进实施"GEP贷""水权贷"为生态产品和拥有取水权确权用户量身定制金融产品[EB/OL].（2023-09-25）[2024-06-30]. http://www.jiangdu.gov.cn/zgjd/zwdt/202309/ba3573621bec4679b40f6b796ee4f049.shtml.

民银行创新推出基于单个项目生态价值评估的GEP绿色金融贷[①]，并由德清县与中科院生态环境研究中心联合开发GEP核算决策支持平台，实现生态系统资产与GEP逐年、分布式核算，明确现状、识别变化。以项目生态价值为重要授信参考依据，通过科学量化评估项目生态效益，为项目主体提供绿色金融增信支持。该平台对净零碳电力产业园项目进行评估，得出其GEP核算值增加31.26万元，因此德清农商银行基于GEP绿色贷，为其项目授信4000余万元，并给予了利率优惠。此外，通过对水木莫干山都市农业综合体项目运行阶段的GEP核算进行评估，得出项目运行一年间生态产品价值增长了1301万元，GEP总量达到1439万元，特别是固碳释氧、水质净化等产生的生态价值远高于传统项目，基于评估结果，德清农商银行将该项目贷款执行年利率在原利率基础上优惠了28%，主动为企业降低融资成本。

模式总结：以生态价值为抵（质）押的金融模式重点在于有效评估测算生态产品价值，一般由借款人委托第三方评估机构进行生态产品价值评估，或由地方政府组建生态产品价值实现机制工作领导小组办公室，负责协调各政府部门在开展生态价值权益贷款工作中需要对接协调的各项工作；负责牵头开展GEP核算；负责生态产品的赋权及质押备案[②]。目前国内GEP贷以浙江为引领，江苏、江西、安徽等省份均有先例。浙江省的地市基本是以政府为主导建立数据平台，整体测算一个乡镇的生态产品价值，银行对乡镇给予授信额度。

（2）债券及票据

① 生物多样性主题绿色债券

生物多样性主题绿色债券是募集资金支持生物多样性项目的绿色债券。

案例一 国际金融公司（IFC）创新型绿色债券：IFC于2016年推出一

---

① 中国金融学会绿色金融专业委员会.德清农商银行在全省首推GEP绿色金融贷[EB/OL].（2021–07–31）[2024–06–30]. http://www.greenfinance.org.cn/displaynews.php?cid=73&id=3406.

② 开化县人民政府.开化县人民政府办公室关于印发生态产品价值实现相关配套制度办法的通知[EB/OL].（2021–12–30）[2024–06–30]. https://www.kaihua.gov.cn/art/2021/12/30/art_1229093629_2511524.html.

只创新型绿色债券，发行规模为1.52亿美元，期限为五年，募集资金用于支持肯尼亚北部的野生动植物保护项目。出资方以教师退休金基金、保险公司等机构投资人为主。该券的创新之处在于兑付方式的弹性选择，投资人可选择以现金、核证的碳信用额REDD+（reducing emission from deforestation and forest degradation in developing countries），或是两者组合的方式付息兑付。其中，REDD+是发展中国家通过减少毁林及强化森林保护而获得的碳信用额，可用于消除碳足迹。针对兑付方式创新所带来的不确定性，该券引入了"价格支持机制"，由必和必拓公司（BHP）捐助1200万美元，为每年一定数额的碳信用能顺利出售提供保障，直至债券到期为止。

案例二 国开行"长江流域生态系统保护和修复"专题"债券通"绿色金融债券[①]：2022年7月，国开行在全国银行间债券市场面向全球投资人成功发行120亿元"长江流域生态系统保护和修复"专题"债券通"绿色金融债券，所募资金将主要用于支持水污染治理、农业农村环境综合治理、水资源节约等绿色产业项目。该专题债券发行期限为3年，票面利率为2.15%，投资者认购踊跃，认购倍数达3.95倍。募投项目建成后，预计可实现年减排二氧化碳39.4万吨，节约标准煤16.88万吨。

总结：从国际债券市场的现有实践看，生物多样性主题债券被归入绿色债券的细分领域，其募集资金必须符合绿色债券原则。特别是，当债券以"生物多样性"贴标时，其募集资金必须全部用于该主题。创新模式多样化如案例一兑付方式创新、案例二结构模式创新、动机捆绑创新（如自然绩效债券）等。对比之下，国内生物多样性资金常由政府主导，以发行专项债券的方式募集，但更关注收益来源，债券创新性有待加强。

② 自然保护票据

结构性票据是证券的一种，它具有债务证券的许多特征，还具有衍生性的特点，其投资回报与标的资产、股票或指数的绩效挂钩。瑞士信贷和

---

① 国家开发银行.开发银行发行120亿元绿色金融债券专项支持长江流域生态系统保护和修复[EB/OL].（2022-07-27）[2024-06-30].https://www.cdb.com.cn/xwzx/khdt/202207/t20220727_10114.html.

Mirova 自然资本合作开发了瑞士信贷自然保护票据，这种创新的结构性票据旨在向私人银行客户提供 Mirova 自然资本及其投资项目的风险敞口。这些项目旨在减少森林砍伐产生的碳排放，促进热带地区的可持续农业和土地利用。此外，通过投资低碳股票指数，该票据为投资者提供了股票上行的可持续性。

生物多样性金融领域所特有的规模差异、项目地零散，以及一些项目的资本需求小于潜在投资者的最低投资规模，使有价值的保护项目无法吸引主流投资资本。在这种情况下，结构性票据可以将项目聚合或汇集到能够满足投资者最低规模要求的结构中，从而弥合规模差异，使在生物多样性保护方面的项目盈利性成为可能。同时，企业家可以汇集这些项目进行统一投资管理，还可以为当地企业创造就业机会。

（3）基金

印度尼西亚热带景观融资基金（TLFF）是一个由多个利益相关方组成的伙伴关系，包括联合国环境规划署（UNEP）、世界农用林业中心（ICRAF）等国际机构和法国巴黎银行、亚洲债务管理香港有限公司，以及合众集团旗下的 PG 影响力投资公司等私人机构。该融资基金旨在为印度尼西亚的项目和公司提供资金，以促进绿色增长和可持续的农村生计。为了实现这一目标，该基金设有一个贷款平台和赠款基金，用于支持与可持续农业和可再生能源相关的项目。印度尼西亚热带景观融资基金运用两种方法来交付其支持的项目。其贷款平台向可持续农业和可再生能源领域的项目发放长期贷款，其赠款基金则提供技术援助和赠款，以支付项目的早期费用。基金通过两种机制创收以支持其开展活动。就贷款平台而言，TLFF 通过将中期票据销售给机构投资者，将自己发行的长期贷款证券化，从而为贷款平台提供收入，而赠款基金则主要依靠慈善组织的捐款。2018 年 2 月，TLFF 完成了首次交易，发行了 9500 万美元的可持续债券，用于资助天然橡胶生产和退化土地恢复。资助项目旨在通过支持缓冲区建设来保护武吉蒂加普卢国家公园。这种结构以担保和差额息票的形式将优惠资金融入混合融资结构中，从而降低了投资者承担的已发行债券风险。预计未来该项目将发行 1.2 亿美元的第二期债券。

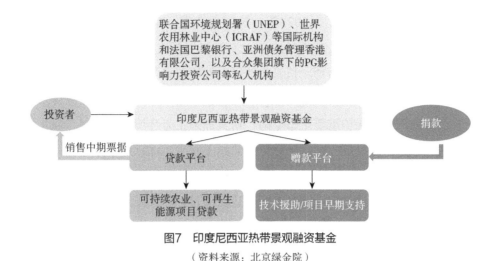

图7　印度尼西亚热带景观融资基金

（资料来源：北京绿金院）

现阶段金融机构作为资源优化配置的重要部门，可以在引导资金流向自然向好的领域方面发挥关键作用。除以上产品及服务的创新之外，在金融模式上可拓展混合融资的模式，逐渐引入国际多边机构资金、政策性银行资金、社会资金和私有资金加入生物多样性项目中，扩大项目融资方范围，为融资方降低使用成本，同时共担金融风险。

2. 区域正向投资机遇

根据《生物多样性公约》《中国生物多样性保护战略与行动计划（2011—2030年）》有关定义以及国际资本市场协会《绿色债券原则》对生物多样性项目的环境指标披露指引，总结符合生物多样性要求的项目主要包括：以保护生物多样性为目的的陆地、河流或海洋的生态保护，生物栖息地保护，自然保护区建设，自然基础设置，造林和再造林，可持续林业、农业和渔业发展等。同时，依据国内《绿色产业指导目录（2019年版）》和《绿色债券支持项目目录（2021年版）》共同覆盖生物多样性保护产业以及某商业银行现有业务覆盖，本文总结出某商业银行生物多样性友好型产业共48个。本部分通过对国家战略、政策以及长三角、京津冀、中东部、西南部、粤港澳大湾区和东北地区的区划政策进行解读，分析总结各区域可支持的生物多样性重点生态保护项目。

地方统计局数据显示，2022年，长三角三省一市地区生产总值合计约29.03万亿元，约占全国GDP总量的1/4，与2021年相比，合计量增加1.42万亿元，经济发展走在全国前列。长三角地区自然资源禀赋良好，长江流域和太湖流域水资源丰富，根据国务院印发的《长江三角洲区域一体化发展规划纲要》，其强调合力保护重要生态空间，切实加强生态环境分区管制，强化生态红线区域保护和修复，确保生态空间面积不减少，保护好长三角可持续发展生命线。结合各省市地方政策，在此区域内生物多样性保护可重点关注：长江生态廊道、淮河—洪泽湖生态廊道建设项目；环巢湖地区、崇明岛生态建设；皖西大别山区和皖南—浙西—浙南山区为重点的长三角绿色生态屏障；以及自然保护区、风景名胜区、重要水源地、森林公园、重要湿地等其他生态空间保护项目。如针对无锡区域，建议加大对生态保护和修复业务的支持，如图8所示。

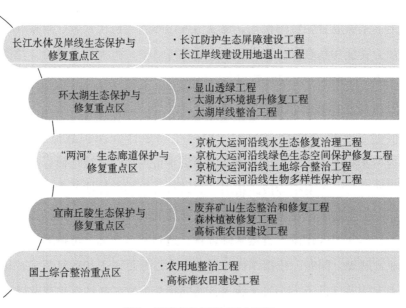

图8　无锡市重点区域重大工程

京津冀地区土地资源丰富，淡水资源不足，京津冀所在的华北平原土地和矿产资源丰富，是我国地理地貌类型最多元化的区域，每年迁徙季节有大量鸟类停歇。京津冀地区国家级自然保护区数量最少,关键生物多样性区(KBAs)面积较小且较分散。根据《京津冀协同发展规划纲要》可重点关注:京西南生态旅游带、京东休闲旅游示范区、滨海休闲旅游带建设项目;"三北"防护林、京津风沙源治理、退耕还草还林轮牧相关项目;绿色矿山;区域协同治污;环京津生态过渡带,京津冀生态安全屏障,海生态防护区等生态环保工程项目,可支持永定河、滦河、潮白河、大清河等河流绿色生态治理,退化林修复和退化草原修复,提升森林草原质量工程,以及地下水超采和水土流失综合治理,恢复地下水资源等工程。结合京津冀特色旅游资源,考虑EOD进行生态治理+产业旅游的模式进行样板案例支持,以及运用自然结构票据的模式支持项目地分散的小项目。

中东部地区覆盖山东省、山西省、江西省、河南省、湖南省、湖北省、福建省七个省份。根据2021年中共中央、国务院发布的《关于新时代推动中部地区高质量发展的意见》以及各地方《"十四五"生态环境保护规划》,中东部有关生态的投资可重点关注:鄱阳湖、洞庭湖等湖泊保护和治理项目;有关长江十年禁渔,保护长江珍稀濒危水生生物相关建设;黄河流域水土保持和生态修复,实施河道和滩区综合提升治理工程;中小河流、病险水库、重要蓄滞洪区和山洪灾害等防汛薄弱环节建设;淮河、汉江、湘江、赣江、汾河等河流生态廊道建设包括河道生态整治和河道外两岸造林绿化;长江中下游、华北平原国土绿化行动项目;森林质量提升、生物多样性保护、地下水超采治理等工程项目的实施等。

西部区域包括新疆、内蒙古、云南、青海、贵州、甘肃、广西等在内的十个省份。据IBAT显示,西部地区关键生物多样性区(KBAs)面积较大且分布较为密集,且该区域的国家级自然保护区数量最多。根据对中共中央、国务院2020年发布《关于新时代推进西部大开发形成新格局的指导意见》和十个省份《"十四五"生态环境保护规划》分析,建议重点关注:长江上游生态屏障工程;黄河上游生态安全工程;冰川、湿地等生态资源保护项目;水土保持、天然林保护、退耕还林还草、退牧还草、重点防护林体系建设等重点生态工程;青海三江源生态保护和建设、祁连山生态保护与综合治理、岩溶地区石漠化综合治理；受污染耕地治理与修复等直接进行生态保护与修复工程等。

粤港澳大湾区包括香港特别行政区、澳门特别行政区和广东省广州市、深圳市、珠海市、佛山市、惠州市、东莞市、中山市、江门市、肇庆市，是我国开放程度最高、经济活力最强的区域之一，拥有得天独厚的地理位置和资源优势。根据《粤港澳大湾区发展规划纲要》及各地方政策分析，生物多样性保护重点关注领域如下：珠三角周边山地、丘陵及森林生态系统保护项目；大湾区北部连绵山体森林生态屏障工程；海岸线资源保护与维护管控项目；近岸海域生态系统保护与修复，开展水生生物增殖放流，推进重要海洋自然保护区及水产种质资源保护区建设等工程；以及"蓝色海湾"整治行动、保护沿海红树林，建设沿海生态带项目，区域内国际和国家重要湿地保护工程等。建议商业银行可关注并加大对以上兼具经济效益和生态效益的经济活动的贷款投放力度，如蓝色碳汇贷、参与EOD贷等，充分发挥金融在该区域支持生物多样性保护中的独特作用。

东北地区分布有大小兴安岭、长白山、三江平原等国家重点生态功能区，是林区、沼泽湿地最丰富最集中的区域，东北虎、东北豹等旗舰野生动植物物种众多。根据《东北森林带生态保护和修复重大工程建设规划（2021—2035 年）》和东北三省《"十四五"生态环境保护规划》分析，可在加强风险管理的基础上重点关注：三北天然林保护修复、草原保护修复、矿山生态修复等生态工程，大兴安岭森林生态保育、小兴安岭森林生态保育、长白山森林生态保育、三江平原重要湿地保护恢复、松嫩平原重要湿地保护恢复、东北地区矿山生态修复等重点工程项目，在做好风险管理的前提下建议以森林碳汇贷、湿地碳汇贷、EOD贷、可持续发展绩效挂钩贷的模式进行金融支持。

四、商业银行金融支持生物多样性工作方案

依据《中国生物多样性保护战略与行动计划（2023—2030年）》，以及

联合国《昆明—蒙特利尔全球生物多样性框架》目标指引，商业银行应将生物多样性纳入绿色金融业务管理中，以更好地践行商业银行的社会责任。本文从治理、战略、风险管理、指标和目标四个方面，为商业银行生物多样性工作提出方案建议。

（一）治理

建议将生物多样性相关风险纳入商业银行环境风险治理结构，由董事会将生物多样性纳入绿色金融发展战略，监事会监管与生物多样性相关风险和机遇决策，从而发挥管理层在评估和管理生物多样性相关项目的作用。

第一，由董事会制定生物多样性保护战略决策，制定生物多样性风险管理政策，并在执行过程中评估风险管理状况。

第二，由监事会履行生物多样性金融监管职能。

第三，由绿色金融管理委员会统筹管理生物多样性保护相关战略实施业务合作，指导项目执行，统筹风险管理工作。

第四，由总行绿色金融管理部门制定生物多样性保护项目规划和发展目标，完善相关流程和制度；组织全行生物多样性相关能力建设培训；根据生物多样性的特殊性需求，落实创新产品。

第五，各分支行执行支持生物多样性保护的经营管理与落实。

（二）战略

将"金融支持生物多样性"作为商业银行推进绿色金融特色业务的重点战略之一。

一是管理与生物多样性相关的风险，将生物多样性相关风险管理纳入环境风险评估体系中，最大化地避免、减少、修复和补偿投融资活动对生物多样性的负面影响。

二是先行先试，打造具有区域特色的生物多样性项目试点案例，创新金融产品，经过效益测算及第三方评估，进行全行复制推广。

三是加强银行内部能力建设，培养客户经理等人员在项目筛选层面的生物多样性相关风险意识，人人参与并熟知生物多样性相关知识。

四是主动加强国际合作拓展，加入国际相关平台倡议组织，借鉴国际标准，执行内部生物多样性金融管理工作，并与国际多边机构合作以混合融资模式支持项目，提高国内商业金融机构的国际影响力。

（三）风险管理

首先，将生物多样性风险纳入授信业务的全流程管理，在贷前、贷中、贷后分别进行风险管理。在环境风险管理基础上增加生物多样性的风险因子，依据以下生物多样性影响的评估方法，从项目所涉及的经济活动（行业）敏感性、排查项目所在位置的脆弱性、生态影响评估制订对应风险缓释措施方案，项目实施后对生态影响因子变化实时监测等方面进行全面的风险管理。目前步骤1、步骤2可结合工具及国家相关政策规定进行评估完成，步骤3、步骤4尚需开发评估工具及方法邀请专业的第三方进行相关监测及评估，测算投入产出对生物多样性影响变化等，本建议仅对步骤1、步骤2展开分析。

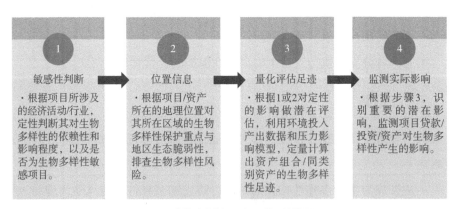

图9 生物多样性影响风险评估流程
（资料来源：北京绿金院）

第一，贷前，风险管理流程如下，首先应着重关注对生态系统服务产生较大影响易形成生物多样性转型风险的行业，以及对生态系统服务依赖性较高易形成生物多样性物理风险的行业。通过运用工具对商业银行现有业务覆盖行业的评估筛查总结《生物多样性敏感性行业清单》，在贷前首先关注项目所属行业是否为敏感性行业，并结合区域资源禀赋，判断其项目可行性。应注意生物多样性敏感性行业具有相对性，（1）应结合地域特点进行管理，如果该行业所依赖生态系统服务在区域内对应的自然资源较丰富，则可为该区域大力发展产业。（2）要对敏感性行业进行动态评估，随着资产组合逐年变化及生态指标、政策、技术、市场需求的变化，敏感性行业应进行动态变化更新。（3）在审查审批阶段要再次评估敏感性行业的风险水平，根据其风险状况提出针对性的生态保护减缓措施，明确其相关授信条件和放款条件。将金融风险降到最低，并在项目建设和运营期进行监管（见图10）。

第二，在贷前授信审查阶段进行项目区域生物多样性风险筛查，判断其所属区域是否为国家生态保护优先区域及生态红线划定范围等，并筛查其区域生态脆弱性。可借助平台工具（如IBAT）快速直观筛查，判断项目位置所在范围，是否位于生态敏感区。项目方可在环境影响评价中做好"三线一单"（生态保护红线、环境质量底线、资源利用上线和环境准入负面清单）符合性分析的基础上，根据项目的地理位置和各类数据，综合评估项目对周边生态环境的影响范围和影响程度，以此确定直接影响区域、间接影响区域和可能影响区域的范围，从而识别出可能受影响的物种和生物多样性重要地区，为项目全周期的生物多样性风险管理打好基础。

区域判断基于以下原则进行：

一是投资应避开国家公园、自然保护区、世界自然遗产、重要生境以及生态红线保护区等区域。

二是如与以上区域重合应判断项目是否属于生物多样性保护空间内允许开展的经济活动。

第三，经过敏感行业和项目位置的初步筛选，通过审查的项目将进行生态影响评价，确立生物多样性风险基础数据，影响评价因子可参照表9。

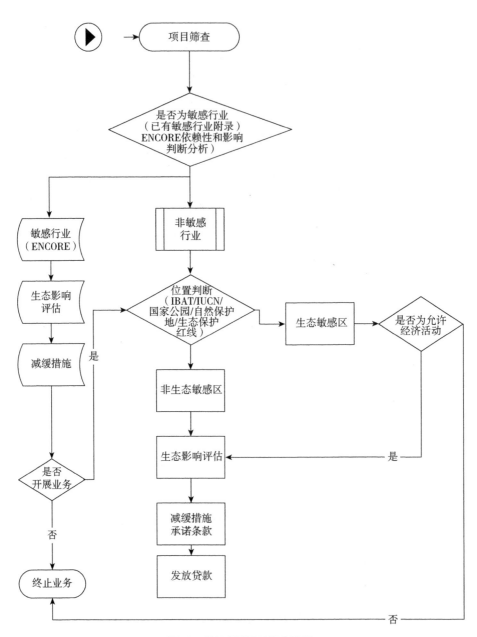

图10 贷前项目风险筛查流程

（资料来源：北京绿金院）

表9 生态影响评价因子筛选表

受影响对象	评价因子	工程内容及影响方式	影响性质	影响程度
物种	分布范围、种群数量、种群结构、行为等		长期（ ） 短期（ ）	可逆（ ） 不可逆（ ）
生境①	生境面积、质量、连通性等		长期（ ） 短期（ ）	可逆（ ） 不可逆（ ）
生物群落	物种组成、群落机构等		长期（ ） 短期（ ）	可逆（ ） 不可逆（ ）
生态系统	植被覆盖度、生产力、生物量、生态系统功能等		长期（ ） 短期（ ）	可逆（ ） 不可逆（ ）
生物多样性	物种丰富度、均匀度、优势度等		长期（ ） 短期（ ）	可逆（ ） 不可逆（ ）
生态敏感区	主要保护对象、生态功能等		长期（ ） 短期（ ）	可逆（ ） 不可逆（ ）
自然景观	景观多样性、完整性等		长期（ ） 短期（ ）	可逆（ ） 不可逆（ ）
自然遗迹	遗迹多样性、完整性等		长期（ ） 短期（ ）	可逆（ ） 不可逆（ ）

资料来源：HJ19—2022，北京绿金院。

注：1. 应按施工期、运行期以及服务期满后（可根据项目情况选择）等不同阶段进行工程分析和评价因子筛选。

2. 影响方式分为直接、间接、累积生态影响。

根据生态影响程度进行生态影响等级评级（生态影响评级表格依据HJ19—2022整理），生态影响程度可分为强、中、弱、无四个等级（同时依据生态影响程度对应清洁基金管理中心发布的《环境与社会风险管理手册》A级、B级、C级），可依据以下原则进行影响程度等级判断（见表10）并采取相应的风险缓释措施。

---

① 生境是指物种或物种群体赖以生存的生态环境，指生物的个体、种群或群落生活地域的环境，包括必需的生存条件和其他对生物起作用的生态因素。

表10　生态影响程度及对应缓释措施

影响程度	判断依据	IFC绩效标准6-风险缓释等级措施
强（A①）	生境受到严重破坏，水系开放连通性受到显著影响；野生动植物难以栖息繁衍（或生长繁殖），物种种类明显减少，种群数量显著下降，种群结构明显改变；生物多样性显著下降，生态系统结构和功能受到严重损害，生态系统稳定性难以维持；自然景观、自然遗迹受到永久性破坏；生态修复难度较大	抵消（补偿）/恢复
中（B）	生境受到一定程度破坏，水系开放连通性受到一定程度影响；野生动植物栖息繁衍（或生长繁殖）受到一定程度干扰，物种种类减少，种群数量下降，种群结构改变；生物多样性有所下降，生态系统结构和功能受到一定程度破坏，生态系统稳定性受到一定程度干扰；自然景观、自然遗迹受到暂时性影响；通过采取一定措施，上述不利影响可以得到减缓和控制，生态修复难度一般	恢复/修复
弱（C）	生境受到暂时性破坏，水系开放连通性变化不大；野生动植物栖息繁衍（或生长繁殖）受到暂时性干扰，物种种类、种群数量、种群结构变化不大；生物多样性和生态系统结构、功能以及生态系统稳定性基本维持现状；自然景观、自然遗迹基本未受到破坏；在干扰消失后可以修复或自然恢复	修复/减缓
无（C）	生境未受到破坏，水系开放连通性未受到影响；野生动植物栖息繁衍（或生长繁殖）未受到影响；生物多样性和生态系统结构、功能以及生态系统稳定性维持现状；自然景观、自然遗迹未受到破坏	持续观测

资料来源：HJ19-2022，北京绿金院。

根据评估结果对于不可逆且影响为长期的强影响A类项目建议不予发放贷款；B等级应建立相应的预防减缓措施方案和加强生物多样性风险管理的承诺性保证条款以可持续的生产活动方式，防范和降低可能产生的金融风险，再给予授信审批；C等级项目要定期评估监测其风险等级是否变化，并根据变化制订影响的应对措施和方案。

贷中，结合项目分类，根据以上行业和位置定性分析，基于贷前的生物多样性影响评估基础数据（保护区域、物种、影响程度等）继续评估和审查

---

① 《环境与社会风险管理手册》A 类——项目对环境与社会存在潜在的重大不利风险并 / 或涉及多样的、不可逆的或前所未有的影响；B 类——项目对环境与社会可能造成不利的程度有限和 / 或数量较少，而影响一般局限于特定场地，且大部分可逆，并易于通过减缓措施以解决；C 类——项目对环境与社会影响轻微或无不利风险和 / 或影响。

项目可能涉及的生物多样性压力因素变化情况，在后期工作中可利用投入产出数据和压力影响建模评估风险系数变化。

贷后，对于贷前生态影响评估后具有风险性的项目，要求项目业主实际落实减缓行动措施和承诺性条款，持续监测可能的生物多样性风险管理。应结合项目规模、生态影响特点即行业的依赖性和影响驱动因素的变化及所在区域的生态敏感性，针对性地进行长期跟踪或常规生态监测观察，提出必要的科技支撑方案。例如，新建码头、高等级航道项目、占用或穿越生态敏感区的其他项目应开展长期跟踪生态监测；对铁路、公路、轨道交通、机场项目，应重点关注环境敏感区的生态环保措施及其落实情况，采取有效噪声振动控制措施，加强噪声污染防治。对水利水电项目，应重点关注生态流量泄放、增殖放流、分层取水、栖息地保护、生态修复等措施及其落实情况。根据其监测结果评估其生态影响变化，调整风险分类级别，及时管理，并进行相关信息披露。

（四）指标和目标

为更好地管理与生物多样性相关的风险和机遇，以及监控风险管理过程中的依赖性和影响，依据TNFD框架指标，商业银行可设定以下风险与机遇指标进行生物多样性相关的战略管理和披露工作，并要求上下游产业链机构进行相关信息披露。

1. 金融机构与生物多样性相关的风险指标

金融机构与生物多样性相关的风险指标如表11所示。

表11　金融机构与生物多样性相关的风险指标

类别	指标
物理风险	面临重大物理风险的资产、负债、营收及费用（绝对数量或百分比）
转型风险	面临重大转型风险的资产、负债、营收及费用（绝对数量或百分比）
	负面自然影响带来的处罚和罚款
风险测量	违约概率（PD）、违约损失（LGD）或预期损失的变化（EL）；给定风险敞口/投资组合的资产或资产价值的变化

资料来源：TNFD，北京绿金院绘制。

2. 金融机构与生物多样性相关的机遇指标

金融机构与生物多样性相关的机遇指标如表12所示。

表12　机遇指标

类别	指标	分解
与自然相关的机遇	提供基于自然的机会的资金流量（投资、融资、费用），例如参考政府或监管机构的绿色投资分类或第三方行业或非政府组织的分类，为与自然相关的机会部署的资本支出、融资或投资金额	• 绝对数量 • 占总融资流量的比例
减轻与自然有关的风险	通过业务参与、尽职调查或与可持续性相关的关键绩效指标，实质性减轻与自然相关的风险的资金量（投资、负债、费用）	• 绝对数量 • 占总融资流量的比例
自然积极影响	通过量化衡量，对自然产生明显积极影响的产品和服务带来的收入增长和比例（投资、负债、费用）	• 绝对数量 • 占总融资流量的比例

资料来源：TNFD，北京绿金院。

3. 生物多样性项目额指标

结合业务实践，建议商业银行设定正向支持生物多样性项目额达到绿色贷款余额的25%。

4. 国际合作指标

参与1~2个国际生物多样性保护合作项目，可与多边金融机构等在生物多样性保护领域走在前列的国际机构合作，以混合融资的模式共同支持生物多样性保护项目，探索创新合作模式。

综合以上分析与建议，目前，尚未有中国金融机构加入TNFD成员，建议商业银行加入TNFD工作组，在科学规范的风险分析管理下，根据各区域发展优势先行先试，在业务辖区内为生物多样性项目提供融资，建立示范性项目并进行全国性复制推广，顺应并引领国内金融支持生物多样性项目的趋势。

致谢：

在本课题编写过程中，我们要特别感谢北京绿色金融与可持续发展研究院的姚靖然、北京绿研公益发展中心的陈蓥婕两位老师。他们为课题顺利开展给予了大力支持，在此我们表示衷心的谢意。

中国工商银行湖州分行
投融资项目生物多样性风险管理研究

编写单位：中国工商银行湖州分行
　　　　　湖州绿色金融与可持续发展研究院
　　　　　北京绿色金融与可持续发展研究院
　　　　　中科星睿科技（北京）有限公司

课题组成员：

白韫雯　北京绿色金融与可持续发展研究院副院长

陈蕴婕　湖州绿色金融与可持续发展研究院创新研究中心主任

戴　伟　湖州绿色金融与可持续发展研究院创新研究中心研究员

殷昕媛　北京绿色金融与可持续发展研究院自然资本投融资中心研究员

楼雪君　中国工商银行湖州分行行长

温姚琪　中国工商银行湖州分行副行长

郑　华　中国工商银行湖州分行经理

萧绍林　中科星睿科技（北京）有限公司董事、高级副总裁

彭中敏　中科星睿科技（北京）有限公司遥感方案解决工程师

编写单位简介：

中国工商银行湖州分行（以下简称工行湖州分行）：

作为总行级绿色金融改革试点行，工行湖州分行坚持以绿色金融推动绿色发展，从自身运营和投融资两个维度推进低碳转型，积极服务国家碳达峰、碳中和目标。工行湖州分行将一如既往地发挥国有大行支柱作用，完整、准确、全面贯彻新发展理念，不断提升金融服务的适应性、普惠性，在服务中国式现代化进程中展现新担当。

湖州绿色金融与可持续发展研究院（以下简称湖州绿金院）：

湖州绿金院是一家注册于浙江省湖州市的非营利研究机构。湖州绿金院聚焦绿色金融与可持续发展相关议题的研究与实践，推动国内绿色金融能力建设，积极参与国际合作。湖州绿金院与行业伙伴一道，支持湖州生态文明建设，致力于把湖州打造成为全国绿色金融示范地和全球可持续发展创新基地。

北京绿色金融与可持续发展研究院（以下简称北京绿金院）：

北京绿金院是一家注册于北京的非营利研究机构。北京绿金院聚焦ESG投融资、低碳与能源转型、自然资本、绿色科技与建筑投融资等领域，致力于为中国与全球绿色金融与可持续发展提供政策、市场与产品的研究，并推

动绿色金融的国际合作。北京绿金院旨在发展成为具有国际影响力的智库，为改善全球环境与应对气候变化作出实质贡献。

中科星睿科技（北京）有限公司（以下简称中科星睿）：

中科星睿成立于2018年5月，是一家基于深度行业理解，面向需求提供卫星系统设计运营、对地观测大数据及行业智能应用的商业遥感卫星公司。以行业需求为驱动，从事设计、研发和运营高分辨率光学卫星、合成孔径雷达（SAR）卫星和碳卫星；融合多源遥感卫星数据，实现对重点行业、重点目标的持续、精细数据获取，助力行业深度洞察。

摘要

在当前全球生态环境面临严峻挑战的背景下，生物多样性保护与可持续利用以及金融如何支持生物多样性已成为国际社会共同关注的议题。党的二十大报告强调了"推动绿色发展，促进人与自然和谐共生"的重要性，并提出了"提升生态系统多样性、稳定性、持续性"的目标。同时，国家重点生态功能区规划、生态保护红线制度、自然保护地体系的建立、完善与实施，为加快实施生物多样性保护重大工程和生态系统修复工程奠定了基础，也为金融机构支持生物多样性提供了法规依据和行动指南。

2022年12月，《生物多样性公约》第十五次缔约方大会（COP15）第二阶段会议达成了具有里程碑意义的《昆明—蒙特利尔全球生物多样性框架》，其中行动目标15强调了大型跨国公司和金融机构在监测、评估和披露生物多样性相关风险、依赖程度和影响方面的责任和应采取的行动。在这样的背景下，全球各国央行和金融机构逐渐重视生物多样性相关风险的识别和管理，但由于缺乏相关风险的评估方法和工具，多数金融机构尚未将其纳入内部风险管理体系。

湖州作为"两山理论"的发源地和国家首批绿色金融改革创新试验区，具有开展绿色金融创新实践的独特优势和重大使命。2022年8月，湖州市率先发布了全国首个区域性金融支持生物多样性制度框架《关于金融支持生物多样性保护的实施意见》，意见明确界定了生物多样性金融的支持范围，包括绘制生物多样性保护重点区域图、编制生物多样性敏感性行业目录等。基于此，湖州绿色金融与可持续发展研究院与中国工商银行湖州分行共同开展此项研究，研究聚焦金融机构投融资项目生物多样性相关风险管理，旨在通过卫星遥感技术等现代科技手段，绘制生物多样性重点区域图、筛查生物多样性敏感行业，构建一套科学、系统的生物多样性相关风险评估和管理方法，为金融机构提供一个全信贷流程的生物多样性风险管理框架，帮助金融机构在项目层面有效管理和降低生物多样性风险，促进金融发展与生物多样性保护的双赢。

一、研究背景

（一）生物多样性概念

"生物多样性"是生物（动物、植物、微生物）与环境形成的生态复合体以及与此相关的各种生态过程的总和，包括生态系统、物种和基因三个层次。这三层多样性互相依存、互为因果，共同构成了丰富多彩的地球生命世界。比如，基因多样性保证了物种应对环境变化的能力，物种多样性和生态系统多样性则是地球生态系统健康运作的基础。

（二）经济活动对生物多样性的依赖性和影响

人类社会与经济活动离不开自然和生物多样性，或是直接从森林和海洋中获取资源，或是依赖于生态系统服务。世界经济论坛（WEF）发布报告显示，全球大约44万亿美元的经济活动在一定程度上依赖自然，这一数字约占全球生产总值的一半[①]。在粮食安全方面，森林至少为10亿人提供惠益，渔业和水产养殖业也为5800万至1.2亿人提供生计支持。在医学制药方面，生物多样性对于新药筛选和开发至关重要，约70%的癌症药物都来源于自然[②]。在工业化持续深入的背景下，生物多样性正面临前所未有的压力，这些压力源自生态系统遭受的破坏、环境退化、气候变化以及密集的人类干预活动。生物多样性和生态系统服务政府间科学政策平台（IPBES）在其发布的全球评估报告中，着重阐述了造成生物多样性丧失的五大主要

---

① 详见 https://www3.weforum.org/docs/WEF_New_Nature_Economy_Report_2020.pdf。
② 详见李琴的《全球生物多样性治理的意义与中国贡献》，https：//fddi.fudan.edu.cn/a1/ad/c18965a434605/page.htm。

驱动因素[①]（见表1），土地和海洋利用变化、自然资源开发、污染、气候变化以及外来入侵物种。其中，土地利用变化是导致陆地和淡水生态系统退化的最直接驱动因素，如开垦农田、基础设施建设等活动可能造成森林毁坏、生境破碎化等，进而导致生物多样性丧失。

表1　生物多样性丧失的直接驱动因素

驱动因素	说明
土地和海洋利用变化	主要包括森林砍伐、城市扩张、农业开垦等活动，导致生境破坏与碎片化，严重干扰自然生态系统平衡
自然资源开发	主要指过度捕捞、矿产开采等行为，致使物种数量骤减，生态系统服务功能受损，生物资源不可持续利用
污染	工业排放、塑料垃圾、化学物质泄漏等污染水源、土壤和空气，影响生物健康，破坏生态过程
气候变化	全球变暖引起极端气候事件频发，改变物种分布与生存条件，影响物种繁殖与迁徙，加剧物种灭绝风险
外来入侵物种	非本土物种引入后迅速繁殖，竞争本地物种生存资源，改变或破坏原有生态系统结构与功能

受上述因素影响，全球生物多样性丧失持续加剧，并对经济系统造成冲击。从生态系统多样性来看，全球75%的地表和66%的海洋显著改变；超过85%的湿地面积已经丧失；天然林面积持续减少，平均每年有1020万公顷森林消失[②]。从物种多样性来看，目前全球物种灭绝速度比过去1000万年的平均值高数十倍至数百倍，全球100万物种正面临灭绝威胁，许多物种正在消失。生态系统的破坏和种群规模的快速下降也会导致基因多样性的减少，全球大约10%的陆地遗传基因多样性已经丧失[③]。因此，生物多样性丧失也被认为是全球三大环境危机之一，据估计，生物多样性丧失造成的全球经济损

[①] 详见 https://files.ipbes.net/ipbes-web-prod-public-files/2020-02/ipbes_global_assessment_report_summary_for_policymakers_zh.pdf。

[②] 详见 Global Forest Resources Assessment 2020. Main report |Policy Support and Governance| Food and Agriculture Organization of the United Nations，https://www.fao.org/policy-support/tools-and-publications/resources-details/en/c/1459931/。

[③] 详见 Genetic diversity loss in the Anthropocene，https://www.science.org/doi/10.1126/science.abn5642。

失每年在2万亿~4.5万亿美元之间，部分国家因生物多样性丧失导致的GDP损失超过20%[1]。我国依赖于生物多样性或自然的经济活动产值也高达9万亿美元，约占GDP总量的65%[2]。

（三）生物多样性丧失与金融风险

由于经济活动依赖于生物多样性和生态系统服务，因此，生物多样性丧失和生态系统服务功能退化会给企业和金融机构带来风险，进而可能演化为系统性金融风险。央行与监管机构绿色金融网络（NGFS）研究报告显示，生物多样性丧失和生态系统服务功能退化会增加企业和金融机构的成本及风险，直接影响其财务表现和金融价格稳定[3]。尤其是对生物多样性依赖程度较高的国家，这种风险会更加明显。例如，在巴西银行向非金融公司发放的贷款中，有46%投向了对生态系统服务具有较高或极高依赖性的行业，若生态系统服务功能退化，将会导致其不良贷款比例提升约9个百分点[4]，同样的情况也出现在马来西亚，其不同类型银行的自然相关平均风险敞口高达70%到95%[5]。

与生物多样性相关的金融风险主要分为两大类：物理风险和转型风险。物理风险是指生物多样性丧失对某些行业以及生产经营活动造成的影响，引发企业亏损、倒闭、金融资产减值乃至清零等金融风险。例如，生态退化会

---

[1] 详见 The Economic Case for Nature A Global Earth-economy model to assess development policy pathways，https://www.worldbank.org/en/topic/environment/publication/the-economic-case-for-nature。

[2] 详见 New Nature Economy Report: Seizing Business Opportunities in China's Transition Towards a Nature-positive Economy，https://cn.weforum.org/publications/new-nature-economy-report-seizing-business-opportunities-in-china-s-transition-towards-a-nature-positive-economy/。

[3] 详见 Central banking and supervision in the biosphere: an agenda for action on biodiversity loss, financial risk and system stability，https://www.ngfs.net/en/central-banking-and-supervision-biosphere-agenda-action-biodiversity-loss-financial-risk-and-system。

[4] 详见 https://documents1.worldbank.org/curated/en/105041629893776228/pdf/Nature-Related-Financial-Risks-in-Brazil.pdf。

[5] 详见 An Exploration of Nature-Related Financial Risks in Malaysia (English)，https://documents.worldbank.org/en/publication/documents-reports/documentdetail/099315003142232466/P175462094e4c80c30add50b4ef0fa7301e。

对农业、林业、旅游业、零售业等相关的生产经营活动造成影响；水资源的污染和减少会导致渔业、水电业、制造业等生产经济活动的损失。转型风险是指由于政府出台生物多样性保护政策或提高相关标准导致经营活动受阻，造成企业倒闭或违约等风险。目前，随着各国政府普遍加大对生物多样性的保护力度，与生态系统及生物多样性相关的保护政策、法律法规和标准也在逐步完善和提高。值得注意的是，金融机构和生物多样性之间还存在"双重重要性"的关系，不仅生物多样性丧失会对金融机构产生重要影响，金融机构本身的投融资活动也可能进一步加剧生物多样性丧失。因此，管理金融机构生物多样性相关风险时既要评估金融机构现有资产组合相关风险敞口，还要管理投融资活动对生物多样性造成的影响。

（四）金融机构管理生物多样性相关风险的现状

经济活动对生物多样性造成的负面影响以及由于生物多样性丧失导致的金融风险已经引起全球央行、监管和金融机构的高度关注，生物多样性相关风险的管理也逐渐成为金融机构的重要着力点之一。当前，金融机构对生物多样性相关风险的管理大多体现在ESG综合治理框架中，例如，世界银行的《环境和社会框架》中第6项标准聚焦"生物多样性保护和生物自然资源的可持续管理"，要求借款国必须解决与其项目相关的生物多样性风险，并基于它们的敏感性和价值对受影响的栖息地采取不同的风险管理方法[①]；欧洲投资银行《环境与社会标准》的标准4聚焦"生物多样性和生态系统"，要求项目方评估并预防在项目周期中可能产生的生物多样性风险。

金融机构开展生物多样性相关风险管理，首先需要识别和评估相关经济活动对生物多样性的影响，然而，可供金融机构使用的评估方法和工具亟须开发和完善，因此，本文通过绘制生物多样性重点区域图、筛查生物多样性重点行业来构建一套快速识别投融资项目生物多样性相关风险的评估方法，

[①] 详见 https://documents1.worldbank.org/curated/en/670331548345857059/ESF–Guidance–Note–6–Biodiversity–Conservation–Chinese.pdf。

并基于评估方法制定了金融机构投融资项目生物多样性相关风险的全流程管理方法。

二、投融资项目生物多样性相关风险影响评估方法构建

（一）生物多样性相关风险影响评估思路

国际主流的生物多样性影响评估方法主要有以下五种：基于行业的评估方法、基于位置的评估方法、结合行业和位置的评估方法、量化生物多样性足迹方法和实地监测方法。

1. 基于行业的评估方法

基于行业的评估方法是指从相关文献和数据库中获取行业对生物多样性影响的信息，从而评估特定行业的经济活动对生物多样性的影响。该方法主要考虑行业内特定操作过程、原料获取、生产、运输、使用和废弃等各阶段可能对生物多样性产生的直接和间接影响，从而深入了解行业特点及其环境影响，以便制定具有针对性的减缓措施和管理策略。例如，联合国环境规划署（UNEP）在2021年发布的一份报告中[1]分析确定了对生物多样性影响较高的行业，并提出了金融部门应关注的子行业，如农产品和服装制造等。

当前，国际主流方法之一是"探索自然资本机会、风险和暴露"工具（Exploring Natural Capital Opportunities, Risks and Exposure，ENCORE）。这一工具通过量化分析，评估了86种不同的生产过程与21种生态系统服务之间的依赖性和影响。ENCORE评估方法已被国际金融界广泛接受，并且得到了包括摩根大通（J.P. Morgan Chase & Co.）、荷兰银行（ABN AMRO Bank N.V.）、法兰西银行（BNP Paribas）以及巴克莱银行（Barclays Bank PLC）在内的多家知名金融机构的认可和实际应用。

---

[1] 详见 Beyond "Business as Usual"：Biodiversity Targets and Finance，https://www.unepfi.org/industries/banking/beyond-business-as-usual-biodiversity-targets-and-finance/。

2. 基于位置的评估方法

由于生物多样性影响具有很强的地域特征，因此需要结合特定位置的生物多样性状态以及自然资源禀赋等信息，来判定该位置生物多样性重要度并衡量其对某种压力影响的敏感度。例如，自然相关财务披露工作组（The Taskforce on Nature-related Financial Disclosures，TNFD）在其披露建议中强调，基于位置的详细信息对于确保生物多样性影响评估的准确性和可靠性至关重要。IFC《绩效标准6》中的"关键栖息地"就是利用这一方法，根据五条标准[1]将关键栖息地定义为具有高生物多样性价值的区域，除非满足严格的管理或保护条件，否则项目活动不能在区域内实施。中国的"三区三线"（根据城镇空间、农业空间、生态空间三种类型的空间，分别对应划定的城镇开发边界、永久基本农田保护红线、生态保护红线三条控制线）也采用了基于位置信息和国土空间规划进行经济活动的分区分级管控方法。

3. 结合行业和位置的评估方法

在研究中，若能同时获取经济活动所属行业对生物多样性影响的驱动因素以及生物多样性相关的地理空间数据，我们便能对这些因素进行综合评估。一种有效的评估工具是生物多样性影响指标（Biodiversity Impact Metric, BIM），它是由剑桥大学可持续发展领导力学院（Cambridge Institute for Sustainability Leadership, CISL）开发的。BIM旨在衡量和监控企业采购活动对自然环境的影响。BIM的计算模型综合了土地利用这一关键驱动因素的数据和生物多样性的地理空间信息，并特别考虑了不同区域生物多样性的重要性。

4. 量化生物多样性足迹

量化生物多样性足迹是指将各类经济活动与环境压力因素相对应，通

---

① 五条标准分别为：对当地或受限范围物种具有特别重要性的区域；对迁徙物种生存特别重要的场所；支持群居物种在全球范围内的重要集聚或个体数量的区域；汇集有众多独特物种的区域或者与关键进化过程有关的区域或提供了关键生态系统服务的区域；以及拥有对当地社区具有重大社会、经济或文化重要性的生物多样性的区域。

过压力—影响模型将环境压力因素转换为生物多样性影响，并以绝对量化指标和相对比例指标表示出来。目前常见的有金融机构生物多样性足迹（BFFI）、企业生物多样性足迹（CBF）、金融机构全球生物多样性评分（GBS）等（见表2），能够较为准确地反映出金融机构或企业活动对生物多样性的影响，但是对于基础数据要求高并且建模计算过程复杂。

表2　国际量化生物多样性足迹常用方法

名称	开发机构	适用范围	计算过程
BFFI	荷兰ASN等银行	用于分析金融机构投资过程中各项经济活动产生的生物多样性足迹，可以细化到投资组合、投资项目或者被投资企业，帮助金融机构了解投资组合生物多样性影响热力图，建立无净损失政策以及追踪政策进展	BFFI计算过程主要分为四步：一是明确分析范围和边界。将企业总收入按照产业和区域进行拆解，分析与企业或者项目相关的经济活动，以及其可能产生的生物多样性影响。二是评估环境投入和产出。使用EXIOBASE投入—产出数据库获取各类经济活动实现的环境投入和产出。三是评估环境压力和生物多样性影响，分两步将资源使用和碳排放转化为生物多样性损失。四是理解评估结果并采取行动，帮助金融机构制定相应的政策，融入尽责管理和投资策略当中
CBF	冰川数据实验室（Iceberg Data Lab）	用于衡量企业、金融机构、实物资产等活动每年对全球和当地生物多样性的影响	CBF计算过程主要分为四步：一是基于内部投入—产出模型，评估企业在供应链上买入和出售的产品，并将企业产品流划分为不同产业部门；二是基于企业产品流计算自然环境压力，如土地和海洋利用变化、自然资源开发、污染、气候变化等压力因素；三是通过压力—影响函数，将各类压力转化为相同的影响单元；四是将不同影响整合为整体绝对影响并计算若干比例指标，有利于不同企业之间的比较
GBS	法国信托投资局（CDC）	GBS评估经济活动影响时，涵盖所有价值链的上下游，将各类经济活动与生物多样性压力因素建立联系	GBS计算过程主要分为四步：一是明确所要评估的生物多样性影响边界，根据确定的评估范围和边界收集数据；二是收集评估所需的财务数据等各类数据；三是利用已收集数据和GBS内嵌函数计算生物多样性影响；四是提供定性和定量分析结果，帮助制定生物多样性目标和政策

5. 实际监测方法

生物多样性监测通常是对生物多样性组成和变化进行有计划的观察和记

录，在一定时期内的不同时间和空间维度上，对一个或多个样区的同一组生物多样性指标进行重复测量。监测可以在物种、生态系统和景观三个水平上进行，主要通过卫星遥感技术和地理信息系统对一定区域的生态格局和过程及其影响因素进行监测。通常有样地调查、红外线成像、航空照片和遥感技术等监测方法。但无论哪种方法，监测都会面临投入大、周期长等问题，实际操作实施较为困难。

（二）投融资项目生物多样性相关风险评估思路

1. 方法构建

经过对生物多样性影响评估方法的综合分析，本文总结出评估的三个关键要素：影响驱动因子、区域生物多样性特征以及环境敏感性。

纳入评估考量的数据越多，评估结果准确性就会越高，但同时也会增加评估难度和成本。因此，本文致力于开发一套既能够全面捕捉重要信息，又具有简洁性和易用性的评估方法，通过结合行业敏感信息和地理位置的生物多样性状态，量化投融资项目对生物多样性的影响程度。同时，本文参考TNFD提出的LEAP（Locate, Evaluate, Assess, Prepare）方法学，包括定位、评估、分析和准备四个步骤，为识别、评估、管理和披露企业与自然环境交互中的依赖性、影响、风险和机会提供了系统性框架。本方法将通过卫星数据图层来定位组织和自然环境的接触点，从行业活动出发分析金融机构存量投资贷款对生物多样性的影响和依赖，并制定生物多样性风险管理流程来应对披露要求。此方法具有以下特点。

一是国际标准一致性。该方法应与国际认可的数据库（如IUCN物种分布数据库、ENCORE和SBTN数据库等）相整合，并能够将评估结果直接应用于全球自然相关信息披露框架（如TNFD框架）中，确保评估结果在全球范围内的可比性和一致性。

二是适应性和灵活性。考虑到不同国家和地区在生物多样性状况和保护需求上的差异，评估方法应能够根据特定地区的需要进行定制化调整。此外，该方法应具有跨行业适用性，能够广泛应用于农业、采矿、林业等多个行业，以支持跨行业的生物多样性管理和政策制定。

三是可量化与可迁移性。评估方法应能够通过量化项目对生物多样性的影响，提供具体的数值结果，便于理解和沟通，并能够推广至不同地区和行业，便于项目间的比较和优先级排序。

2. 数据选取说明

在变量选取方面，本文主要选取了项目建设面积、项目所处行业风险等级和项目所在地生物多样性重要度数据，具体如下。

项目建设面积：土地利用变化是造成生物多样性丧失的主要驱动因素之一，因此，在评估生物多样性影响时，项目建设面积可作为一个关键考量因素。项目占用的土地面积越大，对自然栖息地和生物多样性的潜在影响就越显著。此外，相对于其他评估参数，获取项目的建设面积数据通常较为直接和简便。

项目所处行业风险等级：不同行业的经济活动对自然环境的影响存在显著差异，这些差异主要体现在特定的影响驱动因素及其作用强度上。通过这一数据，金融机构可以更有针对性地识别那些对生物多样性构成高风险的行业，从而在项目规划和实施阶段采取相应的缓解措施。

项目所在地生物多样性重要度：包括物种丰富度、特有性以及生态系统完整性等，评估这些特征对于制定有效的生物多样性相关风险管理策略至关重要。

3. 计算方法

参考前文提到的BIM方法并结合选取的参数变量，本文提出投融资项目生物多样性影响计算公式如下：

生物多样性影响[①]=项目建设面积×行业风险等级×生物多样性重要度

通过这种计算方式，投融资项目生物多样性影响结果以"加权公顷"为

---

① 此计算公式主要用于快速识别资产项目生物多样性风险并提供计算方法，具体项目风险可根据实际影响驱动因素进行调整。

单位进行衡量，这是一种根据生物多样性影响进行加权的面积度量，确保评估结果在不同情境下具有较好的可比性。关于行业风险等级和生物多样性重要度的分析及数据处理方法，详见第三、第四部分。

三、中国工商银行湖州分行生物多样性敏感行业分析

（一）中国工商银行湖州分行投融资项目覆盖行业风险等级

本文应用ENCORE工具，依次对中国工商银行湖州分行存量贷款投向所覆盖的行业进行依赖性和影响分析，并将低风险行业定义为"依赖性和影响评分均为中（M）/低（L）/非常低（VL）的行业"，中风险行业为"依赖性和影响评分有一项为高（H）/非常高（VH）的行业"，高风险行业为"依赖性和影响评分均为高（H）/非常高（VH）的行业"，并分别赋值为0.1、0.5和0.9[1]。中国工商银行湖州分行现有贷款余额行业的风险等级如表3所示，其中低风险行业共6个，分别是市政设施管理、其他水利管理业、土地整治服务、其他未列明建筑业、游览景区管理、生态保护等行业；中风险行业共4个，分别是综合管理服务，组织管理服务，轴承、齿轮和传动部件制造，城乡市容管理等行业；高风险行业共10个，分别是道路运输辅助活动，电力生产，渔业专业及辅助性活动，房地产开发经营，殡葬服务，农业专业及辅助性活动，结构性金属制品制造，铁路、道隧和桥梁工程建筑，合成纤维制造，人造板制造行业。

---

[1] 由于不同行业之间的风险很难在同一量度评估，因此根据划分的风险等级进行分段取值来选取不同区间段典型位置进行计算，这也是当前对分级赋值的一种常见处理方法。

表3　中国工商银行湖州分行投融资覆盖行业生物多样性风险敏感等级

行业	风险等级	依赖性	影响
市政设施管理	低	—	—
综合管理服务	中	—	水资源利用-H； 水污染-H； 土壤污染-H
组织管理服务	中	—	水资源利用-H； 水污染-H； 土壤污染-H
道路运输辅助活动	高	防洪和风暴防护-H	水资源利用-H； 土地利用-VH； 淡水利用-H； 温室气体污染-H； 非温室气体污染-H； 土壤污染-H； 干扰-H
其他水利管理业	低	—	—
电力生产	高	纤维和其他材料-VH； 地下水-VH； 地表水-VH； 水流维护-VH； 气候调节-VH； 防洪和风暴防护-H； 质量稳定和侵蚀防治-H	水资源利用-VH； 土地利用-VH； 淡水利用-VH； 温室气体污染-H； 非温室气体污染-H； 水污染-H； 土壤污染-H； 固体废物-H； 干扰-H
土地整治服务	低	—	—
其他未列明建筑业	低	—	—
游览景区管理	低	—	—
渔业专业及辅助性活动	高	纤维和其他材料-VH； 地表水-VH； 维护苗圃栖息地-VH； 水流维护-H； 水质-VH； 缓冲和衰减大规模水流-VH； 气候调节-VH； 防洪和风暴防护-H； 质量稳定和侵蚀防治-H	淡水利用-VH； 海洋利用-VH； 其他资源利用-H； 水污染-H； 土壤污染-H

147

续表

行业	风险等级	依赖性	影响
房地产开发经营	高	地表水–H	土地利用–VH； 温室气体排放–H； 固体废物–H
殡葬服务	高	地下水–H； 地表水–H	水资源利用–H； 土地利用–VH； 温室气体污染–H； 非温室气体污染–H； 水污染–H； 土壤污染–H
农业专业及辅助性活动	高	地下水–VH； 地表水–VH； 授粉–VH； 土壤质量–VH； 水流维护–VH； 水质–VH； 缓冲和衰减大规模水流–H； 气候调节–VH； 疾病控制–VH； 防洪和风暴防护–VH； 质量稳定和侵蚀防治–VH； 害虫控制–VH	水资源利用–VH； 土地利用–VH； 温室气体污染–H； 非温室气体污染–H； 淡水利用–VH； 水污染–H； 土壤污染–H
结构性金属制品制造	高	地下水–H； 地表水–H	水资源利用–VH； 土地利用–VH； 温室气体污染–H； 非温室气体污染–H； 固体废物–H； 干扰–H
铁路、道隧和桥梁工程建筑	高	气候调节–H； 防洪和风暴防护–H	水资源利用–H； 土地利用–VH； 淡水利用–H； 温室气体排放–H； 非温室气体排放–H； 固体废物–H； 干扰–H
轴承、齿轮和传动部件制造	中	—	水资源利用–H； 温室气体污染–H； 水污染–H； 土壤污染–H； 固体废物–H

行业	风险等级	依赖性	影响
合成纤维制造	高	地下水-VH； 地表水-VH	水资源利用-H； 非温室气体污染-H； 固体废物-H
生态保护	低	—	—
城乡市容管理	中	—	水资源利用-H； 水污染-H； 土壤污染-H
人造板制造	高	地下水-H； 地表水-VH	土地利用-H； 温室气体污染-H； 水污染-H； 土壤污染-H

注：表格行业排序按照存量贷款占比；针对那些在ENCORE工具中未能直接找到对应行业的特殊情况，本文依据其他出版物或文献资料进行综合参照与分析。

（二）中高风险行业分析

如图1所示，对中国工商银行湖州分行投融资覆盖的中、高风险行业做进一步分析可得，高风险行业对生物多样性造成影响的驱动因素主要是土地和水资源利用；中风险行业对生物多样性造成影响的驱动因素主要是活动过程中所排放的污染物，且污染物主要集中于水污染和土壤污染。以上分析结果表明，高风险行业需重点强化项目选址工作，严格限制生物多样性敏感区域的开发活动，保护关键生物多样性区域；中风险行业则应重点提升工业生产流程，采用清洁生产技术减少有害物质的产生，并设定严格的排放标准，确保污染物排放数据的透明度，同时推动对应园区企业实施循环化改造，做好废物管理和回收，促进资源循环利用，对于污染严重的企业，应要求其修复污染土壤和水体，促进行业的绿色发展。

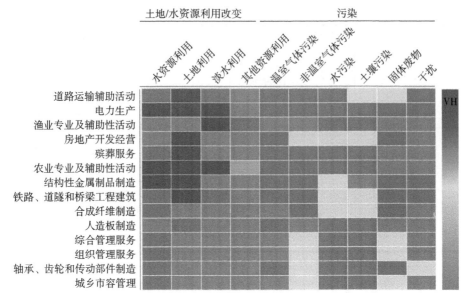

图1　中国工商银行湖州分行投融资覆盖的高风险行业生物多样性影响分析

1. 中风险行业

（1）综合管理服务

该行业对生态系统服务的依赖性较低，对"水资源利用、水污染、土壤污染"等环境驱动因素的影响高（H），属于中风险行业。大型园区或商业综合体中的某些活动可能会产生有害化学物质或其他污染物，这些物质会带来水污染和土壤污染，进而对物种栖息地以及生态环境产生长期的负面影响。例如，会议展览等经济活动在筹备和进行的过程中需要利用大量水资源，用于场地清洁等方面；同时，在供应链管理过程中，一些工业设施或数据中心服务器的运转也需要消耗水资源，可能会产生并排放污水、废弃物等到周围环境中，影响周边生态系统，对当地物种的生存环境带来负面影响。

（2）组织管理服务

该行业主要涉及市场化组织管理和经营性组织管理活动，对生态系统服务的依赖性较低，对部分环境驱动因素的影响高（H），属于中风险行业。数字化时代下，大部分企业或相关机构的组织管理活动都通过线上进行，这一过程需要网络和云服务的支持，数据中心作为云服务的物理基础，其服务器的运转需要利用大量水资源，相关基础设施直接排放的重金属等污染物也会导致水污染和土壤污染。同时，该行业可能会伴随与员工通勤和物流相关的活动增加而增加废物排放量。如果这些废物未得到适当处理，可能会对周边生态环境造成干扰或破坏。

（3）轴承、齿轮和传动部件制造

该行业对各生态系统服务的依赖性均为低（L）或中（M），但对部分环境驱动因素的影响为高（H），因此属于中风险行业。建议金融机构在进行相关投资时，重点关注原材料选用、加工工艺、排放物处理等环节。合理选择可再生、环境友好的原材料，如优质钢材、铝合金等，以减少资源消耗，降低环境负荷；通过引进先进的生产工艺和技术，减少能源消耗和废水、废气的排放；提高生产效率和产品质量；监督项目方制订严格的废物管理计划，建立有效的废物收集和处理设施。

（4）城乡市容管理

该行业包括城乡建筑外貌、景观灯光、户外广告等方面的设置和管理，对各生态系统服务的依赖性均为低（L）或非常低（VL），但是对"水资源利用、水污染、土壤污染"等环境驱动因素的影响较高（H），属于中风险行业。以户外广告为例，这一经济活动的碳足迹遍布了广告的制作、分发、拍摄过程、技术使用、编辑、后期制作等各个环节，广告商可以通过选择可持续的拍摄方式、输出较轻量级的视频内容、以无线网络代替移动网络等方式来减少碳足迹以及环境污染；线下实体广告所消耗的能源和所产生的各类废弃物也应得到有效管理和妥善处理，以减少其对生态环境的负面影响。

2. 高风险行业

（1）道路运输辅助活动

该行业对生态系统服务的依赖性和环境驱动因素的影响均为高（H）或非常高（VH），属于高风险行业。一方面，客运汽车站和货运枢纽（站）的选址依赖于稳定安全的生态环境，对防洪和风暴防护的要求非常高；另一方面，其修建与维护不仅需要占用大量土地资源和水资源，还会造成空气污染，并且对周边野生动植物的生态环境带来干扰。同时，对公路的管理与养护还涉及清理过量的植被，一旦管理不当，将会破坏原有物种的栖息地，还会增加外来物种入侵的风险。

（2）电力生产

该行业在诸多方面高度依赖生态系统服务，同时对环境驱动因素有着重大影响，属于应重点关注的高风险行业。太阳能、水力、风力发电等高度依赖气候调节服务，且对水资源利用、土地利用有非常大的影响。例如，太阳能热发电技术需要大量的水用于冷却，且设备也会排放含有灭菌剂或其他添加剂等化学污染物的水；同时，发电厂的建立会利用大片土地，其周边围栏或其他屏障会影响物种栖息地及物种的活动与迁徙。

（3）渔业专业及辅助性活动

该行业对生态系统服务的依赖性和环境驱动因素的影响均为高（H）或非常高（VH），属于高风险行业。鱼苗及鱼种场、水产良种场等对生态环境要求高，需要依赖清洁的水源和良好的排灌系统。一旦水质遭到破坏，还会危及作为天然饵料的浮游生物，对鱼苗的成活、生长、抗病造成负面影响。因此，建议金融机构进一步强化对相关项目的监督和管理，推进水生生物种质资源的科学保存和开发利用，提升水产原良种繁育体系建设的标准化、规范化和科学化水平。

（4）房地产开发经营

该行业属于高风险行业。房地产开发活动需要利用大量水资源，因此，由降雨量或水体量变化带来的水资源匮乏会导致"地表水"生态系统服务退化，从而直接影响房地产相关经济活动。此外，相关经济活动对土地的开发利用会导致栖息地退化，破坏工地和周边地区的生物多样性；施工过程中，重型机械的使用会压实土壤并阻碍植物根系生长，并产生大量温室气体；同时，包括玻璃、金属、塑料、纸张、橡胶皮革等在内的大量固体废物也会随之产生，造成污染。

（5）殡葬服务

该行业性质较为特殊（社会公益性与商业性并存），属于高风险行业。

一方面，由于我国传统观念，对于陵墓的环境要求较高，需要考虑植被、地形等多个因素，另一方面，目前我国仍以火葬为主，遗体火化和祭品焚烧过程会产生烟尘、一氧化碳、二氧化硫、氮氧化物等大气污染物和其他废弃物，会对周边环境造成破坏。金融机构在进行投资时，既需要加强对传统火葬的环境监管，也需考虑环保型殡葬方式，如竹林葬、树葬、草坪葬等节地生态安葬方式。

（6）农业专业及辅助性活动

该行业属于高风险行业，其相关经济活动对生态系统服务的依赖性较高（如优质种子种苗的培育活动对授粉和土壤质量的要求非常高，同时需要严格的病虫害防治），且对于环境驱动因素的影响均为高（H）或非常高（VH）。在农业机械活动中，拖拉机等重型装备的使用会排放大量尾气，作业过程中产生的噪声也会对周边野生动植物产生一定干扰。同时，在农产品初加工环节，对棉花秸秆、铃壳等副产品的处理不当也会对环境造成严重污染。建议金融机构在后续项目推进中，进一步加大对绿色农业、生态农业的投资力度。

（7）结构性金属制品制造

该行业属于高风险行业，其金属构件、金属构件零件、建筑用钢制品及类似品等产品的生产活动均依赖"地下水/地表水"生态系统服务，一旦由于降雨量、天然淡水资源匮乏等因素造成上述两个生态系统服务功能退化，该行业的经济活动便会受到直接影响。同时，由于生产中通常采用电化学、化学、热加工、气相沉积及涂装等工艺对金属进行处理，因此，该行业的产污环节众多，涉及水污染（含重金属离子、氰化物、酸碱和有机污染物）、大气污染（含粉尘、挥发性有机物和各类酸碱雾）和固体废物污染（含重金属、氰化物的废液、污泥等危险废物）等。

（8）铁路、道隧和桥梁工程建筑

该行业属于高风险行业。项目选址与施工对"气候调节、防洪和风暴防护"等生态系统服务的依赖性高（H），一旦遭遇极端天气或地质灾害，项目进程将受到严重阻碍。此外，为了容纳新的基础设施而进行的土地开发、河流改道和开凿等活动，很容易造成生物栖息地退化和原有生态系统的破坏。化石燃料的燃烧和柴油、油漆、溶剂及其他有毒化学品的泄漏会进一步加剧大气污染和水污染，在机械挖掘、运输装载过程中产生的噪声和气味污染也会对周边野生动植物的生长与繁殖造成干扰。

（9）合成纤维制造

该行业属于高风险行业。该行业主要以石油、天然气、煤或农林副产品作基本原料，经有机合成制成高分子聚合物，再进行纺丝加工，这一过程高度依赖"地下水/地表水"这两种生态系统服务，且对水质有一定要求。化纤制造过程中不仅会释放有毒的废气、造成大气污染，而且会产生含有大量有机物的废水，抑制需氧性微生物活动的浓度。而合成纤维在机械降解的过程中也会产生大量直径小于5毫米的微纤维塑料颗粒，这些微纤维随着排污系统流入海洋、沿海、陆地和北极生态系统中，严重威胁着水生生物和陆地生物的多样性。

（10）人造板制造

该行业属于高风险行业，其原材料的湿润、胶粘剂的制备、生产设备的冷却和清洗均需要大量水资源（特别是刨花板和纤维板的生产）。人造板主要以木材和植物纤维为原材料，如果采伐不当，可能对森林和其他生态系统造成不可逆转的破坏，影响野生动植物的生存。长期以来，人造板生产所用的胶粘剂均含可游离甲醛，与其他温室气体一起泄漏到空气中会加剧大气污染。同时，其生产产生的废物、废水中也含有有害的化学成分，如不及时处理，可能导致河流沉积物增多，地表水、地下水和饮用水也会受到污染。

四、湖州市生物多样性重点区域识别

区域生物多样性重要度通常取决于该区域的物种丰富度和独特性，例如，Myers等[1]基于物种丰富度、独特性以及区域受威胁程度，定义了生物多

---

[1] Biodiversity hotspots for conservation priorities – Nature[EB/OL]. [2024–07–29]. https：//www.nature.com/articles/35002501.

样性热点地区概念，并于2000年识别出全球25个热点地区。随后，保护国际（Conservation International，CI）也重新评估了全球生物资源，确定了全球34个生物多样性热点地区。我国在生物多样性重要区域识别和管理上也一直在进行探索和努力，早在2007年第三届世界植物园大会上，就根据区域生物多样性丰富度和独特性等标准，确定了我国14个陆地生物多样性关键地区。2010年，环境保护部印发的《中国生物多样性保护战略与行动计划（2011—2030年）》①综合考虑生态系统类型的代表性、特有程度、特殊生态功能等因素，划定了35个生物多样性保护优先区域（32个陆地生物多样性保护优先区域和3个海洋生物多样性保护优先区域）。总的来说，生物多样性优先保护区域包括热点地区、关键地区、生态区、保护优先区等多种形式，是生物多样性重要度的一种集中体现。

但目前，生物多样性优先保护区域的划定仍没有统一标准，筛选指标、空间尺度等不同，都可能导致优先区域划定结果的差异。本文对生物多样性重点区域的划分主要依据《湖州市关于金融支持生物多样性保护的实施意见》等文件要求，以国土空间规划为基础，集成自然保护区、重点生态功能区、重要自然生态系统区域信息，在已有数据基础上进行生物多样性重点区域划分工作，将湖州市行政区域按照生物多样性特征的重要程度划分为极度重要区、高度重要区、中度重要区和一般重要区四个等级②，并对每个等级的重要度进行赋值。

极度重要区主要为现存法定保护地，包括依法设立的自然保护区、世界自然遗产、风景名胜区、森林公园、湿地公园、地质公园以及其他自然保护地，面积大约为200平方千米，占全市面积的3.44%；高度重要区为除极度重要区外的生态保护红线划定区域，面积约为665.45平方千米，占全市面积的

---

① 关于印发《中国生物多样性保护战略与行动计划》（2011—2030年）的通知 [EB/OL]. [2024-07-29]. https://www.mee.gov.cn/gkml/hbb/bwj/201009/t20100921_194841.htm.
② 具体可参考"湖州市生物多样性重点区域图"。获取方式：请发送主题为《中国工商银行湖州分行投融资项目生物多样性风险管理研究——相关资料》的邮件至课题组邮箱 nbs@ifs.net.cn，获取本文相关的详细地图资料。

11.43%；中度重要区为除生态保护红线外的一般生态保护空间，面积约为1460.56平方千米，占全市面积的25.09%；其他区域均为一般重要区。

参考关于生物多样性重要区域划分的相关研究，考虑不同土地利用类型的生境适宜度及其对威胁因子的敏感性[①]，本文结合遥感评估量化数据，对不同重要度区域进行赋值。如一项综合考虑生态系统多样性、物种多样性和栖息地质量等要素的综合评价结果显示生态核心区域得分是一般城市空间区域得分的4倍[②]。为简便计算，本文将极度重要区、高度重要区、中度重要区和一般重要区分别赋值为4、3、2和1，详细信息如表4所示。

表4　湖州市生物多样性保护分区划定面积

类别	面积（平方千米）	占比（%）	生物多样性重要性赋值
极度重要区	200.00	3.44	4
高度重要区	665.45	11.43	3
中度重要区	1460.56	25.09	2
一般重要区	3494.84	60.04	1

（一）极度重要区

极度重要区为法定保护地，包括依法设立的自然保护区、世界自然遗产、风景名胜区、森林公园、湿地公园、地质公园以及其他划定的自然保护地。其中，保护区参照了自然保护联盟（IUCN）的"保护区"（protected areas）定义[③]。但各级各类自然保护区，由于设立的历史条件不同，早期受技术手段等限制，存在边界范围底数不清、重叠设置、多头管理等现象。本文依据《浙江省自然保护地整合优化方案（征求意见稿）》，将自然保护地

---

① 详见基于 FLUS 和 InVEST 模型的南京市生境质量多情景预测，http://journals.caass.org.cn/nyzyyhjxb/CN/10.13254/j.jare.2021.0411。

② 生物多样性保护优先区遥感评估与区划，https://www.zhangqiaokeyan.com/academic-degree-domestic_mphd_thesis/020314847677.html。

③ 指划定了清晰的地理空间，并通过法律或其他有效手段，实现对自然的生态服务和文化价值的长期保护的区域。

分为国家公园、自然保护区、自然公园三大类，按批准设立层级可分为国家级、地方级，并且不同自然保护地功能定位实行差别化管控，如核心保护区内禁止人为活动，一般控制区内限制人为活动。调查显示，湖州市目前未设立国家公园，因此，自然保护地主要包括自然保护区和自然公园两大类，其中，自然保护区由核心保护区和一般控制区组成，自然公园属于一般控制区，均具有较高的生物多样性价值。湖州市生物多样性极度重要区域[①]面积大约为200平方千米，占全市面积的3.44%。

1. 自然保护区

湖州市自然保护区有4个，分别是浙江安吉小鲵国家级自然保护区、长兴地质遗迹国家级自然保护区、尹家边扬子鳄保护区和龙王山自然保护区。其中，国家级保护区2个，省级保护区2个，如表5所示。

表5　湖州市自然保护区情况

类别	名称	详细信息
国家级保护区	浙江安吉小鲵国家级自然保护区	安吉小鲵国家级自然保护区位于浙江省安吉县西南端，与浙江天目山国家级自然保护区相毗连。保护区总面积为12.43 平方千米，属于森林和野生动物类型自然保护区。保护区内现有植物1400多种，野生动物269种，其中有黑麂、云豹等国家级保护动物。
	长兴地质遗迹国家级自然保护区	长兴地质遗迹国家级自然保护区位于浙江省长兴县槐坎乡葆青山南麓，呈东西向不规则狭长条带状，北靠青塘山，总面积为2.75平方千米。其中有华夏菊石动物群、蜓类动物群、牙形石动物群、鱼类等化石。
省级保护区	尹家边扬子鳄保护区	尹家边扬子鳄保护区位于长兴县城西南19千米的管埭乡尹家村。已建立的鳄鱼中心保护基地为53亩，其中水面为30亩，农田为20亩，养殖地为3亩。
	龙王山自然保护区	龙王山自然保护区位于安吉县西南部。面积为1.8万亩。龙王山周边地区野生动物资源丰富，拥有6种国家一级保护动物（包括云豹、黑麂、白颈长尾雉、豹等）。

① 具体可参考"湖州市生物多样性极度重要区域分布情况"。获取方式：请发送主题为《中国工商银行湖州分行投融资项目生物多样性风险管理研究——相关资料》的邮件至课题组邮箱 nbs@ifs.net.cn，获取本文相关的详细地图资料。

2. 自然公园

依据《国家级自然公园管理办法（试行）》，国家级自然公园包括国家级风景名胜区、国家级森林公园、国家级地质公园、国家级海洋公园、国家级湿地公园、国家级沙漠（石漠）公园和国家级草原公园。考虑到风景名胜区的特殊性，统计湖州市自然公园时不包括风景名胜区。目前，湖州市各类自然公园（不包括风景名胜区）共有8个，详细信息如表6所示。

表6　湖州市自然公园情况

类别	名称	详细信息
国家级森林公园	梁希国家森林公园	浙江梁希国家森林公园位于浙江湖州市南郊，公园面积为13.76平方千米。2014年2月被评为国家级森林公园，园内植有广玉兰、雪松、龙柏、香樟、红枫、银杏等名贵观赏林2000多株。
	安吉竹乡国家森林公园	竹乡国家森林公园位于安吉县，面积为180平方千米。其中生态资源丰富，古树名木500余株，国家珍稀保护植物有银缕梅、野生银杏、野生鹅掌楸、凹叶厚朴等23种。
国家级湿地公园	仙山湖国家湿地公园	仙山湖湿地公园位于长兴县泗安镇，地处苏、浙、皖三省交界处，占地面积为2269.2公顷，是浙北最大的湿地，也是长三角地区人工湖泊湿地的典型代表之一。拥有广阔的湖面、湖滩，以及河流、沟渠、水田、苗圃地、旱地、山林，构成了相对完整而复杂的生态环境。
	德清下渚湖湿地风景区	浙江德清下渚湖国家湿地公园位于浙江省湖州市德清县城东南，面积约为36平方公里。集多种湿地类型为一体，主要为河流型湿地、沼泽型湿地、湖泊型湿地，其中朱鹮岛是湿地鸟类的良好栖息地。
省级森林公园	莫干山森林公园	莫干山森林公园位于浙江省湖州市德清县北部，总面积为3.17平方千米。动植物资源丰富，主要为针叶林、针阔混交林、阔叶林、经济林、竹林等类型，珍稀树种有南方红豆杉、三尖杉、日本冷杉、大王松、红枫等；白豹、穿山甲、金钱豹等国家一、二级保护动物及珍贵禽鸟20余种。
	桃花坞森林公园	长兴桃花坞省级森林公园由桃花坞和逃牛岭两个片区组成，公园动植物资源丰富，拥有植物600余种，动物40余种。
	八都岕古银杏省级森林公园	位于长兴县，公园总面积为16.71平方千米，拥有银杏等国家重点保护植物11种，拥有白颈长尾雉、穿山甲、水獭等保护动物。
	安吉陈嵘省级森林公园	位于安吉县梅溪镇石龙村，面积为1.17平方千米，公园以高大茂密的森林为特色景观，其中近成熟林占乔木林面积的80%，主要是30年以上的大树。

（二）高度重要区

高度重要区为除极度重要区外的生态保护红线划定区域，湖州市生态保护红线区域主要分布在安吉县西南区域、长兴县正北区域以及安吉、德清、吴兴交界区域，地势相对较高，包括河湖滨岸带、生态公益林等生态功能重要、生态系统敏感区域。湖州市生物多样性高度重要区[①]面积约为665平方千米，占全市面积的11%左右。

（三）中度重要区

中度重要区为除生态红线外的一般生态保护空间。生态保护空间是在生态系统服务功能重要性评估及生态环境敏感性评估的基础上，将水源涵养、生物多样性保护、水土保持等生态功能极重要、重要和极敏感、敏感区域进行叠加，并和环境功能区划划定的自然生态红线区和生态功能保障区以及各类保护地进行校验，再去除自然保护地以外的城镇、集中连片的地方工业平台、集中连片的矿山、集中连片的村庄，以及周边的集中连片的农田和园地。湖州市生物多样性中度重要区[②]面积为1460.56平方千米，占全市面积的25%左右。

（四）一般重要区

除以上三类区域外，剩余区域主要是农业空间和城市空间，这些区域是组成城市功能不可或缺的部分，但相较于前三级，其生物多样性丰富度和独

---

① 具体可参考"湖州市生物多样性高度重要区域分布情况"。获取方式：请发送主题为《中国工商银行湖州分行投融资项目生物多样性风险管理研究——相关资料》的邮件至课题组邮箱 nbs@ifs.net. cn，获取本文相关的详细地图资料。

② 具体可参考"湖州市生物多样性中度重要区域分布情况"。获取方式：请发送主题为《中国工商银行湖州分行投融资项目生物多样性风险管理研究——相关资料》的邮件至课题组邮箱 nbs@ifs.net. cn，获取本文相关的详细地图资料。

特性较低，因此，均将其划入一般重要区。湖州市生物多样性一般重要区[①]面积约为3490平方千米，占全市面积的60%左右。

五、项目案例分析

结合前期研究成果和中国工商银行湖州分行业务覆盖情况，本文从工业和农业两个典型行业中各选取一个典型项目进行案例分析，即蒸汽锅炉项目（以下简称项目A）和吕山乡湖羊智慧养殖示范园项目（以下简称项目B）。这两个项目的选取旨在强调不同行业在追求绿色发展的同时，也要考虑如何兼顾生物多样性的保护。一方面，它们展现了现代工业和农业通过技术创新以降低对环境的负面影响；另一方面，此类项目也揭示了即使在"绿色"框架下，仍需谨慎评估项目对生物多样性的潜在风险。

（一）项目基本信息

项目基本情况如下：项目A位于湖州市吴兴区，项目在原有工厂基础上，新建了厂房和生产线用于生产锅炉，旨在通过设备革新来提升热能利用率，相比前代设备，能效提高了6%，并且在减少烟气排放方面取得了显著成效，有助于推进环境保护与能源节约的双重目标。项目B位于湖州市长兴县，旨在创建以湖羊养殖为核心的循环经济示范园，由养殖小区和农作物配套种植区组成。该项目采用臭气控制和粪污处理技术，将养殖过程中产生的粪污转化为有机肥料，促进了农业循环经济的发展。通过这种转化，项目不仅提升了土壤肥力，还实现了秸秆的消纳和环境的保护。

（二）项目风险分析

在项目所在地的环境分区管控方面，项目A位于一般生态功能区，属于

---

① 具体可参考"湖州市生物多样性一般重要区域分布情况"。获取方式：请发送主题为《中国工商银行湖州分行投融资项目生物多样性风险管理研究——相关资料》的邮件至课题组邮箱 nbs@ifs.net.cn，获取本文相关的详细地图资料。

中度重要区①；项目B位于农产品安全保障区，属于一般重要区②。两个项目均不在各自生态功能分区的限制进入或禁止开发名录中。

在濒危物种方面，两个项目周边均存在极度濒危物种，需重视对濒危物种的保护。具体来说，项目A区域内记录了125个不同物种，包括1个极度濒危物种，学名为黄喉拟水龟（Manis pentadactyla）；此外，还有1个濒危物种与6个易危物种。相比之下，项目B的同一缓冲区内发现了129个不同物种，包括2个极度濒危物种、1个濒危物种和6个易危物种③。

在文化景观与自然保护方面④，距离项目A最近的自然遗产保护区为吴兴美妆小镇景区，属于3A级旅游景区，与项目位置的直线距离为1.91千米；距离项目B最近的人文自然风光保护区为长兴县吕山荷博园景区，同为3A级旅游景区，与项目坐标的直线距离为3.41千米。这表明两个项目在开发过程中需兼顾对周边珍贵文化和自然景观的尊重与保护。

项目A需要关注生态保护要求，其距离老虎潭水库饮用水水源保护区的直线距离为7.45公里，因此，必须严格控制并减小日常运营及生产活动对这一水源保护区可能造成的任何污染物排放方面的影响。在项目A周边0~1千米的缓冲区内，生物多样性保护尤为关键。该区域内确认存在1种极度濒危级别的爬行动物，1种濒危级别的哺乳动物，以及5种易危级别的哺乳动物。这些数据表明，项目A在发展规划中必须采取有效缓解措施，降低对项目周边

---

① 具体可参考"湖州市生态功能保障区"。获取方式：请发送主题为《中国工商银行湖州分行投融资项目生物多样性风险管理研究——相关资料》的邮件至课题组邮箱 nbs@ifs.net.cn，获取本文相关的详细地图资料。

② 具体可参考"湖州市农产品安全保障区"。获取方式：请发送主题为《中国工商银行湖州分行投融资项目生物多样性风险管理研究——相关资料》的邮件至课题组邮箱 nbs@ifs.net.cn，获取本文相关的详细地图资料。

③ 按照国际自然保护联盟濒危物种红色名录，物种保护级别被分为9类，根据数目下降速度、物种总数、地理分布、群族分散程度等准则分类，最高级别是灭绝（EX），其次是野外灭绝（EW），"极危"（CR）、"濒危"（EN）和"易危"（VU）3个级别统称"受威胁"，其他顺次是近危（NT）、无危（LC）、数据缺乏（DD）、未评估（NE）。

④ 具体可参考"重要自然人文风景保护区"。获取方式：请发送主题为《中国工商银行湖州分行投融资项目生物多样性风险管理研究——相关资料》的邮件至课题组邮箱 nbs@ifs.net.cn，获取本文相关的详细地图资料。

物种及其栖息地的不利影响，具体如下。

- 环境影响评估与生态保护规划：在项目启动阶段，进行全面的环境影响评估，评估生产活动对周边生态环境、特别是对濒危物种栖息地的潜在影响；同时制订详细的生态保护规划，包括对濒危物种的保护措施和对自然遗产保护区的保护措施。

- 污染控制技术：在项目运营阶段，使用污染控制技术，如高效的烟气净化系统或锅炉烟气处理装置，确保排放的烟气达到或超过国家和地方的环保标准，减轻大气污染，力求对周边野生动物及其栖息地的影响降至最低程度。

- 水资源管理：建立严格的水资源管理和污水处理系统，减少对老虎潭水库饮用水水源保护区的潜在影响。

- 生态缓冲区建设：在项目周边0~1千米的缓冲区内，建立生态缓冲带，通过植被恢复和生态修复工程，为野生动物提供安全的栖息地等。

项目B邻近的保护区为长兴尹家边扬子鳄省级自然保护区，直线距离为15.28千米，距离较远，因此对自然保护区影响较低。然而，项目B周边0~1千米缓冲带内，已发现2种被列为极度濒危的爬行动物，以及1种濒危和5种易危级别的哺乳动物种类。这些数据表明，项目B在实施农业及其他发展计划时，必须采取有效缓释措施，维护濒危物种生存环境，确保农业生产活动不会对其产生不利影响，具体如下。

- 优化养殖管理：改进湖羊养殖管理，减少对环境的负面影响。例如，采用更环保的饲料，减少化学肥料的使用，增加自然饲料的比例。

- 建立应急响应机制：制订详细的应急预案，确保在发现病死湖羊时立即采取严格的消毒措施，并妥善处理尸体，严禁随意丢弃、出售或作为饲料再利用，以防止疫情扩散。

- 推广绿色农业技术：在农作物配套种植区推广使用有机肥料和生物防治技术，减少化学农药的使用，保护土壤和水质。

- 生物多样性监测：定期监测项目周边生物多样性状况，特别是对极度濒危、濒危和易危物种的监测，确保生产活动不会对它们的生存环境造成破坏。

- 加强环境教育和宣传：通过教育和宣传活动提高项目相关人员和周边社区居民对生物多样性保护的意识。

六、银行业金融机构投融资项目生物多样性风险管理流程

在全面整合生物多样性风险管理至信贷业务的全周期中，首要任务是将生物多样性风险防控机制嵌入贷款的前期审查、中期执行及后期监控各个阶段。基于此，环境风险管理体系需进一步将生物多样性影响评估流程纳入其中，利用前述构建的评估框架，实现多维度风险把控。贷前阶段需对申请融资的经济活动所属行业进行生物多样性敏感分析，同时结合项目地理位置，深入排查周边生态系统的脆弱性，识别潜在风险；贷中阶段需确保项目设计与实施策略能够与自然环境相协调，并依据生态影响评估结果，定制风险缓解措施，减轻项目对生物多样性的不利影响；贷后阶段要实施动态监测机制，跟踪项目运行后对环境驱动因素的实际影响，确保及时调整管理措施以应对未预见的生态变化，维持风险管理的有效性和适应性。下面将阐述在信贷业务上述三个阶段中，如何实施差异化且具有针对性的生物多样性风险管理措施。

在贷前审查阶段，风险管理步骤着重于识别并评估潜在的生物多样性影响（见图2）。可参考的具体步骤如下。

- 识别高风险行业：聚焦可能对生态系统服务造成显著干扰、易于触发转型风险的行业，以及高度依赖生态系统服务而易遭受物理风险的行业。通过应用ENCORE工具对中国工商银行湖州分行现有业务所覆盖行业进行评估与筛选，本报告识别出了十大高风险行业，可成为贷前审查的重点行业。

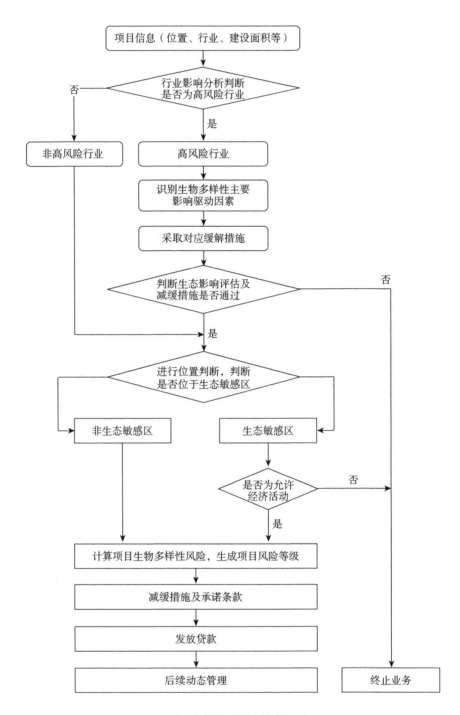

图2　贷前项目风险筛查流程

- 基于项目所处位置评估项目可行性与生态兼容性：结合湖州生物多样性重点区域图，对项目的可行性进行严格评估，确保项目选址不与生态保护目标相冲突。在授信审查环节，需深入分析项目所在区域的生物多样性潜在风险，核查其是否落入国家生态保护优先区或生态保护红线区，并评估项目所在地区的生态脆弱性。利用已开发的湖州市生物多样性保护综合地图，可以便捷、直观地定位项目位置，判断其是否落入生态敏感区。该阶段的评估应遵循以下准则：（1）项目应避免涉足国家公园、自然保护区、世界自然遗产地、关键生态栖息地及生态红线区等敏感区域；（2）若项目与上述区域有所重叠，则需进一步审核项目活动是否符合生物多样性保护区内允许的经济活动范畴。若项目性质符合已批准的活动目录，则考虑予以支持。

在贷中阶段，可参考的具体步骤如下。

- 加强风险管理与持续评估：基于项目特性，进一步加强风险管理，利用贷前得出的行业及地理位置分析结果和生物多样性影响评估基本信息（包括保护区分布、特定物种信息、预计影响强度等），持续评估项目在实施过程中可能涉及的生物多样性压力因素变化情况。通过结合前文生物多样性影响评估方法学，量化风险变化趋势，为风险管理提供科学依据。

- 实施监督机制与动态监测：对于存在生物多样性风险隐患的项目，需建立监督机制，运用遥感卫星技术等手段，持续监测并评估项目对生物多样性影响驱动因素的影响，确保数据的动态更新。例如，对于水利水电工程，需确保生态流量释放、分层取水、鱼类通行等生态保护措施的实施效果能够通过相关信息化平台得到即时监测和反馈。

- 引入第三方评估与优化措施：定期邀请独立第三方机构或专家介入，基于监测数据的变化趋势，对项目实施期间生物多样性状态进行客观分析，并对生态保护措施的有效性进行独立复审，确保缓解措施的科学性与实效性得到持续优化。

在贷后阶段，可参考的具体步骤如下。

- 执行与监控缓解措施：对于在贷前被识别为具有潜在风险的项目，需要确保项目实施方切实执行既定的缓解措施与承诺条款，持续监控生物多样性相关风险管理措施的实施效果。监控工作应依据项目规模、环境敏感性、影响驱动因素的动态变化，以及所在区域的生态敏感程度，进行长期跟踪或常规生态监测，跟踪生物多样性或生态系统变化趋势，同时提出科学合理的技术支持方案。如（1）新建码头、高等级航道或其他涉及生态敏感区占用的项目，需实施长期监测计划；（2）铁路、公路、城市轨道交通、机场建设项目则需特别关注穿越的环境敏感区域的生态保护措施及实施效果，严格防治噪声污染；（3）水利水电工程需重视生态流量释放、鱼类通过设施、增殖放流、分层取水、栖息地保护及生态修复等措施的执行情况；（4）采矿项目（如煤炭、黑色金属、有色金属及化学矿的采选）需密切关注土壤与地下水的保护措施；（5）煤炭及油气开采项目还需额外考量禁采限采、废弃物处理与再利用、生态修复、甲烷减排及利用、清洁运输等方面政策。

- 评估影响与信息披露：依据监测所得数据，及时评估项目对生态环境的实际影响，并据此调整风险等级和采取相应的管理措施，同时定期披露相关信息，确保风险管理的透明度与有效性。

基于现有生物多样性风险管理流程，课题组未来将进一步完善评估方法和数据图层的搭建工作。在评估方法方面，将进一步提升方法的精度和准确性，针对行业进一步细化其主要驱动因素，探索将自然资源开发和污染等生物多样性驱动因素纳入影响评估计算公式；在数据图层方面，将强化和地方监管部门的合作，增加生物多样性监测调查本底数据，进一步提升图层颗粒度和实用性。此外，课题组还将加强风险管理工作与自然相关信息披露框架建议的衔接，以期推动金融机构在生物多样性相关数据的公开和共享上取得更多进展，实现数据的透明化。

附　录

国土空间规划对可开展经济活动的管理要求

分类	区域	管理要求	政策来源
国家公园	核心保护区	主要承担保护功能，最大程度限制人为活动，但下列情形除外： （一）管护巡护、保护执法、调查监测、防灾减灾、应急救援等活动及相关的必要设施修筑； （二）原住居民和其他合法权益主体，在不扩大现有规模和利用强度的前提下，开展必要的种植、放牧、采集、捕捞、养殖、取水等生产生活活动，修缮生产生活设施； （三）因有害生物防治、外来物种入侵、维持主要保护对象生存环境等特殊情况，开展重要生态修复工程、病害动植物清理、增殖放流等人工干预活动； （四）非破坏性的科学研究、标本采集、考古调查发掘和文物保护活动； （五）国家公园设立之前已有的民生基础设施和其他线性基础设施的运行维护； （六）以生态环境无害化方式穿越地下或者空中的线性基础设施的修筑，必要的航道基础设施建设、河势控制、河道整治等活动； （七）国境边界通视道清理以及界务工程的修建、维护和拆除，边境巡逻管控； （八）因国家重大战略需要开展的活动； （九）法律法规允许的其他情形。	《国家公园法（草案）（征求意见稿）》
	一般控制区	承担保护功能的基础上，兼顾科研、教育、游憩体验等公众服务功能，禁止开发性、生产性建设活动，但下列情形除外： （一）核心保护区允许开展的活动； （二）古生物化石调查发掘活动； （三）适度规模的科普宣教和游憩体验活动以及符合国家公园总体规划的公益性和公共基础设施建设； （四）无法避让且符合国土空间规划的线性基础设施； （五）公益性地质勘查，以及因国家重大能源资源安全需要开展的战略性能源资源勘查； （六）集体或者个人所有的人工商品林符合管控要求的抚育、树种更替等森林经营活动； （七）法律法规允许的其他情形。	
	其他重要说明	国家公园所在地人民政府应当对国家公园范围内不符合管控要求的探矿采矿、水电开发、人工商品林等进行清理整治，通过分类处置方式有序退出。	

续表

分类	区域	管理要求	政策来源
自然保护区	核心保护区	与国家公园有关规定基本一致	《自然保护区条例（修订草案）（征求意见稿）》
	一般控制区	与国家公园有关规定基本一致	
	其他重要说明	禁止以下活动： （一）禁止在自然保护区内进行狩猎、开垦、开矿、采石、挖沙、围填海、开发区建设、房地产开发、高尔夫球场建设、风电和光伏开发等活动；但是，法律、行政法规另有规定的除外。 （二）禁止携带和引进外来物种进入自然保护区，不得在自然保护区内培植、饲养、繁殖各类外来物种。 （三）在自然保护区内不得建设污染环境、破坏资源或者景观的生产设施，鼓励采取更加严格的排放标准，切实减轻对周边生态环境和主要保护对象的不利影响。	
自然公园	生态保育区	根据保护管理需要，可以在生态保育区内划定不对公众开放或者季节性开放区域。	《国家级自然公园管理办法（试行）》
	合理利用区	（一）不得规划房地产、高尔夫球场、开发区等开发项目以及与保护管理目标不一致的旅游项目。 （二）严格控制索道、滑雪场、游乐场以及人造景观等对生态和景观影响较大的建设项目，确需规划的，应当附专题论证报告。	
	重要说明	国家级自然公园范围内除国家重大项目外，仅允许对生态功能不造成破坏的有限人为活动： （一）自然公园内居民和其他合法权益主体依法依规开展的生产生活及设施建设。 （二）符合自然公园保护管理要求的文化、体育活动和必要的配套设施建设。 （三）符合生态保护红线管控要求的其他活动和设施建设。 （四）法律法规和国家政策允许在自然公园内开展的其他活动。	
	其他说明	（一）国家级自然公园内的危险地段和不对公众开放的区域、线路，应当设置防护设施和警示标识，严禁任何单位、个人进入相关的区域、线路开展旅游活动。禁止刻画、涂污、乱扔垃圾等不文明旅游行为，禁止在非指定区域野外用火、吸烟。 （二）鼓励国家级自然公园通过网上预约、限时分流等方式，科学、有效疏导游客。严禁超过国家级自然公园规划确定的游客容量接待游客。	

分类	区域	管理要求	政策来源
生态保护红线	—	原则上禁止开发性、生产性建设活动，仅允许以下对生态功能不造成破坏的有限人为活动。 （一）管护巡护、保护执法、科学研究、调查监测、测绘导航、防灾减灾救灾等必要设施修筑； （二）原住民在不扩大现有建设用地、用海用岛、耕地、水产养殖规模和放牧强度（符合草畜平衡管理规定）的前提下，开展种植、放牧、捕捞、养殖（不包括投礁型海洋牧场、围海养殖）等活动； （三）经依法批准的考古调查发掘、古生物化石调查发掘等活动； （四）按规定对人工商品林进行抚育采伐，或以提升森林质量、优化栖息地、建设生物防火隔离带等为目的的树种更新，依法开展的竹林采伐经营； （五）不破坏生态功能的适度参观旅游、科普宣教及符合相关规划的配套性服务设施和相关的必要公共设施建设及维护； （六）必须且无法避让、符合县级以上国土空间规划的线性基础设施、通信和防洪、供水设施建设和船舶航行、航道疏浚清淤等活动；已有的合法水利、交通运输等设施运行维护改造； （七）地质调查与矿产资源勘查开采必须落实减缓生态环境影响措施，严格执行绿色勘查、开采及矿山环境生态修复相关要求； （八）依据县级以上国土空间规划和生态保护修复专项规划开展的生态修复； （九）根据我国相关法律法规和与邻国签署的国界管理制度协定（条约）开展的边界边境通视道清理以及界务工程的修建、维护和拆除工作。	《关于加强生态保护红线管理的通知（试行）》
生态保护空间	优先保护区	按照限制开发区域进行管理，包括： （一）禁止新建、扩建环境风险较高、污染物排放量较大的项目，如生物质生产、水泥制造、纺织、煤化工以及石油化工产业项目；涉及一类重金属、持久性有机污染物排放的现有环境风险较高的项目，如有色金属冶炼、轮胎加工制造、炼钢等项目，原则上应结合地方政府整治要求搬迁关闭，鼓励其他现有高环境风险项目搬迁关闭。 （二）禁止新建涉及一类重金属、持久性有机污染物排放的存在一定环境风险与污染物排放项目，如农副食品加工、家具制造、医疗制造、金属加工、废旧资源加工以及汽车制造等项目。 （三）禁止在工业功能区（包括小微园区、工业集聚点等）外新建其他存在一定环境风险与污染物排放的通信设备、通用设备、电子元件制造等工业项目。	《湖州市"三线一单"生态环境分区管控方案》

续表

分类	区域	管理要求	政策来源
生态保护空间	优先保护区	（四）禁止未经法定许可在河流两岸、干线公路两侧规划控制范围内进行采石、取土、采砂等活动。 （五）严格限制水利水电开发项目，禁止新建除以防洪蓄水为主要功能的水库、生态型水电站外的小水电。 （六）饮水水源保护一级保护区内禁止建设养殖场，饮用水水源二级保护区禁止建设有污染物排放的养殖场。 （七）任何开发建设活动不得破坏珍稀野生动植物的重要栖息地，不得阻隔野生动物的迁徙通道。 （八）严禁水功能在Ⅱ类以上河流设置排污口，管控单元内工业污染物排放总量不得增加。 按照限制开发区域进行管理，主要允许以下活动： 开展、调整或更新基本无污染和环境风险的农副产品加工（手工或单独分装）、金属加工（仅切割组装）、通用专用设备制造（仅组装）、汽车船舶制造（仅组装）以及电子元件制造（不含有机溶剂）等工业项目。	《湖州市"三线一单"生态环境分区管控方案》

致谢：

在本课题研究和报告编写过程中，我们要特别感谢以下专家（排名不分先后）对本课题的指导与支持：国家金融监督管理总局原一级巡视员叶燕斐，生态环境部卫星环境应用中心生物多样性遥感监测评估中心主任万华伟，中国人民银行湖州市分行调查统计科科长何九仲，华夏银行湖州市分行绿色金融部副总经理陈姝怡，中国工商银行湖州分行副行长俞婴红。同时，还要感谢中科星睿科技（北京）有限公司技术团队在数据图层搭建工作方面提供的大力支持。他们为本课题的顺利开展作出了很大贡献，在此我们表示衷心的感谢。

企业生物多样性相关风险评估与管理研究

——构建乳业企业与生物多样性相关风险量化与财务影响的评估体系

编写单位：北京绿色金融与可持续发展研究院

绿维易新（上海）生态科技有限公司

课题组成员：

白韫雯　北京绿色金融与可持续发展研究院副院长

殷昕媛　北京绿色金融与可持续发展研究院自然资本投融资中心研究员

任芳蕾　北京绿色金融与可持续发展研究院自然资本投融资中心研究员

杜　金　新生态工作室ESG业务合伙人

王　原　新生态工作室创始合伙人

杨宜男　新生态工作室咨询顾问

李昕童　新生态工作室咨询顾问

陈骁强　新生态工作室咨询顾问

编写单位：

北京绿色金融与可持续发展研究院（以下简称北京绿金院）：

北京绿金院是一家注册于北京的非营利研究机构。北京绿金院聚焦ESG投融资、低碳与能源转型、自然资本、绿色科技与建筑投融资等领域，致力于为中国与全球绿色金融与可持续发展提供政策、市场与产品的研究，并推动绿色金融的国际合作。北京绿金院旨在发展成为具有国际影响力的智库，为改善全球环境与应对气候变化作出实质贡献。

绿维易新（上海）生态科技有限公司（以下简称新生态工作室）：

新生态工作室是由国内外知名专家领衔的ESG和自然及生物多样性领域相关的专业咨询技术服务团队。目前主要业务方向为ESG生物多样性领域的风险评估和风险管理服务，基于TNFD框架通过数据分析等方法工具模型结合财务数据评估自然对企业的财务影响等。同时提供生物多样性资源调查评估、国家公园自然解说和数据服务、生态研学和自然教育培训等服务。

摘要

目前，全球面临着自然环境变化和生物多样性丧失的巨大风险，由生物多样性维系的生态系统服务也遭受严重影响，农业作为关乎国计民生的支柱行业之一，严重依赖于生态系统服务。中国的乳业行业是农业的重要组成部分，也是保障国家粮食安全、繁荣农村经济的重要产业。生物多样性丧失会导致乳业发展高度依赖的由土壤、水等自然资本所支撑的生态系统服务功能的退化，因此课题组专门选取乳业作为典型行业进行研究。

同时，乳业企业的业务活动也会对生物多样性产生显著的负面影响，例如，牲畜放牧等活动会造成土地利用变化。作为生物多样性丧失的五大主要直接驱动因素之一，土地利用变化不仅会导致土壤等自然资本枯竭和生态系统服务功能退化，使乳业企业自身面临生物多样性风险，而且会波及金融系统，影响其稳定性。因此，助力乳业企业开展与生物多样性相关的风险评估和管理以实现绿色转型刻不容缓。

基于此，国内外部分乳业企业在生物多样性风险评估、管理以及信息披露领域已进行了初步探索，因此，在研究过程中，本文参考了国内外相关的政策、标准以及国际通用的风险评估和管理方法，同时借鉴了国内外一些领先乳业企业的实践案例，结合中国乳业企业目前发展的实际情况以及转型趋势，基于压力—状态—响应（Pressure-State-Response，PSR）等模型构建了生物多样性风险量化评估和财务影响评估框架。同时，本文基于自然相关财务信息披露工作组（Taskforce on Nature-related Financial Disclosures，TNFD）的LEAP方法论构建了风险评估流程，并针对乳业企业对生物多样性的影响和依赖风险，构建了风险量化评估指标体系。

基于上述体系的搭建，希望本文的工作能帮助中国的乳业企业量化评估生物多样性相关风险和财务影响，进而开展相应的减缓措施。这不仅有助于乳业企业识别并把握转型过程中可能带来的风险和机遇，而且为金融机构更精准地引导资本流向生物多样性向好领域奠定基础，从而显著提升环境价值和社会经济价值。

一、研究背景

（一）全球生物多样性危机和挑战

"生物多样性"是生物（动物、植物、微生物）与环境形成的生态复合体以及与此相关的各种生态过程的总和，包括生态系统、物种和基因三个层次[①]。生物多样性关系人类福祉，是人类赖以生存和发展的重要基础。生物多样性丧失[②]将导致生态系统服务功能的退化，影响全人类的惠益。

目前全球物种灭绝速度比过去1000万年的平均值高出数千倍，根据世界自然基金会发布的《地球生命力报告2020》，从1970年到2016年监测到的哺乳类、鸟类、两栖类、爬行类和鱼类种群规模平均下降了68%。

中国是世界上生物多样性最丰富的国家之一，但同时也是生物多样性受到威胁最严重的国家之一。2020年，我国高等植物中受威胁种高达1万多种，占评估物种总数的29.3%，真菌中受威胁种高达6500多种，占评估物种总数的70.3%。在《濒危野生动植物种国际贸易公约》（CITES）列出的640个世界性濒危物种中，我国有156种，约占其总数的25%。

面对生物多样性丧失的挑战，加强生物多样性保护显得尤为迫切。国际社会已经采取了一系列措施，如《生物多样性公约》（*Convention on Biological Diversity*，CBD）和《昆明—蒙特利尔全球生物多样性框架》（以下简称《昆蒙框架》），旨在遏制生物多样性的丧失。但这些措施的效果仍不容乐观，全球范围内每年与生物多样性相关的投资需求达1万亿美元，已

---

① 中华人民共和国国务院. 中国的生物多样性保护 [EB/OL]. （2021–10–08）[2024–07–22]. https：// www.gov.cn/zhengce/2021–10/08/content_5641289.htm.
② 生物多样性丧失指的是地球上不同种类的动植物以及它们遗传变异的丰富性受到威胁，物种数量和种类正在以前所未有的速度减少，其包括栖息地破碎化、物种灭绝等。

经满足的投资需求可能仅有百分之十几，缺口高达80%~90%。因此，为保护生物多样性，亟待推出力度更大、范围更广的保护措施。

本文采用与《昆蒙框架》行动目标相符的陈述，在《昆蒙框架》行动目标中对自然的定义包括了生物多样性、生态系统、地球母亲和生命体系观念。因此，本文中提到的生物多样性和《昆蒙框架》中自然的定义范畴一致[①]。

（二）生物多样性对于乳业企业的重要性

乳业作为全球食品供应链的重要组成部分，对经济、社会的稳定和发展起到至关重要的作用。据联合国粮食及农业组织（Food and Agriculture Organization of the United Nations，FAO）报告，在全球范围内，发达国家乳业占农业产出的比例约为40%，发展中国家比例约为20%。

乳业通常指的是生产生鲜牛（羊）乳及其制品，并将这些产品作为主要原料，经加工制成的各种产品的行业。广义的乳业业务活动还包括了粗饲料种植、加工等业务环节。乳业企业是其主要业务归属于乳业业务范围内的企业，乳业企业的业务可能包括乳业全业务环节的某几个环节，也可能覆盖了全部的业务环节。

乳业的业务活动与生物多样性之间存在着复杂的关系，可以分为两个方面：一方面，乳业的大部分业务环节在高度依赖生物多样性的同时，还会对其产生显著影响。乳业会对土壤、水源和空气都造成污染，畜粪中大量的氮、磷化合物会改变土壤理化性质[②]，造成水体富营养化等。牲畜放牧、粗饲料种植等会造成土地利用变化，使自然生境缩减，农区生态系统更趋单一化，同时会造成栖息地破碎化，这些均是导致生物群系多样性下降的主要原因。另一方面，生物多样性与自然资本和生态系统服务息息相关，生物多样

---

① 联合国环境规划署.《生物多样性公约缔约方大会第十五届会议第二阶段会议的报告》[EB/OL].（2023-10-20）[2024-07-22]. https://www.cbd.int/doc/c/75d7/a389/8d44c718e1e103bb86d57690/cop-15-17-zh.pdf.

② 土壤理化性质是指土壤的物理（如土壤容重等性质）和化学性质（如各种元素的含量等性质）。

性丧失会影响乳业发展必需的自然资本和生态系统服务。生态系统多样性可以为牲畜提供适宜的栖息地，基因多样性可以保护牲畜的遗传适应性、降低遗传缺陷的风险以及促进品种改良。如果生物多样性持续丧失，乳业的可持续发展将受到威胁。因此，保护生物多样性、推动乳业企业转型，对我国乳业实现可持续发展至关重要。

当前，全球乳业正面临着生物多样性丧失、生态系统退化等多重挑战。从牧场管理到产品加工，从原料采购到销售分销，每一个环节都可能对生物多样性产生直接或间接的影响。例如，乳制品的生产和消费导致了大量森林砍伐。从数据上看，联合国粮食及农业组织于2020年的遥感调查显示，全球近90%的森林砍伐可归因于农业扩张。其中，52%作为耕地用于种植大豆和玉米等动物饲料作物，40%作为放牧的草地。同时，在南美洲，牲畜放牧导致的森林砍伐占比近75%，而在北美洲和中美洲则超过40%。此外，动物性食品（肉类和乳制品）的排放几乎占据了食物相关温室气体排放的60%，占全球总温室气体排放的20%，这远远超过了畜牧业14.5%的单一贡献。气候变化本身也在不断加剧生物多样性丧失，包括那些无法适应更温暖气候的物种的消失。显然，这将使生物多样性保护目标和《巴黎协定》的达成变得遥不可及[①]。

因此，深入理解和有效管理乳业的生物多样性风险，对于实现行业的可持续发展、保护地球生态平衡具有举足轻重的意义。

（三）生物多样性风险管理和信息披露对于乳业企业转型发展的重要性

2019年6月，欧盟委员会在《非财务报告准则——气候相关信息报告补充指引》中，首次正式提出双重重要性概念，从财务重要性和影响重要性的维度，帮助企业确定可持续发展议题优先次序。2024年4月12日上海证券

---

① 澎湃新闻. 肉类和乳制品的消费影响全球生物多样性保护进程意见书 | 周晋峰联署 [EB/OL].（2022-03-31）[2024-07-22]. https://www.thepaper.cn/newsDetail_forward_17394043.

交易所、深圳证券交易所和北京证券交易所正式发布了《可持续发展报告指引（试行）》，要求企业在进行可持续发展信息披露时，同时考虑议题对企业财务的影响（财务重要性）和对经济、社会及环境的影响（影响重要性）。

具体而言，财务重要性指的是议题在短期、中期和长期内对公司商业模式、业务运营、发展战略、财务状况、经营成果、现金流、融资方式及成本等产生重大影响，进而在短、中或长期影响企业价值。影响重要性指的是如果企业在短期、中期或长期内，对经济、社会和环境产生实际或潜在的正面或负面重大影响，并且与可持续发展议题相关，那么该可持续发展议题就是重要的。

乳业企业对可持续发展议题的管理除了会影响企业自身的发展，还会对利益相关者产生影响。一方面，如果企业在关键议题的表现不佳，投资人和债务人等利益相关者可能会蒙受损失。另一方面，在关键议题表现更好的企业，能够从外界获得更多资源，支持自身发展。因此，无论是对利益相关者负责还是从自身利益考虑，企业都应该根据双重重要性原则，向外界披露其设置的目标、实现目标的进程、对议题的管理措施以及在议题上的表现。同时，乳业企业需要向外界披露相关风险管理信息。

乳业企业面临的生物多样性风险一般情况可以分为两类：生物多样性丧失带来的物理风险；生物多样性保护政策、市场消费者偏好变化和技术发展等带来的转型风险。具体而言，物理风险是指生物多样性丧失会使乳业企业依赖的自然资本和生态系统服务功能退化，给乳业企业的生产经营带来直接的负面影响。譬如生物多样性丧失可能会使授粉服务退化，降低大豆产量，进而减少乳业企业的乳制品产量，给企业经营带来压力，甚至破产。转型风险是指生物多样性保护政策和监管政策等方面的调整，市场环境和消费者偏好的变化，生产工艺技术条件的变化等都可能会使乳业企业的生产经营活动受到影响。

物理风险和转型风险都可能会使乳业企业面临经营压力甚至破产，金融机构为乳业企业提供信贷所产生的信贷风险就会相应增加，甚至会导致金融体系面临系统性风险。为了避免生物多样性风险从乳业企业传导到金融体系，避免金融体系出现系统性风险，金融机构有必要推进乳业企业风险相关的信息披露工作，并做好风险管理工作。

对金融机构而言，乳业转型为了实现可持续发展目标需要大量资金投入的同时，也蕴含着巨大的潜在机遇。金融机构连接着货币资金的供给和需求，通过对货币资金的有效配置，提高货币资金利用效率，并促进实体经济的发展。这意味着金融机构在支持乳业转型发展中，除了可以避免生物多样性丧失带来的风险，还可以满足乳业企业转型的资金需求，为资金提供方带来资本增值等机会。这些机会同样离不开乳业企业及时、准确地披露与生物多样性相关的信息。

在国外乳业企业中，日本明治集团（Meiji）在披露可持续发展报告时参考了国际财务报告准则基金会（IFRS Foundation）维护的综合报告框架（Integrated Reporting Framework）[①]。同时，明治集团支持TNFD愿景，并加入了TNFD论坛。明治集团对其拥有的土地进行生物多样性风险评估，并在全球范围内所有生产产品的地点开展生物多样性保护活动，改善生物多样性。

新西兰恒天然集团（Fonterra）遵循全球报告倡议组织（GRI）标准披露其可持续发展报告。恒天然集团很早便开始对农场生物多样性进行评估，这使其可以使用来自新西兰国内的资源，支持农民和农村顾问识别、加强和恢复农场生物多样性。

瑞士雀巢集团（Nestle）同样遵循GRI标准披露其可持续发展报告。在雀巢集团的报告中，生境破坏和恶化被认为是生物多样性丧失的主要原因。为此，雀巢集团通过鼓励农户进行生境建设、减少使用化肥、轮作、间作等方式，保护生物多样性。

在国内乳业企业中，蒙牛集团在2024年4月发布了国内乳业首份基于

---

① 综合报告框架由国际会计准则理事会（IASB）和国际可持续性标准委员会（ISSB）共同负责，旨在将财务报表与可持续性相关的财务披露相连接。

TNFD的自然相关信息披露报告[①]。伊利集团则在2016年底签署了联合国生物多样性公约《企业与生物多样性承诺书》，成为第一家签署该承诺书的中国企业。在信息披露方面，伊利集团最初于2015年发布了《伊利集团生物多样性简报》[②]，2017年发布了更为规范的《伊利集团2017年度生物多样性保护报告》[③]。在实践方面，伊利基于自身产业链的独特属性，把《生物多样性公约》要求延伸到全产业链上下游的所有合作伙伴，实现全产业链的资源节约和环境友好。

（四）金融机构支持乳业企业绿色转型的重要意义

要使金融机构在支持乳业转型中发挥重要作用，除了政策引导，还要发挥市场在配置资源中的决定性作用。市场实现资源有效配置需要形成相对价格体系，通过利润机制，在竞争中不断淘汰低利润的资源配置方式，从而实现资源配置效率的提升。乳业企业披露与生物多样性相关的信息，能够降低交易成本，推动相关市场建立。

具体而言，对生物多样性风险进行量化评估，披露与生物多样性相关的信息，可以在金融机构向乳业企业投资前和投资后发挥作用。比如，在投资前，金融机构可以评估给乳业企业提供贷款面临的金融风险，从而设定合适的利率和契约等。乳业企业也可以确定要采取的措施和需要的资金，从而更好地获得金融机构的支持。在投资后，金融机构和乳业企业可以进行情景分析和压力测试，评估未来生物多样性丧失和政策转变等带来的金融风险，从而提前采取风险应对措施。

---

① 中国蒙牛乳业有限公司 . 2023 年自然相关信息披露报告 [EB/OL]. （2024-04-22） [2024-07-22]. https: //img.mengniu.com.cn/Uploads/Mnnew/File/2024/04/22/u6625d95d13efa.pdf.

② 内蒙古伊利实业集团股份有限公司 . 生物多样性简报第 01 期 .[EB/OL]. （2024-01-10）[2024-07-22]. https: //www.yili.com/uploads/2024-01-10/0eb641cd-5ced-493e-be6c-5ef6198975851704888727274.pdf.

③ 内蒙古伊利实业集团股份有限公司 . 2017 年度生物多样性保护报告 [EB/OL]. （2024-02-23）[2024-07-22]. https: //www.yili.com/uploads/2024-02-23/f71adc3c-d7e0-462c-bf46-70c3eaa874371708686198033.pdf.

二、乳业企业对生物多样性影响风险和财务影响评估框架

（一）评估框架的基本原则

中国乳业企业生物多样性风险评估框架应遵循以下三项基本原则。

1. 对标国际

在全球化背景下，乳业产业链的构建需要依赖于国际化合作。因此，中国乳业企业生物多样性风险评估方案应与国际接轨，对标国际标准，使中国乳业企业生物多样性风险评估方案适应全球化要求并得到国际认可。可参考国际公认的典型企业生物多样性风险评估方案，比如，联合国粮食及农业组织（Food and Agriculture Organization of United Nations, FAO）推荐使用LCA作为环境评估的主要方法，在本地层面（LCA的每个环节），FAO LEAP（Livestock Environmental Assessment and Performance）推荐使用PSR指标框架进行生物多样性的定量评估。

2. 区域特色

中国的地理条件、社会经济、行业发展状况等均具有自身的独特性，因此中国乳业企业生物多样性风险评估方案需要紧密结合中国自身国情和社会经济状况，满足中国乳业企业生物多样性风险评估的实际情况。

3. 行业指引

中国乳业企业生物多样性风险评估方案是为乳业及金融业等相关行业服务，因此，需要紧密结合乳业和金融业等行业的特点和需求，构建乳业企业生物多样性风险评估方案，有效帮助中国乳业企业和金融机构评估乳业生物多样性风险。

（二）乳业企业对生物多样性影响风险评估框架的理论基础

1. LCA全生命周期理论

生命周期评价（Life Cycle Assessment，LCA）是用于评价一件产品或一项服务从原材料获取、生产、使用到最后报废全生命周期资源消耗和环境影响的工具，由四个部分组成：目标和范围定义、生命周期清单分析、生命周期影响评价和生命周期解释。

LCA提供了一种全过程的视角，在确定了乳业企业业务的起点和终点后，对整个业务过程中的所有环节进行识别。在此基础上，分析每个环节对自然资本和生态系统服务的影响和依赖，从而对乳业涉及的全部业务环节——如牧草育种、牧草种植、牲畜育种、牲畜养殖等——面临的生物多样性风险进行评估。

2. 压力—状态—响应（PSR）模型

压力—状态—响应（Pressure-State-Response，PSR）是一种基于因果关系的指标体系，可以很好地反映状态变化，促使状态变化的压力，以及为应对状态变化采取的相应措施。

具体而言，乳业对自然资本和生态系统服务的大量利用，产生的影响会对生物多样性产生压力，譬如过度放牧会使土地退化、栖息地破碎。生物多样性的状态在乳业带来的压力下发生变化，譬如栖息地破碎化会阻碍物种内的基因交流，使生物多样性丧失。为了应对生物多样性状态的变化而采取措施，譬如土地集约化利用等，促进乳业转型。因此，PSR由于能很好地反映这一紧密联系的过程而被广泛运用于综合评估乳业企业面临的生物多样性风险。

3. 自然资本与生态系统服务理论

在经济学中，资本简单地描述为能产生价值的东西，自然资本是指生态系统中除人类及其制造的物品之外的生物和非生物组成部分，它们有助于为人类提供有价值的物品和服务[1]。自然资本可以分为大气、水、能源、矿物、土壤和沉积物、陆地地貌、海洋地貌、栖息地、遗产资源等[2]。生态系统服务是指人类直接或间接从生态系统功能中获得的益处[3]。生态系统服务可以分为支持服务、供给服务、调节服务和文化服务[4]。

自然资本支撑着生态系统服务，从而为企业带来直接或间接效益。例如，水资源是提供水供给服务的自然资本，为企业生产、人类生活提供必需的水资源。许多因素导致自然资本枯竭，如资源的不可持续利用、土地利用变化和栖息地破碎化等，自然资本的枯竭将限制生态系统服务的提供，并可能导致企业和整体经济面临风险。

基于自然资本和生态系统服务理论开发的ENCORE（Exploring Natural Capital Opportunities Risks and Exposure）工具，常被用于分析不同的经济活动对自然资本和生态系统服务的影响和依赖。

4. 生态系统服务级联理论

生态系统服务是连接自然生态系统与人类社会系统的纽带和桥梁，能够串联起人类社会系统和自然生态系统并描述其作用关系。自然生态系统为人类提供了生态系统服务，而人类依赖于这些生态系统服务，为了描述生态系统服务从自然生态系统到人类社会系统中的流动过程，Haines-Young提出了生态系统服务级联模型[5]。生态系统服务级联的一端连接着自然生态系统的结构、过程、功能和服务，另一端连接着人类社会系统的利益、价值和福祉。生态系统服务级联很好地解释了自然生态系统到人类社会系统间的流动

---

[1] Guerry A D, Polasky S, Lubchenco J, 等 . Natural capital and ecosystem services informing decisions：From promise to practice [J].Proceedings of the National Academy of Sciences, 2015,112(24)：7348-7355.

[2] Leach K, Grigg A, O'Connor B, 等 . A common framework of natural capital assets for use in public and private sector decision making [J]. Ecosystem Services, 2019,36（1）：100899.

[3] Costanza R, D'Arge R, de Groot R, 等 . The value of the world's ecosystem services and natural capital [J]. Nature, 1997,387（2）：253-260.

[4] Millennium Ecosystem Assessment. Ecosystems and Human Well-being： Synthesis [M]. Island Press：Washington DC, 2005.

[5] Haines-Young R, Potschin M. The links between biodiversity, ecosystem services and human well-being [M]. Cambridge： Cambridge University Press, 2010.

过程和动态反馈过程。

5. 科学基础目标网络（SBTN）

科学基础目标网络（Science Based Targets Network，SBTN）是一个由80多个全球领先的非营利组织和使命驱动的组织组成的独特合作体，它们共同致力于开发和测试科学严谨且可执行的方法论，用于设定基于科学的目标（SBTs）[①]。

基于科学的目标是指基于最佳可用科学的可衡量、可执行和有时间限制的目标，使参与者能够与地球的极限和社会的可持续性目标保持一致。企业通过设定和使用基于科学的目标，可以在创造公平的、对生物多样性有益的、净零排放的未来中发挥重要作用。

（三）乳业企业对财务影响评估框架的理论基础

1. 乳业企业的业务范围

奶牛是乳业企业重要的资产，乳业企业的收入和费用主要是由与奶牛相关的生产经营活动带来的。乳业企业主要依靠销售原料奶取得收入。为取得原料奶，乳业企业需要进行如下活动：购买和投喂饲料、处理奶牛的粪污、监控奶牛健康状况和医疗病牛、奶牛配种、挤奶并迅速冷却、低温存储和运输等，这些活动都会产生费用。

一般而言，乳业企业会将乳牛划分为奶牛、小母牛及小牛三类。小母牛在长到约14个月大时进行配种，经过约九个月的孕期后小牛出生，小母牛开始生产原料奶[②]。此时小母牛就被归类到奶牛中。奶牛从开始产奶就进入了哺乳期，哺乳期通常会持续约340天，之后进入约45~75天（平均60天）的干乳期。将哺乳期和干乳期作为一个平均400天的周期，即可将每头奶牛在该

---

① Science Based Targets Network. Technical Guidance： Step 1： Assess[EB/OL].（2023-05-10）[2024-07-22]. https：//sciencebasedtargetsnetwork.org/wp-content/uploads/2023/05/Technical-Guidance-2023-Step1-Assess-v1.pdf.

② 原料奶，也称为生鲜乳，指的是直接从奶牛乳房挤出且未经任何加工处理的生牛奶。

周期内的产奶量换算成每头奶牛平均年化产奶量为9~12吨。

除了生产和销售原料奶，一些乳业企业会在牧场周边种植牧草，提高粪污利用率，保障奶牛的饲料供应，同时也可以取得销售饲料的收入。种植牧草时，乳业企业需要平整土地、播种、灌溉、除草、施肥等，这些活动同样会产生费用。

2. 对乳业企业现金流和企业价值影响的相关理论

根据双重重要性要求，企业在判断议题重要性和披露相关信息时，需要考虑议题对企业的财务影响，识别受影响的企业现金流，从而确定在短期、中期或长期影响企业价值的议题。对乳业企业而言，其业务活动依赖于生态系统服务。生态系统服务功能退化会使企业面临生物多样性风险，造成乳业企业的资产损失，使乳业企业收入减少、费用增加。譬如水供给下降会使牧草减产；高温会使奶牛热应激，导致奶牛生病，减少产奶量等。根据费雪（Irving Fisher）理论，企业价值由企业未来现金流的现值决定。乳业企业收入减少、费用增加，可能会使企业价值降低，进而导致企业的市盈率（Price to Earnings Ratio，P/E）下降，使投资人蒙受损失。

$$PV = \sum_{t=1}^{n} \frac{FCF_t}{(1+r)^t}$$

其中，PV为未来现金流的现值（Present Value），即乳业企业的价值。t表示乳业企业受生物多样性风险影响的时长。FCF_t表示第t期的自由现金流（Free Cash Flow），r为折现率。

$$P/E = \frac{Price\ of\ share}{EPS}$$

其中，P/E表示乳业企业的市盈率，是企业的相对价值。$Price\ of\ share$表示乳业企业的股票价格，EPS表示乳业企业的每股收益（Earning Per Share）。

（四）整体评估框架

基于以上原则和理论基础，构建乳业企业对生物多样性的影响风险和财务影响评估框架（见图1）。评估框架由压力（企业的业务活动）、状态

（乳业企业对生物多样性的影响风险和依赖风险）、响应（风险应对措施）三个部分组成。

1. 压力（企业的业务活动）

乳业企业的业务活动，如饲料耕种引发的土地清理、喂养牲畜消耗水资源等，作为一种压力会改变生物多样性的状态。

2. 状态（乳业企业对生物多样性的影响风险和依赖风险）

一方面，企业业务活动的影响会通过自然资本传导到由自然资本支撑的生态系统服务中（如造成碳固存能力下降、水供给能力下降等）。另一方面，企业业务活动会直接对生物多样性造成影响。此外，生物多样性与自然资本和生态系统服务是相辅相成、相互作用的，物种生存需要依赖于一定适宜的生境、消费自然资本提供的生态系统服务，自然资本和生态系统服务的变化也会对生物多样性造成影响。因此，基于乳业企业的业务活动对生物多样性的影响关系，构建乳业企业对生物多样性影响风险评估指标体系，衡量乳业企业业务活动对生物多样性的影响风险程度。

乳业企业的业务活动不仅会影响生物多样性，还需要依赖生物多样性。乳业企业所依赖的自然资本和生态系统服务的变化会在乳业企业的业务活动中得到响应，如碳固存能力下降造成的企业碳中和成本上升、水供给能力下降限制牲畜养殖规模等。这种随着生态系统服务变化而产生的企业对生物多样性的依赖要素变化会对企业财务产生影响，如牲畜规模减小造成的收入下降、碳中和成本上升造成的支出成本增加等。如果企业未对这种响应采取一定的治理措施则会对企业财务产生程度较高的负面影响，如果企业采取了有效的响应治理措施则可能降低或消除对企业财务产生的负面影响。因此，基于乳业企业的业务活动对生物多样性的依赖关系，构建乳业企业对生物多样性依赖的风险评估指标体系和对财务影响的情景分析方法，可以衡量生物多样性变化对乳业企业财务造成的风险程度。

3. 响应（风险应对措施）

针对乳业企业对生物多样性的影响风险和依赖风险，乳业企业需要采取针对性的风险应对措施，降低风险程度。附件7中列举的国内外乳业企业在生物多样性方面的现有实践，可为乳业企业风险应对措施提供参考。

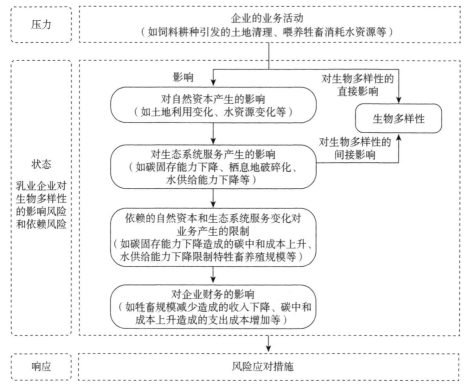

图1 乳业企业对生物多样性的影响风险和财务影响评估框架

（资料来源：课题组）

三、乳业企业对生物多样性影响风险和财务影响评估流程

（一）基于 TNFD 的整体评估流程介绍

1. TNFD的LEAP评估流程框架介绍

自然相关财务信息披露工作组（Taskforce on Nature-related Financial Disclosures，TNFD）是一个由政府、金融机构、企业和非政府组织等多方参

与的全球倡议，旨在建立一个统一的框架，帮助组织机构识别、评估和披露与自然相关的风险和机遇，从而引导资本流向自然向好的项目和活动。TNFD于2021年6月正式启动，并在2023年9月发布首个TNFD披露框架建议。TNFD框架有望成为未来金融和商业决策中不可或缺的工具，为实现碳中和、生物多样性保护和自然资本增值等目标提供强有力的支持。

TNFD为生物多样性风险评估提供了一个LEAP方法论，包括四个阶段：定位（Locate）、评估（Evaluate）、评价（Assess）和报告（Prepare）。

（1）定位。乳业企业应根据自身的商业模式和价值链，识别哪些业务依赖和影响自然以及和自然的接口。其中TNFD推荐企业使用ENCORE（Exploring Natural Capital Opportunities Risks and Exposure）识别和评估其业务活动与自然的接口。

（2）评估。乳业企业应识别业务对自然的依赖和影响，评估依赖和影响的范围、程度等。

（3）评价。乳业企业应着重评估企业面临的风险和机遇，调整已经采取的风险和机遇管理流程。乳业企业还应对风险和机遇的优先级进行排序，并依据TNFD的建议进行披露。

（4）报告。乳业企业应针对风险分析的结果，决定采取何种风险管理的战略，如何分配资源。最终，乳业企业需披露与自然相关的信息。

2. 基于LEAP的中国乳业企业对生物多样性影响和依赖风险评估流程

本文基于TNFD的LEAP方法论构建了中国乳业企业对生物多样性影响风险和依赖风险评估流程（见图2）。

（1）第一步：定位（Locate）。基于LCA方法论和相关标准，定位乳业全生命周期上的各个环节、所处地理位置，以及分析自然资本和生态系统服务及企业业务的影响和依赖关系。

（2）第二步：评估（Evaluate）。基于乳业业务活动特征，量化评估其对自然资本和生态系统服务的影响和依赖关系、范围和影响程度。

（3）第三步：评价（Assess）。基于对自然资本和生态系统服务的影响程度，评定乳业企业对生物多样性影响的风险等级。基于对自然资本和生态系统服务的依赖程度，评定生物多样性变化对乳业企业的财务影响以及应对措施。

（4）第四步：报告（Prepare）。制定生物多样性影响风险评估报告和财务风险评估报告。

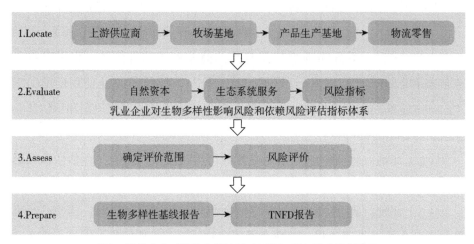

图2　乳业企业对生物多样性影响风险和财务影响评估流程

（资料来源：课题组）

（二）乳业企业的具体评估流程

1.评估流程第一步：定位（Locate）

评估流程的第一步是基于LCA梳理乳业企业的全生命周期过程中的各个业务环节及所处的地理位置，并基于ENCORE工具识别各个业务环节与自然的接口（包括影响和依赖关系）。

（1）乳业企业业务对生物多样性的影响关系

ENCORE工具将业务活动对生态系统服务的影响和依赖程度分为5个等级，从低到高分别是VL、L、M、H、VH。

根据ENCORE工具评估结果，乳业企业业务活动对生态系统服务的影响行为包括用水、陆地生态系统利用、温室气体排放、水污染和土壤污染（见图3）。

业务环节	影响因素					
	用水	陆地生态系统利用	温室气体排放	淡水生态系统的利用	水污染	土壤污染
粗饲料种植环节	VH	VH		VH	H	H
饲料加工环节	VH	VH		VH		
奶牛养殖环节	VH	VH	H		M	M
原料奶生产环节	VH	VH	H		M	M

图3　乳业企业业务活动对生态系统服务的影响

（资料来源：ENCORE）

乳业企业在用水、陆地生态系统利用和淡水生态系统利用等方面会对生态系统服务产生重要影响。特别需要指出的是，在参考ENCORE工具评估结果进行生物多样性风险评估时，需要考虑不同国家和地区的乳业企业在养殖方式上存在差异，譬如集约化养殖和分散化养殖等养殖方式对生物多样性的影响是不同的。

（2）乳业企业业务对生物多样性的依赖关系

根据ENCORE工具评估结果，乳业企业业务活动对生态系统服务的依赖包括纤维和其他物质、地下水、地表水等20种，如图4所示。

业务环节	生态系统服务				
	动物源性能源	纤维和其他物质	遗传物质	地下水	地表水
粗饲料种植	VL	M	M	VH	H
饲料加工环节	VL	M	M	VH	H
奶牛养殖环节		VH	VL	VH	VH
原料奶生产环节		VH	VL	VH	VH

业务环节	生态系统服务				
	授粉	土壤质量	通风	水保持	水质
粗饲料种植	H	H	L	H	H
饲料加工环节	H	H	L	H	H
奶牛养殖环节	VL	H	VL	M	M
原料奶生产环节	VL	H	VL	M	M

业务环节	生态系统服务			
	生物修复	大气和生态系统的净化作用	过滤作用	感官影响的调节
粗饲料种植	M	M	M	
饲料加工环节	M	M	M	
奶牛养殖环节	M	L	M	L
原料奶生产环节	M	L	M	L

业务环节	生态系统服务					
	质量流的缓冲与衰减	气候调节	疾病防治	洪水与风暴潮防护	土壤与侵蚀防护	害虫防治
粗饲料种植	H	H	H	VH	VH	H
饲料加工环节	H	H	H	VH	VH	H
奶牛养殖环节	L	M	M	M	L	L
原料奶生产环节	L	M	M	M	L	L

图4　乳业企业各业务环节对生态系统服务的依赖

（资料来源：ENCORE）

根据ENCORE工具评估结果，乳业企业的粗饲料种植环节和饲料加工环节对地下水、洪水和风暴潮防护、土壤保持与侵蚀防护的依赖程度最高。奶牛养殖环节和原料奶生产环节对纤维和其他物质、地下水、地表水的依赖程度最高。另外，在参考ENCORE结果进行生物多样性风险评估时，需要考虑不同国家和地区的乳业企业在养殖方式上存在差异，譬如集约化养殖和分散化养殖等不同的养殖方式对生态系统服务的依赖是不同的。

（3）基于LCA的乳业企业业务活动的地理位置定位

基于LCA分析所得，中国乳业企业全生命周期业务环节主要分为粗饲料种植环节、饲料加工环节、牲畜育种环节和原料奶生产等。这些环节的业务活动包括土地清理、用地扩张、施肥、施药、"三废"排放等，需要依赖大气、水、栖息地、土壤、物种等自然资本，同时可能会造成土地利用变化、气候变化、污染、资源开发利用和物种灭绝等影响（见图5）。企业需要收集全生命周期业务中每个环节的地理位置信息和相关面积范围等定位信息。

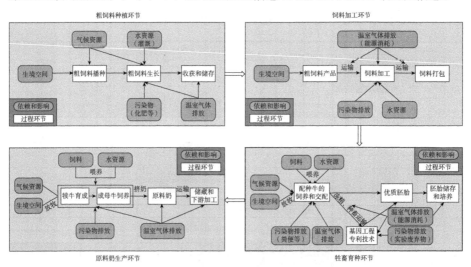

图5 基于LCA的乳业企业业务活动地理位置定位

（资料来源：课题组）

2. 评估流程第二步：评估（Evaluate）

（1）乳业企业的业务活动对生物多样性的影响评估

生物多样性是维持生态系统功能和稳定的基础，对于生态系统稳定性、生态系统恢复力以及生态系统提供各种服务都起着至关重要的作用。因为物种生存需要依赖于适宜的栖息地、气候、大气、土壤等自然资本及相关生态系统服务，因此，生物多样性丧失可能导致生态系统失衡，同时生物多样性也需要依赖于自然资本及其所提供的生态系统服务。

首先，以生境质量指数作为主要评估指标，评估乳业企业对生物多样性的总体影响，并通过多维度评估生态系统服务的变化，以反映乳业企业对生物多样性的间接影响，从而系统性地评估乳业企业生物多样性风险情况（见图6）。

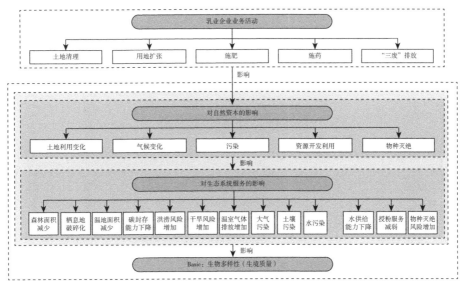

图6 乳业企业的业务活动对生物多样性的影响评估

（资料来源：课题组）

其次，评估乳业企业对自然资本和生态系统服务的具体影响。乳业企业业务活动包括土地清理、用地扩张、施肥、施药、"三废"排放等，会对自然资本产生土地利用变化、气候变化、污染、资源开发利用、物种灭绝等影响，上述影响会传导到这些自然资本所提供的生态系统服务中。具体来说，土地利用变化可能导致森林覆盖率下降、生物栖息地破坏、湿地面积缩减以及碳封存能力降低；而气候变化可能增加洪涝和干旱的风险，并加剧温室气体的排放；污染则主要分为大气、土壤和水污染；资源开发利用主要造成水供给能力下降和授粉减弱；物种灭绝主要反映在物种灭绝风险的增加。

（2）乳业企业的业务活动对生物多样性的依赖评估

乳业企业的业务活动依赖大气、生境、土壤、水和物种等自然资本，以及由上述自然资本支撑的生态系统服务。生态系统服务功能退化可能会使企业收入减少、费用增加。通过评估乳业企业的业务活动对每种生态系统服务的依赖情况，可以得到生态系统服务退化对乳业企业的整体影响。比如，大气提供的气候调节、洪涝缓解和污染物去除等生态系统服务功能退化，可能会增加乳业企业的碳排放成本、减污成本，以及导致牧草减产；生境提供的栖息地维护等生态系统服务功能退化，可能会导致乳业企业不得不减少在该保护区的业务活动；土壤、水和物种提供的土壤质量调节、水供给和授粉服务的减少，可能会导致乳业企业的牧草减产（见图7）。

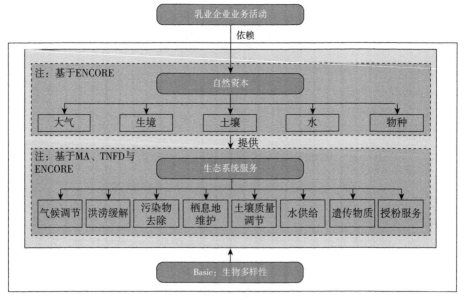

图7　乳业企业的业务活动对生物多样性的依赖评估

（资料来源：课题组）

3. 评估流程第三步：评价（Assess）

（1）乳业企业对生物多样性影响风险的评价方法

乳业企业对自然和生物多样性影响风险的评价方法主要分为两个部分。

第一，根据《中华人民共和国自然保护区条例》第二十六条规定"禁止在自然保护区内进行砍伐、放牧、狩猎、捕捞、采药、开垦、烧荒、开矿、采石、挖沙等活动"和第三十二条规定"在自然保护区的核心区和缓冲区内，不得建设任何生产设施。在自然保护区的实验区内，不得建设污染环境、破坏资源或者景观的生产设施；建设其他项目，其污染物排放不得超过国家和地方规定的污染物排放标准"，首先评估乳业企业业务活动是否位于（或部分位于）自然保护区范围内，如果位于（或部分位于）自然保护区内，则影响风险等级被评估为最高；若否，则继续进行后续步骤的风险评估。

第二，本文制定了一套以目标对比为核心的乳业企业生物多样性风险评级方法。该方法的核心是为乳业企业建立一个参照对比目标，通过判断比较乳业企业影响范围内的生境质量和生态系统服务评估指标变化与目标区域的生境质量和生态系统服务对应的评估指标变化，以此表明乳业企业业务活动对生物多样性的影响程度。方法步骤如下所述（见图8）。

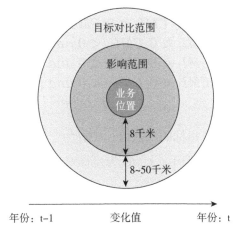

图8　乳业企业对生物多样性影响的风险评级方法

（资料来源：课题组）

①考虑到中国国土面积广阔，不同地区间的地理条件差异巨大，不适宜进行横向比较。因此，本文选择乳业业务活动影响范围的周边区域为目标对比范围。比如，以乳业业务活动所在地理位置为核心，划定周边8千米的缓冲区范围内为业务影响范围，缓冲区外划定半径8～50千米内的区域为目标对比范围①。

②分别计算乳业影响范围区域内和目标对比范围区域内的生境质量和生态系统服务评估指标的平均变化值。

③通过对比两个范围区域内的平均变化值，设置风险值评定方案：

- 10分：影响范围内平均值趋恶，目标对比范围内平均值趋好；
- 8分：影响范围内平均值趋恶，目标对比范围内平均值稳定；
- 6分：影响范围内平均值趋恶，目标对比范围内平均值趋恶，且影响范围内平均值趋恶程度大于目标对比范围；
- 4分：影响范围内平均值趋恶，目标对比范围内平均值趋恶，两种程度相近；
- 2分：影响范围内平均值趋恶，目标对比范围内平均值趋恶，且影响范围内平均值趋恶程度小于目标对比范围；
- 0分：其他情况。

$$
Score_i = \begin{cases}
10, & CMI_i < 0, CMG_i > 0 \\
8, & CMI_i < 0, CMG_i \approx 0\,(\pm 1\%) \\
6, & CMI_i < 0, CMG_i < 0 \text{ and } |CMI_i| > |CMG_i| \\
4, & CMI_i < 0, CMG_i < 0 \text{ and } |CMI_i| = |CMG_i| \\
2, & CMI_i < 0, CMG_i < 0 \text{ and } |CMI_i| < |CMG_i| \\
0, & other
\end{cases}
$$

其中，$Score_i$为第i项指标的风险值；CMI_i为影响范围内第i项指标平均值的变化（评估期减去基准期）；CMG_i为目标对比范围内第i项指标平均值的

---

① 8 千米的缓冲距离为参考值，可根据实际情况确定具体缓冲区距离。参考值来源于在 InVEST 模型用户手册中建议的农业对物种的最大影响范围为 8 千米。Integrated Biodiversity Assessment Tool（IBAT）划定的人类活动对生物多样性的最大影响范围为 50 千米。

变化（评估期减去基准期）。

其中，"受影响生态限制区域面积比例"指标的风险值评定方案为：

- 10分：80%～100%；
- 8分：60%～80%（不包含）；
- 6分：40%～60%（不包含）；
- 4分：20%～40%（不包含）；
- 2分：1%～20%（不包含）；
- 0分：0。

④计算各项评估指标的风险值平均值即可得到乳业企业生物多样性影响风险值，值为正且越大则风险越大。

$$Score = \frac{\sum Score_i}{n}$$

其中，$Score$为乳业企业生物多样性影响风险值；$Score_i$为第i项指标的风险值；n为指标数量。

（2）基于乳业企业对生物多样性的财务影响评价方法

情景分析是一种前瞻性分析方法，通过构建不同的未来情景来评估和理解潜在的市场、行业或项目发展路径，被广泛应用于风险管理领域。其步骤通常包括定义目标、收集数据、识别关键因素、构建不同情景（如最佳、最差、最可能情况等）、分析每个情景的后果、制定应对策略，并持续监控实际情况以调整策略。

本文基于情景分析方法制定了一套由情景分析设置、关键资产识别和财务影响评估三个步骤组成的基于乳业企业对生物多样性财务影响评价方法，如图9所示。

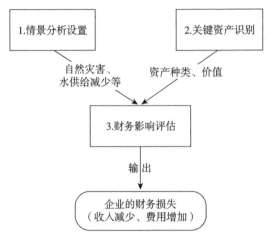

图9 基于乳业企业对生物多样性的财务影响评价方法
（资料来源：课题组）

①情景分析设置

第一部分是情景分析设置。本文参考了科学基础目标网络（Science Based Targets Network，SBTN）的框架，针对中国乳业企业筛选出了乳业企业对生物多样性依赖的风险指标，根据定位和评估阶段识别的乳业企业的业务环节对生态系统服务的依赖，以及结合本文的生物多样性风险预测模型等方法工具为乳业企业制定情景分析设置。

其中，SBTN提供了一个包含五个步骤的方法，帮助企业设置科学目标并采取行动实现目标。

第一步：评估影响和依赖（Assess）。企业基于要评估的和其全部业务环节相关的压力和状态/影响，确定其业务活动对环境的哪些影响最需要通过设定目标来解决，并确定哪些业务是最重要的。

第二步：解释和排序（Interpret & Prioritize）。企业根据第一步评估的结果，确定设定哪些基于科学的目标、哪些位置和业务应该被包含在目标内，以及确定为了有效减轻对自然的负面影响并增加潜在的正向影响，首先在何处采取行动。

第三步：测量、设置和披露目标（Measure, Set & Disclose）。企业对选定的基线数据进行精确测量，依据测量结果设定科学目标，并向外界公开披露其目标进展。

第四步：采取行动实现目标（Act）。企业根据SBTN的行动框架（AR3T）采取行动。AR3T涵盖了避免未来影响、减少当前影响、恢复和修复生态系统，以及转变公司所嵌入的生态系统的行动。

第五步：监控、报告和证明实现目标的过程（Track）。企业跟踪朝目标进展的过程，收集基线数据、监测并报告。企业应当编制正式的文件，包括期望实现和目标相关的产出。

企业可以根据以上基于SBTN设置的目标作为情景分析的基础，并结合本文的预测模型（见附录5），预测不同生物多样性风险强度（Intensity）等。生物多样性风险强度用$I_{\text{生物多样性风险，业务环节，地理位置}}$表示，如表1所示。

表1　乳业企业各业务环节面临的自然风险情景

业务环节	地理位置	自然风险预测	
		情景1：水资源风险	情景2：土地利用变化风险
粗饲料种植环节	牧场A	$I_{\text{水资源风险，粗饲料种植环节，牧场A}}$	$I_{\text{水资源风险，粗饲料种植环节，牧场A}}$
	牧场B	$I_{\text{水资源风险，粗饲料种植环节，牧场B}}$	$I_{\text{水资源风险，粗饲料种植环节，牧场B}}$
饲料加工环节	牧场A	—	—
	牧场B	—	—
奶牛养殖环节	牧场A	$I_{\text{水资源风险，奶牛养殖环节，牧场A}}$	—
	牧场B	$I_{\text{水资源风险，奶牛养殖环节，牧场B}}$	—
原料奶生产环节	牧场A	—	—
	牧场B	—	—
其他业务环节	位置C	—	—
	位置D	—	—

根据ENCORE工具的评估结果，乳业企业的各个业务环节高度依赖于水和土壤两种自然资本提供的生态系统服务，因此，本文为乳业企业的各个业务环节主要设置了水资源风险和土地利用变化风险两种情景。

②关键资产识别

第二部分是识别乳业企业与生物多样性风险敞口相关的关键资产，根据关键资产的相关现金流入、流出的特征，结合不同业务环节的投入和产出，确定关键资产的种类集合。位于不同业务环节和地理位置的资产价值，用 $I_{资产种植，业务环节，地理位置}$ 表示，如表2所示。其中，其他资产表示无法准确划分到某一种类中的资产。

表2　乳业企业各业务环节在生物多样性风险敞口相关的关键资产

业务环节	地理位置	关键资产		
		饲料（百万元）	奶牛（百万元）	其他资产
粗饲料种植环节	牧场A	—	—	$V_{其他资产，粗饲料种植环节，牧场A}$
	牧场B	—	—	$V_{其他资产，粗饲料种植环节，牧场B}$
饲料加工环节	牧场A	$V_{饲料，饲料加工环节，牧场A}$		
	牧场B	$V_{饲料，饲料加工环节，牧场B}$		
奶牛养殖环节	牧场A	$V_{饲料，奶牛养殖环节，牧场A}$	$V_{奶牛，奶牛养殖环节，牧场A}$	
	牧场B	$V_{饲料，奶牛养殖环节，牧场B}$	$V_{奶牛，奶牛养殖环节，牧场B}$	$V_{其他资产，奶牛养殖环节，牧场B}$
原料奶生产环节	牧场A	—	—	
	牧场B	—	—	
其他业务环节	位置C	$V_{饲料，其他业务环节，位置C}$	—	$V_{其他资产，其他业务环节，位置C}$
	位置D			

③财务影响评估

第三部分是评估生物多样性风险对关键资产的财务影响。乳业企业可以运用情景分析方法，将情景分析设置中预测的生物多样性风险和识别出的在生物多样性风险敞口下的关键资产结合起来评估企业面临的财务影响。

$$FL_{生物多样性风险，业务环节，地理位置}$$
$$=f\left(I_{生物多样性风险，业务环节，地理位置}, V_{资产种类，业务环节，地理位置}\right)$$

生物多样性风险造成的财务损失可以通过本文的影响函数 f 计算（见附录5），影响函数需要输入生物多样性风险的预测结果（强度 I）和识别的关键资产。

生物多样性风险的预测结果由本文的预测模型 g（见附录5）给出，预测模型g需要输入三个变量：生物多样性风险、业务环节和地理位置。

$$I_{\text{生物多样性风险，业务环节，地理位置}}=g（\text{生物多样性风险，业务环节，地理位置}）$$

如果企业有j个业务环节，则企业面临的生物多样性风险带来的财务损失即h种生物多样性风险对j个业务环节分别造成的损失加总，可以用以下公式表示：

$$Total\ financial\ loss=\sum\sum\sum FL_{\text{生物多样性风险，业务环节，地理位置}}$$

其中，$Total\ financial\ loss$表示企业的所有业务环节面临的所有生物多样性风险带来的财务损失，由$FL_{\text{生物多样性风险，业务环节，地理位置}}$加总得到。$FL_{\text{生物多样性风险，业务环节，地理位置}}$表示给定的生物多样性风险对乳业企业不同地理位置的业务环节造成的财务损失。

4. 评估流程第四步：报告（Prepare）

（1）乳业企业对生物多样性影响的风险评估报告

①企业业务所处位置的区域信息；

②企业对受保护区域（自然保护地和关键生物多样性区域）的影响评估；

③企业对物种（国家重点保护野生动物、世界自然保护联盟（IUCN）受威胁物种红色名录内物种、物种丰富度）的影响评估；

④企业业务活动对生境质量的影响评估；

⑤企业业务活动对生态系统服务（评估指标）的影响评估；

⑥企业生物多样性风险评级（风险值和风险等级）。

（2）乳业企业对生物多样性依赖的财务影响评估报告

①企业对生物多样性依赖风险评估；

②情景分析设置；

③财务影响评估；

④风险应对措施及投资建议。

四、乳业企业对生物多样性影响风险和依赖风险评估指标体系

（一）应用场景、作用和特色

1. 应用场景

（1）在乳业企业中的应用

①影响风险和依赖风险评估指标体系可以帮助乳业企业了解其业务活动对当地生物多样性的影响程度，并为其制定具有针对性的生物多样性保护措施提供参考。

②在乳业企业开展新项目或扩大项目时，影响风险和依赖风险评估指标体系可以作为综合评估的一部分，帮助乳业企业评估项目对当地生物多样性的潜在影响，寻找对生物多样性影响风险较低和财务风险较低的项目实施地点。

③影响风险和依赖风险评估指标体系也可以在乳业企业ESG报告等信息披露报告中为企业当作用于衡量其对生物多样性影响风险以及财务风险的工具。

（2）在金融机构中的应用

①金融机构在考虑向乳业企业提供贷款或投资时，需要评估其对生物多样性的影响风险以及财务风险。影响风险和依赖风险评估指标体系可以帮助金融机构评估乳业企业对生物多样性的影响范围和程度，衡量企业可持续发展能力，帮助金融机构确定投资项目的风险等级。

②ESG理念正逐步融入金融机构的投资决策中，影响风险和依赖风险评估指标体系可以作为评估环境因素中的一个重要组成部分，帮助金融机构识别与生物多样性相关的风险，从而实现可持续和负责任投资。

2. 主要作用

（1）开拓性的评估工具：影响风险和依赖风险评估指标体系是依据TNFD等国际权威标准，结合中国国情，制定的评估乳业企业对生物多样性的影响风险和依赖风险的指标体系，旨在帮助金融机构和乳业企业等相关单位量化评估乳业企业相关业务活动对生物多样性的影响范围和程度，从而量化评估乳业企业对生物多样性的影响风险和财务风险。

（2）持续性的监督工具：乳业企业对生物多样性的影响风险和依赖风险评估指标体系是一个定期的、常态化的评估工具，可以通过常态化评估，了解生物多样性影响风险和财务风险的变化情况，持续监督、评价乳业企业在生物多样性保护方面的工作成效。

3. 特色

（1）科学性：乳业企业对生物多样性的影响风险和依赖风险评估指标体系基于科学理论和数据支撑，确保评估结果具有科学性。

（2）系统性：乳业企业对生物多样性的影响风险和依赖风险评估指标体系基于LCA全生命周期分析，全面、系统地考虑乳业企业各个业务环节对生物多样性的依赖和影响。

（3）可操作性：乳业企业对生物多样性的影响风险和依赖风险评估指标体系能够为乳业企业提供清晰的评估方法，具有可操作性。

（二）乳业企业对生物多样性影响风险评估指标体系

1. 指标筛选原则

遵循以生物多样性保护为主体，以物种生存所依赖的自然资本和生态系统服务为支撑的原则，构建乳业企业对生物多样性的影响风险评估指标体系。

（1）总体性指标

物种的生存需要依赖生境，保护生物多样性的前提是保护物种适宜栖息的生境，因此，以生境质量指数为总体评估指标。

（2）支撑性指标

针对具体自然资本和生态系统服务的支撑性指标参考ENCORE工具[1]和TNFD的Draft sector guidance： Food and agriculture[2]，通过分析乳业企业对自然资本和生态系统服务的影响关系，基于乳业企业对自然资本的影响关系构建生物多样性风险评估指标体系的准则层，并基于乳业企业对生态系统服务的影响关系构建生物多样性风险评估指标体系的目标层。具体如下。

在自然资本层面，根据乳业企业对自然资本的影响关系，参考TNFD的五个全球核心指标（土地利用变化、资源开发利用、污染、气候变化、物种灭绝）[3]，构建了准则层的五个维度。

①土地利用变化：乳业的饲料种植、放牧和饲养、畜禽养殖场等业务活动均需依赖于土地空间。在乳业业务活动的开展过程中会直接占用土地资源，改变原有的土地利用方式，从而引起连锁反应。

②气候变化：乳业的饲料种植、水资源获取和动物健康等都需要依赖于适宜的气候环境。在乳业业务活动的开展过程中，温室气体的大量排放会造成气候变化。

③污染：乳业的饲料种植环节的施肥施药、放牧和饲养环节的粪便排放、育种环节的药品使用等均会造成污染物的排放，从而造成水污染、土壤污染和大气污染。

④资源开发利用：乳业的饲料种植、牲畜养殖、原料奶等业务活动均需要消耗大量的水资源，并且通过土地利用变化会影响昆虫授粉，从而影响当地生物多样性和农业生产。

---

[1] Exploring Natural Capital Opportunities, Risks and Exposure（ENCORE）是一个探索各经济部门如何依赖和影响生态系统服务的工具。

[2] 参见 Draft sector guidance： Food and agriculture，https：//tnfd.global/publication/draft-sector-guidance-food-and-agriculture/。

[3] 参见 Draft sector guidance： Food and agriculture，https：//tnfd.global/publication/draft-sector-guidance-food-and-agriculture/。

⑤物种灭绝[①]：乳业的业务活动会破坏生境、干扰生态系统、改变当地生物间的竞争和捕食关系，甚至牲畜的疾病会传染至野生动物，从而造成物种灭绝。

在生态系统服务层面，根据乳业企业对生态系统服务的影响关系，在五个准则层中筛选目标层内容。附件中详细展示了乳业企业对生物多样性影响风险评估指标体系，相关机构可以根据需求选择相应指标构成评估指标清单。

根据ENCORE工具的乳业企业对自然资本和生态系统服务的影响评估结果，水资源利用和陆地生态系统利用的影响等级为非常高（VH），本文将这两个指标选为影响风险评估核心指标。此外，自然保护地和关键生物多样性保护区域具有重要的生物多样性保护价值，在此区域内从事人类活动会造成更严重的生物多样性威胁。因此物种灭绝风险增加也选为生物多样性影响风险评估核心指标。

2. 具体指标

（1）总体性指标

生境质量指的是生物栖息地提供的适宜条件，包括养分、水分、温度、气候、植被结构等因素的完整性和稳定性。当生境质量下降，包括栖息地破坏、污染、气候变化等因素影响，会导致物种对生存环境的适应性降低，增加其灭绝的风险。

（2）支撑性指标

支撑性指标包括水供给能力、栖息地破碎化和物种灭绝风险增加，具体指标依据如表3所示。

---

① 物种灭绝维度对应 TNFD 的入侵物种指标，入侵物种是造成物种灭绝的原因之一，乳业业务活动不仅会造成物种入侵，还可能通过破坏生境、干扰生态系统、改变当地生物间竞争和捕食关系等造成物种灭绝，因此根据乳业特点设置物种灭绝维度。

表3 乳业企业生物多样性影响风险评估核心指标体系

准则层	目标层	评价指标	指标依据
资源开放利用	水供给能力下降	水供给量变化率	水供给量是指生态系统为人类提供清洁水资源的总量，直接反映了生态系统的水供给能力。
土地利用变化	栖息地破碎化	生境斑块面积比例下降率	生境斑块是指地表上相互连接的具有相似生境的区域，当栖息地破碎化发生时，生境斑块的面积会减少，原本连通的斑块之间的连接性也会减弱。当生境斑块面积比例下降时，表明生境破碎化程度加剧，监测生境斑块面积比例下降率可以帮助评估栖息地破碎化的程度。
		生境斑块间平均欧式距离增长率	栖息地破碎化是指原本连续的生境被分割成了不同的小块，并且这些小块之间的距离增加了。生境斑块间平均欧式距离增长率反映了这种分割和距离增加的程度。如果这个增长率较大，说明生境斑块之间的距离在增加，生境破碎化程度也相应增加。
		生境斑块边缘长度增长率	当生境破碎化发生时，原本连续的自然生境因人类活动、城市化、农业扩张等因素被分割成了多个小块，造成边缘总长度增加。生境斑块边缘长度增长率的增加，可以反映出生境破碎化的程度。
物种灭绝	物种灭绝风险增加	受影响生态限制区域面积比例	受影响的生态限制区域面积是指在乳业业务活动影响范围内分布的自然保护地、KBA等生态限制区域的面积。

（三）乳业企业对生物多样性依赖风险评估指标体系

1. 指标筛选原则

本文结合乳业企业实际情况和国家"双碳"目标及政策要求，参考ENCORE工具和TNFD的Draft sector guidance：Food and agriculture等框架，基于乳业企业对自然资本的依赖关系构建乳业企业对生物多样性依赖风险评估指标体系的准则层，基于乳业企业对生态系统服务的依赖关系构建乳业企业对生物多样性依赖风险评估指标体系的目标层。具体如下。

在自然资本层面，根据乳业企业对自然资本的依赖关系，参考TNFD的四个全球核心指标（水供给、授粉、生物防控、土壤和沉积物及土壤质量调节）和中国实际国情，构建乳业企业对生物多样性依赖风险评估指标体系的准则层。

①大气：大气是围绕地球的空气质量。它的成分（如氧气）和它的过程（如温度调节）支持许多基本的生态系统服务。其中，极端温度、洪水和干旱等现象的产生均与大气有关，而这些气候灾害会严重影响饲料种猪、牲畜养殖等业务活动。

②生境：生境是指生命繁荣所必需的环境条件。这些条件在物种之间差异很大，但可能包括水和食物供应、温度范围或没有捕食者等因素。生境可以非常狭隘地定义特定物种的一个种群，也可以更广泛地按类型定义，如拥有许多不同物种的森林或沿海生境。一方面饲料种植、牲畜养殖需要依赖一定的生境空间，另一方面乳业企业业务活动会破坏生境，在生物多样性保护战略下会增加企业的风险。

③土壤：土壤和沉积物是地球表面支持生命的层。它们包括表土、底土等，并支持许多调节服务。饲料的种植高度依赖于土壤，土壤质量会直接决定饲料产量。

④水资源：水包括地表水、地下水、海水、化石水和土壤水。水对于广泛的生态系统服务至关重要。饲料种植、牲畜养殖过程均需要消耗大量的水资源。

⑤物种：物种包括植物、动物、真菌、藻类和遗传资源。与栖息地一样，物种支撑着广泛的生态系统服务。遗传物质、授粉服务等为乳业企业的可持续发展提供了支撑。

在生态系统服务层面，根据乳业企业对生态系统服务的依赖关系，在五个准则层中筛选目标层组成内容。附件4中详细展示了乳业企业对生物多样性的依赖风险评估指标体系，相关单位可以根据需求选择相应指标构成评估指标清单。其中，乳业企业对水资源和气温调节的依赖作用非常高，另外，由于"双碳"目标，乳业企业的碳中和行动也十分重要且急迫。

因此，碳中和成本、极端温度（高温、干旱等）影响、水供给下降量三个指标为必选的乳业企业对生物多样性依赖的核心风险评估指标。

2. 具体指标

具体指标及指标依据如表4所示。

表4　乳业企业对生物多样性的依赖风险评估核心指标体系

准则层	目标层	评价指标	指标依据
大气	气候调节	碳中和成本	中国正在全力推进"双碳"目标，乳业企业业务环节中的土地利用碳排放、反刍动物甲烷排放等会产生大量的温室气体排放。为了实现碳中和会增加企业财务支出。
	气温调节	极端高温影响	极端高温一方面会造成饲料减产，另一方面会提高为牲畜降温或保温的成本，增加企业财务风险。
水	水供给	水供给下降量	乳业企业业务环节中的饲料种植、牲畜喂养均需要消耗大量的水资源，水供给量的下降会限制饲料产量和牲畜规模，增加企业财务风险。

五、总结与展望

中国乳业企业在快速发展的同时，面临着生物多样性丧失和生态系统服务功能退化的巨大挑战。本文通过深入研究乳业企业的业务活动与生物多样性和生态系统服务之间的关系，结合中国乳业和金融业的行业特点和需求，为乳业企业构建了一套科学、系统的生物多样性相关风险量化与财务影响的评估体系，旨在推动中国乳业企业加强生物多样性相关风险的识别、评估与管理，同时披露与生物多样性相关的信息。

当前，中国乳业企业如伊利集团、蒙牛集团、卫岗乳业等已经在生物多样性保护方面作出了一系列积极的尝试和探索，通过实施生态治理工程、开发循环经济模式、建设生物多样性友好牧场等措施，展现了乳业企业在生物多样性保护领域中发挥的重要作用。这些实践不仅促进了生态环境的改善，也提升了企业的社会形象，同时为整个行业提供了可借鉴的模式。

本文为乳业企业提供了一个科学的风险评估体系，也为金融机构提供了一个评估企业可持续发展能力的重要参考。中国乳业企业可以基于本文提供的评估流程和方法，识别其全生命周期的业务环节对生物多样性的潜在影响，从而更好地评估其生物多样性相关风险并采取应对措施，推动乳业企业的绿色转型。同时，金融机构也可以基于本文的评估流程和方法，对乳业企业面临的生物多样性风险和财务影响进行评估，从而更好地把握投资机会，降低金融风险。

未来，课题组还将继续对评估体系进行完善，并通过数字化平台工具的开发推动评估体系在企业层面的应用和推广，使乳业企业更好地对生物多样性相关风险进行评估和管理，从而获得更多绿色金融的支持，为金融支持生物多样性提供创新模式和路径。

六、附件

附件 1　乳业企业对生物多样性影响风险评估指标

附表1-1　乳业企业对生物多样性影响风险评估指标

准则层	目标层	评价指标	指标依据
土地利用变化	森林面积减少	森林面积变化率	森林面积变化率是指在一定时间范围内森林覆盖面积的增长或减少的百分比。这是用来衡量森林面积减少的最直接的指标。
		植被覆盖度变化率	植被覆盖度（Fractional Vegetation Coverage，FVC）是指地表植被覆盖的程度，用于描述区域的植被状况，相较于森林面积变化率仅反映有无森林的情况，植被覆盖度可以更好地体现区域的植被茂盛程度。
	栖息地破碎化	生境斑块面积比例下降率	生境斑块是指地表上相互连接的具有相似生境的区域，当栖息地破碎化发生时，生境斑块的面积会减少，原本连通的斑块之间的连接性也会减弱。当生境斑块面积比例下降时，表明生境破碎化程度加剧，监测生境斑块面积比例下降率可以帮助评估栖息地破碎化的程度。
		生境斑块间平均欧式距离增长率	栖息地破碎化是指原本连续的生境被分割成了不同的小块，并且这些小块之间的距离增加了。生境斑块间平均欧式距离增长率反映了这种分割和距离增加的程度。如果这个增长率较大，说明生境斑块之间的距离在增加，生境破碎化程度也相应增加。
		生境斑块边缘长度增长率	当生境破碎化发生时，原本连续的自然生境因人类活动、城市化、农业扩张等因素被分割成了多个小块，造成边缘总长度增加。生境斑块边缘长度增长率的增加，可以反映出生境破碎化的程度。

续表

准则层	目标层	评价指标	指标依据
土地利用变化	湿地面积缩小	湿地面积变化率	湿地面积变化率是指在一定时间范围内湿地覆盖面积的增长或减少的百分比。湿地包括沼泽、河流、湖泊、河口、沿海滩涂等，是物种的重要栖息地，对水资源调节、水质净化、防洪等也具有重要作用。
	碳封存能力下降	NPP变化率	净初级生产力（Net Primary Productivity, NPP）是指植物在光合作用中吸收的净能量，即植物吸收的光能减去呼吸作用消耗的能量，它代表了一个生态系统中植物生长所能固定的碳量。而碳封存则是指生态系统中固定的碳量，包括植物体内的碳和土壤中的有机碳等。NPP是碳封存的重要来源。
气候变化	温室气体排放增加	温室气体排放变化率	温室气体指的是大气中能吸收地面反射的长波辐射，并重新发射辐射的一些气体，包括多种气体，如二氧化碳（CO_2）、甲烷（CH_4）、氧化亚氮（N_2O）等，它们具有不同的温室效应，即在大气中吸收和重新辐射地表的热量，导致地球温度上升。
	洪涝风险增加	洪水敏感性	洪水敏感性通常指一个地区在面对洪水时易受影响的程度。这种敏感性可以由多种因素决定，包括地理位置、地形、气候、水资源管理、基础设施建设等。一些因素可能增加洪水敏感性，如地势低洼、河流或海岸附近、缺乏排水系统或防洪设施等。相反，良好的水资源管理、有效的防洪措施和基础设施建设可以减少洪水敏感性。
	干旱风险增加	标准降水蒸散发指数变化率	标准降水蒸散发指数（Standardized Precipitation Evapotranspiration Index, SPEI）是一种用来评估干旱情况的指数，它结合了降水和蒸散发的信息。如果降水偏少或蒸散发较高，就可能导致土壤水分不足，从而发生干旱。SPEI通过比较实际的降水和蒸散发情况与长期平均水平的偏差，能够揭示出是否存在干旱，以及干旱的程度和持续时间。
污染	土壤污染	总氮、总磷浓度变化率	农业废弃物和养殖废水中含有大量的总氮和总磷，如果处理不得当，会导致土壤污染。这些废物中的营养物质渗入土壤，超过土壤负荷能力，导致土壤富集过量的氮和磷。
	水污染	总磷、总氮浓度变化率	过量施用氮、磷肥料会导致土壤中总氮和总磷的浓度超标。这些营养物质超过植物吸收的能力时，会被土壤吸附或流失到水体中，导致水体富营养化，引发蓝藻水华等问题，影响水生生态系统的健康。
		抗生素浓度变化率	过量使用抗生素或者畜禽排泄物、废水等处理不到位可能会导致水体中的抗生素含量超标，从而抑制水中微生物的生长，破坏食物链、影响饮用水源健康。
	大气污染	NO_2/CO浓度变化率	二氧化氮（NO_2）、一氧化碳（CO）是大气污染中常见的主要污染物。饲料种植过程中的氮肥使用、动物的消化过程和粪便的分解过程会产生大量的NO_2；饲料种植过程中机械的使用和烧田、动物的呼吸及分解会产生大量的NO_2。

续表

准则层	目标层	评价指标	指标依据
资源开发利用	水供给能力下降	水供给量变化率	水供给量是指生态系统为人类提供清洁水资源的总量，直接反映了生态系统的水供给能力。
	授粉量减弱	授粉量变化率	授粉量是指由于授粉者（如昆虫、鸟类、风等）的活动而实现的植物授粉的数量和效果。这项服务对于许多农作物和野生植物的繁殖和生存至关重要。授粉量可以通过观察植物种群的数量和分布来间接反映。
物种灭绝	物种灭绝风险增加	入侵物种数量变化率	入侵物种的数量增加可能会加剧对当地物种的竞争和捕食压力；可能导致生态位的占用和生态位的重组，影响原生物种的适应和生存；可能破坏当地生态系统的稳定性，使生态系统更加脆弱，增加原生物种面临的灭绝风险，从而导致当地物种数量减少，甚至灭绝。
		受影响的物种数量	受影响的物种数量是指乳业业务活动（一定缓冲距离内）影响的物种种数。
		受影响生态限制区域面积比例	受影响的生态限制区域面积是指在乳业业务活动影响范围内分布的自然保护地、KBA等生态限制区域的面积。

附件 2 乳业企业对生物多样性影响风险评估方法

附表2-1 乳业企业对生物多样性影响风险评估计算方法和所需数据

指标代码	指标	计算方法[①]	数据代码	所需数据
I1	森林面积变化率	$\dfrac{\text{评估期的森林面积}-\text{基准期的森林面积}}{\text{基准期的森林面积}}$	D1	森林分布数据
I2	植被覆盖度变化率	$\dfrac{\text{评估期的}FCV-\text{基准期的}FCV}{\text{基准期的}FCV}$	D2	植被覆盖度数据
I3	生境斑块面积比例下降率	基于Fragstats软件计算（参见方法1）	D3	土地利用数据

---

① 基准期是指被设定为用于参考的年份，一般为评估开始的前一年，如2020年。评估期是指当前评估的年份，如2021年。

续表

指标代码	指标	计算方法①	数据代码	所需数据
I4	生境斑块间平均欧式距离增长率	基于Fragstats软件计算（参见方法1）	D3	土地利用数据
I5	生境斑块边缘长度增长率	基于Fragstats软件计算（参见方法1）	D3	土地利用数据
I6	湿地面积变化率	$\dfrac{\text{评估期的湿地面积－基准期的湿地面积}}{\text{基准期的湿地面积}}$	D4	湿地分布数据
I7	NPP变化率	$\dfrac{\text{评估期的NPP值－基准期的NPP值}}{\text{基准期的NPP值}}$	D5	NPP数据
I8	温室气体排放变化率	$\dfrac{\text{评估期的排放量－基准期的排放量}}{\text{基准期的排放量}}$	D6	温室气体排放数据
I9	洪水敏感性	基于机器学习方法预测（参见方法2）	D2	植被覆盖度数据
			D3	土地利用数据
			D7	历史真实洪水淹没范围数据
			D8	数字高程模型（Digital Elevation Model，DEM）数据
			D9	地貌类型数据
			D10	土壤类型数据
			D11	河流数据
			D12	降雨量数据
I10	标准降水蒸散发指数变化率	$\dfrac{\text{评估期的SPEI－基准期的SPEI}}{\text{基准期的SPEI}}$	D13	标准蒸散发指数数据
I11	土壤总氮、总磷浓度变化率	$\dfrac{\text{评估期的总氮浓度－基准期的总氮浓度}}{\text{基准期的总氮浓度}}$	D14	总氮浓度数据
		$\dfrac{\text{评估期的总磷浓度－基准期的总磷浓度}}{\text{基准期的总磷浓度}}$	D15	总磷浓度数据
I12	水体总磷、总氮浓度变化率	$\dfrac{\text{评估期的总氮浓度－基准期的总氮浓度}}{\text{基准期的总氮浓度}}$	D14	总氮浓度数据
		$\dfrac{\text{评估期的总磷浓度－基准期的总磷浓度}}{\text{基准期的总磷浓度}}$	D15	总磷浓度数据

指标代码	指标	计算方法①	数据代码	所需数据
I13	水体中抗生素浓度变化率	$\dfrac{\text{评估期的抗生素浓度}-\text{基准期的抗生素浓度}}{\text{基准期的抗生素浓度}}$	D16	抗生素浓度
I14	NO_2/CO浓度变化率	$\dfrac{\text{评估期的}NO_2\text{浓度}-\text{基准期的}NO_2\text{浓度}}{\text{基准期的}NO_2\text{浓度}}$	D17	NO_2浓度
		$\dfrac{\text{评估期的CO浓度}-\text{基准期的CO浓度}}{\text{基准期的CO浓度}}$	D18	CO浓度
I15	水供给量变化率	$\dfrac{\text{评估期的降雨量}-\text{基准期的降雨量}}{\text{基准期的降雨量}}$	D12	降雨量数据
I16	授粉量变化率	基于InVEST模型Crop Pollination模块评估（参见方法3）	D3	土地利用数据
			D19	筑巢适宜性
			D20	花卉资源
			D21	授粉者信息数据
			D22	农场地图
I17	入侵物种数变化率	$\dfrac{\text{评估期的入侵物种数}-\text{基准期的入侵物种数}}{\text{基准期的入侵物种数}}$	D23	入侵物种数
I18	受影响的物种数量	业务活动影响范围内（缓冲区）分布的物种种类数	D24	物种分布数据
I19	受影响生态限制区域面积比例	$\dfrac{\text{业务活动影响范围内（缓冲区）分布的}}{\text{自然保护地、KBA面积}}$ 自然保护地、KBA面积	D25	自然保护地空间分布数据
			D26	关键生物多样性区域（Key Biodiversity Areas, KBA）数据
I20	生境质量变化率	基于InVEST模型Habitat Quality模块评估（参见方法4）	D3	土地利用数据
			D27	威胁性数据
			D28	敏感性数据

方法1：基于Fragstats计算栖息地破碎化指标

Fragstats（https：//fragstats.org）是一款用于景观生态学和空间分析的软件，可以从遥感图像和其他GIS数据中提取景观指标，并提供可视化和统计分析工具。它提供了各种指标和指数，帮助研究人员分析景观格局，如景观结构、景观多样性、景观破碎化等。基于Fragstats计算栖息地破碎化指标的步骤如下：

①获取土地利用栅格[①]数据，并指定栖息地类型（一般选择林地、草地、湿地等）。

②将土地利用栅格数据输入Fragstats软件中，计算斑块面积[②]（Total Area）、边缘长度[③]（Total Edge）、欧式最邻近距离[④]（Euclidean Nearest-Neighbor Distance）指数。

③计算生境斑块面积占总斑块面积的比例；计算生境斑块的平均欧式最邻近距离；计算生境斑块的边缘长度。

④计算评估期相对基准期的生境斑块面积比例、生境斑块间平均欧式距离和生境斑块边缘长度的变化率，得到生境斑块面积比例下降率、生境斑块间平均欧式距离增长率、生境斑块边缘长度增长率。

方法2：基于机器学习算法预测洪水敏感性

洪水事件的发生受到一定调节影响的控制和影响，可以基于历史真实洪水淹没区数据与洪水调节因子使用机器学习算法（如随机森林分类模型）预测各地区的洪水敏感性。以随机森林分类模型为例，洪水敏感性预测方法步骤如下：

①获取历史真实洪水淹没区数据，并采用随机采样方法抽取一定样本（赋值为1），同时抽取相同数量的非洪水淹没区样本（赋值为0），两者共同组成洪水样本作为因变量（x）。

---

① 栅格数据是将空间分割成有规律的网格，每一个网格称为一个单元，并在各单元上赋予相应的属性值来表示实体的一种数据形式。

② 生态学名词，斑块面积是指景观中所有斑块或某一种类型斑块的面积，在 Fragstats 软件中用 Total Area 表示。

③ 生态学名词，边缘长度是指景观中所有斑块或某一种类型斑块的边缘周长，在 Fragstats 软件中用 Total Edge 表示。

④ 欧式最邻近距离是指景观中某一斑块与最邻近斑块的欧式距离，在 Fragstats 软件中用 Euclidean Nearest-Neighbor Distance 表示。

②从地形、植被、土壤、河流、气候等方面选择洪水调节因子，并基于洪水样本提取数值，作为自变量（y）。

③使用随机森林分类模型训练数据，模拟自变量与因变量间的关系。

④基于训练好的模型预测各个地区的洪水敏感性。

方法3：基于InVEST模型Crop Pollination模块评估授粉服务

InVEST 模型[①]的Crop Pollination模块侧重于将野生蜜蜂作为关键的动物授粉者。这个模型通过对蜜蜂飞行范围内的巢址和花卉资源可用性的估计，获得在景观的每个单元格上筑巢的蜜蜂丰度指数（即授粉者供应）。然后，该模型利用花卉资源、蜜蜂觅食活动和飞行范围等信息来估计每个单元格的蜜蜂丰度指数。

基于InVEST 模型的Crop Pollination模块计算评估期和基准期的授粉服务量，然后计算变化率，获得授粉服务量变化率。

方法4：基于InVEST模型的水供给量

基于InVEST模型的产水量模块计算水供给量。该模型基于Budyko曲线和年平均降水量计算每个栅格的年产水量（WY）。

$$WY_x = (1 - \frac{AET(x)}{P(x)}) \times P(x) \tag{1}$$

其中，WY_x为栅格x的年水供给量；$AET(x)$为栅格x的年实际蒸散量；$P(x)$为栅格x的年降水量。

对于植被类型的土地利用（农田、森林和草地），水平衡中的蒸散量 $\frac{AET(x)}{P(x)}$基于Budyko曲线计算（Baw-puh, 1981; Zhang等，2004）。

$$\frac{AET(x)}{P(x)} = 1 + \frac{PET(x)}{P(x)} - \left[1 + \left(\frac{PET(x)}{P(x)}\right)^\omega\right]^{\frac{1}{\omega}} \tag{2}$$

$$PET(x) = K_c(l_j) \times ET_0(x) \tag{3}$$

$$\omega(x) = Z\frac{AWC(x)}{P(x)} + 1.25 \tag{4}$$

$$AWC(x) = Min(Rest.\,layer.\,depth, root.\,depth) \times PAWC \tag{5}$$

---

① InVEST 是由自然资本项目和斯坦福大学研制的一套用于绘制和评估生态系统服务的免费开源软件。

其中，$PET(x)$ 为栅格 x 的潜在蒸散量（mm）；$\omega(x)$ 为表征自然气候—土壤特性的非物理参数，可以表示为 $\frac{AWC(x)}{P(x)}$ 的线性函数；N 为每年降雨的次数；$ET_0(x)$ 反映了当地的气候条件，其依据是生长在该地区的草或苜蓿等参考植被的蒸散量(mm)；$K_c(l_j)$ 为与栅格 x 上土地利用 j 相关的植物（植被）蒸散系数（表）；$AWC(x)$ 为栅格 x 上土壤的有效含水量（mm）；$Rest.\ layer.\ depth$ 为由于物理或化学特性，根系渗透受到抑制的土壤深度（mm）（表）；$root\ depth$ 为某一植被类型 95% 的根系生物量所在的深度（mm）；$PAWC$ 为根据土壤数据和参考资料计算出的植物可用水量（mm），即田间持水量与菱蔫点之间的差值；Z 是一个经验常数，有时被称为"季节性因子"，它捕捉了当地的降水模式和其他水文地质特征。它与每年降雨事件数 N 正相关；1.25 是 $\omega(x)$ 的最小值，它可以被视为裸土的值（当根系深度为 0 时），$\omega(x)$ 的值的上限为 5。

对于其他土地利用类型（开放水域、城市、湿地），实际蒸散发直接由参考蒸散发 $ET_0(x)$ 计算，其上限由降水定义：

$$AET(x) = Min\left(K_c(l_j) \times ET_0(x), P(x)\right) \qquad (6)$$

$ET_0(x)$ 使用 FAO Penman–Monteith 方法估算：

$$ET_0(x) = \frac{0.408\Delta_x(R_{nx}-G_x)+\gamma\frac{900}{T_x+273}u_{2x}(e_{sx}-e_{ax})}{\Delta_x+\gamma(1+0.34u_{2x})} \qquad (7)$$

$$\Delta_x = \frac{4098\left[0.6108exp\left(\frac{17.27T_x}{T_x+237.3}\right)\right]}{(T_x+237.3)^2} \qquad (8)$$

$$R_{nx} = R_{nsx} - R_{nlx} \qquad (9)$$

$$R_{nsx} = (1-\alpha)R_{sx} \qquad (10)$$

$$R_{sx} = (a_s + b_s\frac{n_x}{N_x})R_{ax} \qquad (11)$$

$$R_{nlx} = \sigma(\frac{T^4_{max,\ Kx}+T^4_{min,\ Kx}}{2})(0.34 - 0.14\sqrt{e_{ax}})(1.35\frac{R_{sx}}{R_{sox}} - 0.35) \qquad (12)$$

其中，Δ_x 为栅格 x 在空气温度 T（kPa/℃）下的饱和蒸汽压曲线斜率；T_x 为栅格 x 在 2 米高处的日平均气温（℃）；R_{nx} 为栅格 x 表面的净辐射量（MJ/（m²·d））；G_x 为根据辐射计算出的栅格 x 的土壤热通量

（MJ/（m²·d））；γ为湿度计算常数（kPa/℃）；u_{2x}为栅格x在2米高处的风速（m/s）；e_{sx}为栅格x的饱和蒸气压（Pa）；e_{ax}为栅格x的实际蒸气压（kPa）；R_{nsx}为栅格x的入射短波净辐射量（MJ/（m²·d））；R_{nlx}为栅格x的外射长波净辐射量（MJ/（m²·d））；α为反照率或冠层反射系数；R_{sx}为栅格x的太阳辐射量（MJ/（m²·d））；a_s、b_s为回归系数；n_x为栅格x的实际日照时长（h）；N_x为栅格x的最长日照时长（h）；R_{ax}为栅格x的地外辐射量（MJ/（m²·d）），根据栅格的纬度和联合国粮农组织《灌溉与排水文件》表格中的相对值计算得出；σ为Stefan-Boltzmann系数（MJ/（K⁴·m²·d））；$T_{max,Kx}$为栅格x的24小时内的最高绝对温度（K=C+273.16）；$T_{min,Kx}$为栅格x的24小时内的最低绝对温度（K=C+273.16）；R_{sox}为栅格x的晴空辐射计算值（MJ/（m²·d））。

附表2-2　作为水供给量计算输入参数的生物物理

土地利用类型	Kc（l_j）	Rest. Layer. depth（mm）	LULC_veg
农田	0.75	700	1
森林	1.00	7000	1
草地	0.65	2000	1
水域	1.00	1300	0
建设用地	0.28	500	0
裸地	0.20	10	0

注：LULC_veg：用于识别土地利用类型植被覆盖率的输入编号。如果土地利用类型的LULC_veg值为1，则计算公式就是植被土地利用的公式。如果土地利用类型的LULC_veg值为0，则计算公式将与其他土地利用类型相同（即实际蒸散量将直接由参考蒸散量$ET_0(x)$计算得出，其上限由降水量确定）。

方法5：基于InVEST模型Habitat Quality模块评估生境质量

InVEST模型Habitat Quality模块结合土地植被和生物多样性威胁因素的信息，通过评估某一地区各种生境类型或植被类型的范围和这些类型各自的退化程度来生成生境质量地图。

该模型主要由四个因素组成：

①每一种威胁的相对影响。

②每一种生境类型对每一种威胁的相对敏感性。

③栅格单元与威胁之间的距离。

④单元受到的合法保护的水平。所需的输入数据包括土地利用数据，土地利用对每种威胁的敏感性，每种威胁分布和密度的空间数据，保护区域空间位置。

基于 InVEST 模型的 Habitat Quality 模块计算评估期和基准期的生境质量，然后计算变化率，获得生境质量变化率。

附件 3　乳业企业对生物多样性影响风险评估数据来源

1. 森林分布数据（D1）

森林分布数据主要有两种获取途径：

第一种，可以基于土地利用数据提取森林分布数据，土地利用数据信息如附表3-1所示。

第二种，使用专门开发的森林分布数据集，如 Hansen Global Forest Change v1.11[①]，该数据集以30米空间分辨率提供了2000—2023年全球森林变化信息。

2. 植被覆盖度数据（D2）

植被覆盖度（FVC）数据主要有两种获取途径：

第一种，使用专门开发的植被覆盖度数据集，如国家青藏高原科学数据中心提供的中国区域250米植被覆盖度数据集[②]。该数据集以250米的空间分辨率提供了2000—2022年中国区域的植被覆盖度数据。

第二种，基于卫星遥感数据反演计算。使用具有红外波段和近红外波段的卫星遥感数据，利用像元二分法计算植被覆盖度。开源的卫星遥感数据包括 MODIS、Landsat、Sentinel等，也可选择国内的高分系列、吉林系列等卫星

---

① 参见 Hansen Global Forest Change v1.11 数据集，https://developers.google.com/earth-engine/datasets/catalog/UMD_hansen_global_forest_change_2023_v1_11#citations。

② 参见国家青藏高原科学数据中心，https://cstr.cn/18406.11.Terre.tpdc.300330。

遥感数据。计算公式如下:

$$FVC = \frac{NDVI - NDVI_{soil}}{NDVI_{veg} - NDVI_{soil}}$$

$$NDVI = \frac{NIR - RED}{NIR + RED}$$

其中,$NDVI$为归一化植被指数;$NDVI_{soil}$一般取NDVI累计百分比5%最接近的值;$NDVI_{veg}$一般取NDVI累计百分比95%最接近的值;NIR为近红外波段值;RED为红外波段值。

3. 土地利用数据(D3)

土地利用数据可以通过卫星遥感影像解译获得,开源的卫星遥感数据包括MODIS、Landsat、Sentinel等,也可选择国内的高分系列、吉林系列等卫星遥感数据。目前,国内外也有基于卫星遥感影像解译生产的土地利用数据集,常见的土地利用数据如附表3-1所示。

附表3-1 常见的土地利用数据信息

数据名称	来源	空间分辨率	时间范围	空间范围	更新频率
MODIS Land Cover Type Yearly Global 500m	NASA LP DAAC	500米	2001—2022年	全球	逐年
ESA CCI/C3S Land Cover map series 1992–2020	ESA CCI	300米	2000—2020年	全球	未知
GLC_FCS30D	中国科学院空天信息创新研究院	30米	1985—2022年	全球	逐年
CLCD	武汉大学	30米	1990—2022年	中国	逐年
Dynamic World	Google	10米	2015年至今	全球	2~5天

资料来源:课题组。

4. 湿地分布数据(D4)

湿地分布数据主要有两种获取途径:

第一种,可以基于土地利用数据提取湿地分布数据,土地利用数据信息如附表3-1所示。

第二种，使用专门开发的湿地分布数据集，如GWL_FCS30D[1]，该数据集以30米空间分辨率提供了全球范围内的2000—2022年的湿地分布数据。

5. NPP数据（D5）

NPP数据主要有两种获取途径：

第一种，基于CASA（Carnegie-Ames-Stanford Approach）等模型进行测算，CASA模型[2]是估算陆地生态系统植被净初级生产力（NPP）的经典模型，通过植物的光合有效辐射和实际光能利用率两个因子来进行计算。

第二种，使用专门开放的NPP数据集，如MOD17A3数据集[3]，该数据集是MODIS卫星遥感数据衍生产品，以500米空间分辨率提供了全球范围内的2001—2023年的NPP数据。

6. 温室气体排放数据（D6）

温室气体排放数据集主要有两种获取途径：

第一种，基于温室气体监测站获得温室气体排放数据。

第二种，使用专门开放的温室气体数据集，如Climate TRACE[4]。

7. 历史真实洪水淹没范围数据（D7）

Global Flood Database[5]中的洪水地图是使用美国宇航局的MODIS（Aqua（MYD09GA/GQ）和Terra（MOD09GA/GQ））卫星创建的，空间分辨率为250米。该数据库中绘制的洪水事件代表了2000—2018年DFO洪水观测站记录的重大事件，每个洪水事件记录了洪涝淹没区域、受影响区域、洪涝持续时间等信息。

8. DEM数据（D8）

DEM数据有多个数据来源，常见的DEM数据如附表3-2所示。

---

① 参见 GWL_FCS30D 数据集，https：//www.nature.com/articles/s41597-024-03143-0。

② 参见 CASA 模型，https：//geomodeling.njnu.edu.cn/modelItem/6bc7f7ba-d2fb-4c5b-a128-0e12406cb634。

③ 参见 MOD17A3 数据集，https：//doi.org/10.5067/MODIS/MOD17A3HGF.061。

④ 参见 Climate TRACE 数据集，https：//climatetrace.org/。

⑤ 参见 Global Flood Database，https：//global-flood-database.cloudtostreet.info/#interac tive-map。

附表3-2　常见的DEM数据集

数据名称	数据来源	空间分辨率
ALOS DEM	Advanced Land Observing Satellite	30米
SRTM1 DEM	NASA	30米
Copernicus DEM	ESA	30米

资料来源：课题组。

9. 地貌类型数据（D9）

中国科学院资源环境科学与数据中心提供了中国1：100万地貌类型空间分布数据[①]。

10. 土壤类型数据（D10）

Harmonized World Soil Database v 1.2 [②]提供了全球土壤类型数据。

11. 河流数据（D11）

全国1：100万公众版基础地理信息数据库[③]提供了全国水系河流分布的地理数据。

12. 降雨量数据（D12）

国家地球系统科学数据中心提供了1901—2022年中国1千米分辨率逐月降水量数据集[④]。

13. 标准蒸散发指数数据（D13）

Scientific Data上发布了1982—2021年空间分辨率为0.25°首个全球多时间尺度每日SPEI数据集[⑤]。该数据集涵盖1982年至2021年期间，并提供五个时

---

① 参见中国科学院资源环境科学与数据中心，https：//www.resdc.cn/data.aspx?DATAID=124。

② 参见 Harmonized World Soil Database v 1.2，https：//www.fao.org/soils-portal/data-hub/soil-maps-and-databases/harmonized-world-soil-database-v12/。

③ 参见全国 1：100 万公众版基础地理信息数据库，https：//www.webmap.cn/commres.do? method=result100W。

④ 参见国家地球系统科学数据中心，https://www.geodata.cn/data/datadetails.html?dataguid=192891852410344 &docId=1588。

⑤ 参见 Scientific Data，https：//www.nature.com/articles/s41597-024-03047-z。

间尺度（5天、30天、90天、180天和360天）。

14. 总磷、总氮浓度（D14、D15）

土壤和水体的总磷、总氮浓度可以通过实地采样检测获得。

15. 抗生素浓度（D16）

水体的抗生素浓度可以通过实地采样检测获得。

16. NO_2浓度、CO浓度（D17、D18）

Sentinel-5 Precursor[1]记录了2018年至今的NO_2浓度和CO浓度数据，空间分辨率约为0.01°。

17. 授粉服务相关数据：筑巢适宜性（D19）、花卉资源（D20）、授粉者信息（D21）、农场地图（D22）

筑巢适宜性数据可以通过现有文献的研究结果收集。花卉资源、授粉者信息和农场地图需要通过现场调查获得。

18. 入侵物种数（D23）

入侵物种数需要通过实地的生物多样性调查获得。

19. 物种分布数据（D24）

目前主要有三种物种分布数据集：

第一种，IUCN提供了全球最全面的物种分布数据[2]，该数据划定了物种生存的主要空间范围。

第二种，Global Biodiversity information Facility（GBIF）提供了全球物种观察数据[3]，全球的科学家、爱好者等将发现的物种上传至GBIF数据库中。

第三种，Maria等[4]在Scientific Data上发布了100米空间分辨率的全球陆地哺乳动物和鸟类栖息地地图。

---

① 参见 Sentinel-5 Precursor，https：//developers.google.com/earth-engine/datasets/cata log /sentinel-5p。

② 参见 IUCN，https：//www.iucnredlist.org/resources/other-spatial-downloads。

③ 参见 GBIF 数据库，https：//www.gbif.org/。

④ 参见 Scientific Data，https：//www.nature.com/articles/s41597-022-01838-w。

20. 自然保护地空间分布数据（D25）

联合国环境规划署的世界保护区数据库（WDPA）是唯一的全球保护区数据库[1]，但是该数据库的中国保护区数据并不全面。中国目前并未公开保护区空间分布数据，如需要相关数据可以向当地自然资源管理部门申请。另外，中国科学院资源环境科学与数据中心提供了中国国家级自然保护区的边界数据[2]。

21. 关键生物多样性区域（KBA）数据（D26）

关键生物多样性区域（KBAs）是世界上物种及其栖息地最重要的地方，可以从相关官网申请获得数据[3]。

22. 生境质量参数：威胁性数据（D27）、敏感性数据（D28）

生境质量模型计算所需的威胁性数据和敏感性数据可以通过现有文献的研究结果进行收集。

附件4　乳业企业对生物多样性的依赖风险评估指标

附表4-1　乳业企业对生物多样性的依赖风险评估指标

准则层	目标层	评价指标	指标依据
大气	气候调节	碳中和成本	中国正在全力推进"双碳"目标，乳业企业业务环节中的土地利用碳排放、反刍动物甲烷排放等会产生大量的温室气体排放。为了实现碳中和会增加企业财务支出。
	气温调节	极端高温影响	极端高温一方面会造成饲料减产，另一方面会提高为牲畜降温的成本，增加企业财务风险。
	极端灾害缓解	干旱影响	干旱会造成水资源匮乏，间接造成饲料减产或绝收，同时提高牲畜用水难度。
		洪涝影响	洪涝会直接造成饲料减产或绝收，同时可能引发牲畜死亡。

---

[1] 参见联合国环境规划署的世界保护区数据库，https://www.protectedplanet.net/en。

[2] 参见中国科学院资源环境科学与数据中心，https://www.resdc.cn/data.aspx?DATAID=272。

[3] 参见关键生物多样性区域，https://www.keybiodiversityareas.org/。

续表

准则层	目标层	评价指标	指标依据
生境	栖息地维护	影响自然保护地、KBA的业务产值	一方面饲料种植、牲畜养殖需要依赖一定的生境空间，另一方面乳业企业业务活动会破坏生境，在生物多样性保护战略下会增加企业的风险。
土壤	土壤质量调节	土壤质量下降造成的饲料减产量	饲料的种植高度依赖于土壤，土壤质量会直接决定饲料产量。
水	水供给	水供给下降量	乳业企业业务环节中的饲料种植、牲畜喂养均需要消耗大量的水资源，水供给量的下降会限制饲料产量和牲畜规模，增加企业财务风险。
物种	遗传物质	受业务活动影响的物种数量	物种丰富度直接影响遗产物质多样性，从而对牲畜的育种等环节产生影响。
	授粉服务	授粉服务下降造成的饲料减产量	饲料种植需要依赖于授粉服务，授粉量的下降可能造成饲料减产或绝收。

附件5　乳业企业对生物多样性的依赖风险评估方法

附表5-1　乳业企业对生物多样性的依赖风险评估方法

指标代码	评价指标	计算方法	输出数据	数据代码	所需数据
A1	碳中和成本	温室气体排放量（以碳计）×碳价	碳排放权购置成本	D1	温室气体量
				D2	碳价
A2	极端温度（高温、严寒）影响	极端高温日数与饲料产量的脆弱性曲线（回归曲线）评估	饲料减产量	D3	每日最高气温
				D4	饲料产量
A3	干旱影响	标准化降雨蒸散指数与饲料产量的脆弱性曲线（回归曲线）评估	饲料减产量	D5	标准化降雨蒸散指数
				D4	饲料产量
A4	洪涝影响	洪涝敏感性与财产损失的脆弱性曲线（回归曲线）评估	财产损失额	D6	洪涝敏感性
				D4	饲料产量
A5	影响自然保护地、KBA的业务产值	位于自然保护地、KBA内的业务的产值	业务产值	D7	自然保护地、KBA
				D8	受影响的产值
A6	土壤质量下降造成的饲料减产量	土壤质量与饲料产量的脆弱性曲线（回归曲线）评估	饲料减产量	D9	土壤质量
				D4	饲料产量
A7	水供给下降量	基于InVEST模型的水供给量（参见附件2方法4）	水供给量	D10	降水量
				D11	实际蒸散发量
A8	受业务活动影响的物种数量	业务活动影响的物种数量	业务活动影响的物种数量	D12	受影响物种数量
A9	授粉服务下降造成的饲料减产量	授粉服务量与饲料产量的脆弱性曲线（回归曲线）评估	饲料减产量	D13	授粉服务量
				D4	饲料产量

方法：脆弱性曲线评估方法

脆弱性曲线评估方法是指找到自变量（如极端高温日数）与因变量（如饲料产量）之间的回归关系，从而预测未来一段时间内的因变量的值。可采用传统的线性回归、非线性回归模型，也可采用随机森林回归等机器学习模型。应根据实际情况选择适宜的模型进行评估。

附件6 乳业企业对生物多样性的依赖风险评估数据来源

附表6-1 乳业企业对生物多样性的依赖风险评估数据来源

数据代码	所需数据	数据来源
D1	温室气体排放量	参见附件3第六部分
D2	碳价	北京绿色交易所
D3	每日最高气温	气象站点监测数据
D4	饲料产量	统计数据
D5	标准化降雨蒸散指数	参见附件3第十三部分
D6	洪涝敏感性	参见附件2（方法2）
D7	自然保护地、KBA	参见附件3第二十、第二十一部分
D8	受影响的产值	统计数据
D9	土壤质量	野外调查实测数据
D10	降水量	参见附件3第十二部分
D11	实际蒸散发量	实际监测数据或参见附件2（方法2）
D12	受影响物种数量	野外调查数据
D13	授粉服务量	参见附件2（方法3）

附件7 国内外乳业企业开展自然向好转型的实践

● 阿拉食品公司（Arla Foods）——混合模式农场试点项目

2021年，Arla Foods在英国、德国、荷兰、丹麦及瑞典的24个农场启动了试点项目，这些农场混合了有机和传统系统模式，旨在研究再生农业方法的影响。该试点项目的第一阶段为期四年，旨在围绕这些再生农业实践收集数据和反馈，并与所有 Arla Foods 农场主分享，以促进其可持续发展进程。同时，Arla Foods 新推出的有机标准鼓励农民进行土壤健康监测，以全面了解并评估农场的生物多样性状况，并激励他们承诺实施至少一套保护措施，以推进农场的可持续发展，这在维护和提升农场的自然与生物多样性领域发挥了引领作用。此外，农民还需确保其电力 100% 来自可再生能源，或购买可再生电力信用（Renewable electricity credits, REC），以支持绿色能源的使用。Arla Foods 认识到，推广的再生农业实践可激励农民致力于土壤健康和生物多样性恢复，有助于强化生态系统功能，包括固碳、维持水循环、确保不断增长的人口持续得到粮食供给和安全保障[1]。

● 伊利——"伊利家园行动"公益项目

2021 年，伊利为保护生物多样性正式开展"伊利家园行动"公益项目，这一项目覆盖东北湿地、亚洲象栖息地以及智慧草原等生物多样性重要区域，旨在为野生动物建设适于繁衍生息的自然家园。2023 年，"伊利家园行动"公益项目联合伊利金典、世界自然基金会（WWF），启动"伊利家园行动之金典空瓶回流公益计划"，用回收的金典空瓶为湿地濒危鸟类"中华秋沙鸭"建新家。该活动累计回收超过 10 万个空瓶，并利用这些回收材料制作了 55 个人工巢箱。这些巢箱随后被安装到凉水国家级自然保护区，有效解决了中华秋沙鸭巢址难寻的问题，帮助它们繁衍生息。同年，伊利成为首批加入世界经济论坛"全球植万亿棵树领军者倡议"中国行动（1t.org China Action）社区的企业成员，并通过"伊利家园行动之梭梭保护林计划"在阿拉善荒漠化地区种下 10 万棵梭梭树，帮助改善土地荒漠化，助力中国政府提出的在 2030 年前种植、保护和恢复 700 亿棵树的目标[2]。

① Arla US. Arla Foods Climate Check Report 2022. [EB/OL].（2022-12-25）[2024-07-16]. https：//www.arlausa.com/49162b/globalassets/arla-global/sustainability/dairys-climate-footprint/climate-check-report-2022.pdf.

② 内蒙古伊利实业集团股份有限公司. 2023 年度生物多样性保护报告. [EB/OL].（2024-05-17）[2024-07-16]. https://www.yili.com/uploads/2024-05-17/d27c2ced-4bea-41e9-9f93-dc2cdd4e2b291715939482501.pdf.

● 蒙牛——乌兰布和沙漠生态治理工程

2009年以来，蒙牛对乌兰布和沙漠进行大规模生态治理，累计投入超75亿元资金，成功将乌兰布和沙漠转变为生态绿洲，并开展公益行动，促进人与自然和谐共生。在过去的14年里，蒙牛携手旗下牧业公司在乌兰布和沙漠缔造了全球首创沙草全程有机循环产业链，大规模地开发出"防风固沙、种草养牛、牛粪还田"的循环经济模式。截至2023年底，蒙牛已在当地种植超9800万株各类树木，绿化沙漠200多平方千米，有效保护了奶源地的土壤微生物及昆虫和植被多样性，为生态平衡作出了重要贡献[①]。同时，蒙牛还从消费端入手，开展生物多样性宣教公益活动。例如，在2022年，蒙牛旗下特仑苏品牌携手中华环境保护基金会共同开展"守护乌兰布和"项目，围绕沙漠地域生物多样性主题开展了一系列公益行动，致力于将乌兰布和沙漠发展为"人与自然和谐共生"的富饶绿洲。此外，通过组织科学志愿者在野外布设红外相机、开展社区访谈，蒙牛对生活在乌兰布和沙漠重点调查区域的鸟类、野生动物进行监测，形成多份野生动物及其栖息地生物多样性调查报告[②]。

● 卫岗——"生物多样性友好牧场建设行动计划"

2024年，在"全面推进美丽中国建设"的背景下，卫岗乳业重点启动了"生物多样性友好牧场建设行动计划"。该计划聚焦于四大核心任务：一是使命驱动，卫岗乳业的生物多样性牧场将对标国际OECM标准，弥合农业生产和有效保护之间的差距，助力30%宏伟目标的实现；二是规划引领，卫岗乳业将制定2024—2030年卫岗生物多样性保护规划、制定生物多样性友好牧场建设企业标准，率先推动试点牧场的生物多样性友好建设，实现牧场本土生物、珍稀物种的就地保护；三是系统落实，卫岗乳业将建立评估标准和披

① 中国蒙牛乳业有限公司. 2023 年可持续发展报告 [EB/OL].（2024-04-28）[2024-07-16]. https：// img.mengniu.com.cn/Uploads/Mnnew/File/2024/04/28/u662e14cb6acd4.pdf.
② 中国蒙牛乳业有限公司. 2022 年可持续发展报告 [EB/OL].（2024-01-08）[2024-07-16]. https：// img.mengniu.com.cn/Uploads/Mnnew/File/2024/01/08/u659bc9aaf205b.pdf.

露制度，邀请生态保护团队对生物多样性保护成效进行监督，每年发布1篇卫岗乳业生物多样性保护白皮书；四是协同守护，卫岗乳业将致力于让呵护生物多样性、呵护生态环境成为全社会的共识①。

---

① 新华日报. 卫岗乳业"生物多样性友好牧场建设行动计划"发布 [EB/OL].（2024-06-18）[2024-07-16]. https：//xh.xhby.net/pad/con/202406/18/content_1338553.html.

致谢：

在本课题研究和报告编写过程中，我们要特别感谢以下专家（排名不分先后）对本课题的指导与支持：世界经济论坛北京代表处自然倡议总负责人朱春全，上海交通大学设计学院副院长陈睿山，大自然保护协会中国项目企业事务执行主任霍莉，FAIRR Initiative中国市场专家黄畅通，罗克佳华科技集团股份有限公司生态环境研究院总工程师冯德星，蒙牛集团可持续发展总监林笛，牧原股份ESG信息披露负责人樊京娟。他们为本课题的顺利开展作出了很大贡献，在此我们表示衷心的感谢。

探索中国自然资本发展的现状、挑战与机遇

编写单位：北京绿研公益发展中心

北京绿色金融与可持续发展研究院

课题组成员：

姜雪原　北京绿研公益发展中心资深项目专员

徐嘉忆　北京绿研公益发展中心项目总监

杨海涛　北京绿研公益发展中心项目专员

编写单位简介：

北京绿研公益发展中心：

北京绿研公益发展中心是一家扎根国内、放眼全球的环境智库型社会组织，致力于全球视野下的政策研究与多方对话，聚焦可持续发展领域的前沿问题与创新解决方案，助力中国高质量实现碳中和目标并推进绿色、开放、共赢的国际合作，共促全球迈向净零排放与自然向好的未来。

北京绿色金融与可持续发展研究院（以下简称北京绿金院）：

北京绿金院是一家注册于北京的非营利研究机构。北京绿金院聚焦ESG投融资、低碳与能源转型、自然资本、绿色科技与建筑投融资等领域，致力于为中国与全球绿色金融与可持续发展提供政策、市场与产品的研究，并推动绿色金融的国际合作。北京绿金院旨在发展成为具有国际影响力的智库，为改善全球环境与应对气候变化作出实质贡献。

一、背景

联合国《生物多样性公约》第十五次缔约方大会（CBD COP15）于2022年底达成了全球未来10年的保护目标。会议的结果令人欣喜，但时刻提醒着全人类：到目前为止，生物多样性丧失的趋势并未改变，甚至没有减速，我们依然在平衡大自然与人类生存和发展的关系。其中，被各方代表反复提及的是如何认识自然与经济的关系。过去几十年间，由于人类在经济账中忽视了"自然资本"（Natural Capital）的价值，导致自然资源遭到了大规模的破坏。

自然资本这一概念自提出至今，已有多位学者对其提出不同的理解和定义。1988年，英国环境经济学家 David Pearce首次尝试用精确的术语定义自然资本，将自然环境看作是服务于经济的自然资产，其不仅为经济生产过程提供自然资源投入，还可以吸收经济生产过程中产生的废物和残渣。自然环境作为一套完整的生命支持系统，可以为人类带来精神享受和福祉。1997年，生态经济学家Robert Costanza认为自然资本是可以产生不同类型服务的存量，并将自然资本划分为可再生和不可再生两类。可再生的自然资本可以进行积极的自我维持和自我更新，如生态系统，不仅产出生态系统产品，也会在本地产生生态系统服务流；不可再生的自然资本直到被开采使用之前一般不产生任何服务，如化石能源和矿藏。此外，两位学者都认为自然资本管理需要权衡和取舍，因此价值化是自然资本定量研究的前提，为自然资本的核算奠定了基础。

自1992年联合国环境与发展会议通过《21世纪议程》，并明确提出开展自然资本和生态系统评估研究以来，全球范围内已陆续开发多种自然资本核算体系，并不断进行试点和探索。此外，自然资本也逐渐受到金融部门的关注。2012年，《自然资本宣言》在联合国可持续发展大会上正式发布，全球40多家金融机构签署了该宣言，正式承诺将自然资本纳入金融部门报告中。

联合国《生物多样性公约》第十五次缔约方大会（CBD COP15）于2022年底达成全球未来10年的生物多样性保护目标，并对政府部门提出要求，将生物多样性及其多重价值充分纳入各部门的政策、法规、战略、规划和评估等。美国、英国、欧盟等围绕自然资本与经济体系的融合出台了战略计划和相应政策，菲律宾也于近日通过了自然资本核算法，旨在支持政府的环境经济决策。可以看出，国际社会对自然资本这一概念的关注度不断提高，也对其在决策中的主流化提出了更高要求。

在中国的政策语境下，"自然资本"这一概念较少出现，而更多地使用"自然资源资产"和"生态产品"的概念（见专栏1）。中国近年来陆续提出生态文明体制改革、健全自然资源资产管理体制、生态产品价值实现机制建设等一系列方针政策和决策部署，并在更新发布的《中国生物多样性保护战略与行动计划（2023—2030年）》中首次将"生态产品价值实现"列为优先行动之一。虽然名称和方法不同，但与国际上自然资本概念下希望解决的问题和实现的目标不谋而合。

作为较新出现的概念，自然资本的管理与经济和社会发展相关工作融合得越发紧密。对于金融机构而言，了解其投资组合中对自然资本的依赖并控制相关风险在生物多样性丧失的全球现状下至关重要。与此同时，抓住机遇、提早布局基于自然的可持续的投资市场是金融机构长期发展需要考虑的关键因素，国际上相关的创新实践和行动目前处于加速发展的态势。为帮助金融部门了解自然资本这一概念以及围绕其开展的各项工作，课题组从政策进展、核算体系、市场机制、金融支持、治理体系、创新实践、当前挑战等方面梳理了中国自然资本发展的现状，并以英国和浙江的省级工作为例介绍了国际和国内的相关经验和实践，最后针对包括金融部门在内的相关政策部门提出建议，希望可以加深各利益相关方对自然资本及其相关工作的理解，并为后续推动自然资本工作提供思路。

专栏1　自然资本概念辨析

自然资本是国际通行的概念，一般认为既包括诸如树木、矿产、生态系统、大气等有形的资本，也包括各种无形的资本，是自然为人类提供的直接和间接财富，是全球总经济价值的一部分。从自然资本的可再生属性来看，自然资本又可分为存量资本和流量资本①。自然资本存量一般指自然资源本身的数量和质量，自然资本流量则一般是指自然资本能够衍生出的、可为人类社会提供产品和服务、又不损害自然资本本身的产品和服务的总称。需要注意的是，自然资本的存量和流量并不是完全分割的关系，存量可以产生流量，而流量如果不被使用，一部分又将成为存量的增量，但不是简单的线性关系。因此，自然资本是流量和存量的综合，但存量和流量不能完全割裂开。

在实际情况中，自然资本这一概念较少出现在中国的政策语境下，更多情况下使用了"生态产品"和"自然资源资产"这两个概念。"生态产品"指生态系统为经济活动和其他人类活动提供且被使用的货物与服务贡献，包括物质供给、调节服务和文化服务三类②。"自然资源资产"则是具有稀缺性、有用性及产权明确的自然资源，主要包括土地资源资产、林木资源资产、水资源资产、矿产资源资产等。虽然这两个概念目前的定义和边界界定仍然较为模糊，但基本可以将其简单理解为自然资本流量和存量的关系。金融机构可以将自然资本视作一种生息资产，在资本主义经济中可以积累金融价值，通过信贷和证券机制进行金融杠杆化而产生大量的货币红利③。

---

① 张彩平，姜紫薇，韩宝龙，等.自然资本价值核算研究综述[J].生态学报，2021，41（23）：9174-9185.
② 中华人民共和国国家发展和改革委员会，中华人民共和国国家统计局.生态产品总值核算规范（试行）[EB/OL].（2022-10-21）[2024-01-12].https://zglsxy.lsu.edu.cn/2022/1021/c2743a321837/page.htm.
③ 刘颂，戴常文.自然资本流变及其对生态系统服务价值的演变路径[J].生态学报，2021，41（3）：1189-1198.

二、中国自然资本发展现状与挑战

中国的自然资本工作可以追溯到20世纪末开展的生态系统服务功能价值评估的研究工作中。通过大量的研究，学者对中国各类生态系统价值的空间分布和时间变化有了定量的结果，并将研究成果逐步纳入生态规划、环境政策制定中。但是，"自然资本"在中国的政策体系中主要以概念形式出现，并未进行阐述或实际应用。而在实际过程中，中国的自然资本工作是生态产品价值实现和自然资源资产相关工作的集合，目前已经形成了"生态产品"为主导、"自然资源资产"为基础的格局。

（一）政策进展

中国的自然资源管理在早期形成了分类分散的管理体制，除土地等几类重要自然资源实现了相对的统一集中管理外，其他资源的管理较为分散，不同资源分管机构之间出现了管理真空或权责交叉现象[1]。针对这一问题，党的十八届三中全会决定提出健全国家自然资源资产管理体制的要求，同时将探索编制全国和地方自然资源资产负债表确定为一项重大核算改革任务。

2015年，《国务院办公厅关于印发编制自然资源资产负债表试点方案的通知》[2]中提出了"自然资源资产"的概念，并将其主要内容概括为土地资源资产、林木资源资产、水资源资产和矿产资源资产。在试点方案的推动下，国家统计局和各省（区、市）统计局联合相关部门，开展全国实物量自然资源资产负债表和省级实物量自然资源资产负债表试编[3]。同时，编制价

---

① 宋马林，崔连标，周远翔.中国自然资源管理体制与制度：现状、问题及展望 [J]. 自然资源学报，2022，37（1）：1–16.

② 中华人民共和国中央人民政府.国务院办公厅关于印发编制自然资源资产负债表试点方案的通知 [EB/OL].（2015–11–08）[2024–01–12]. https：//www.gov.cn/gongbao/content/2015/content_2973147.htm.

③ 中华人民共和国国家统计局.关于政协十三届全国委员会第三次会议第1458号（资源环境类092号）提案答复的函 [EB/OL].（2020–10–13）[2024–01–12]. https：//www.stats.gov.cn/xxgk/jytadf2020/zxwyta2020/202010/t20201013_1793709.html.

值量自然资源资产负债表的相关工作正在有序推进。

2018年，根据《深化党和国家机构改革方案》的要求，国务院组建了自然资源部，整合了原国土资源部、国家发展和改革委员会、住房和城乡建设部、水利部、原国家林业局、原农业部、国家海洋局和国家测绘地理信息局与自然资源管理相关的职责，形成了统一的自然资源管理部门。自然资源部不仅负责全民所有自然资源资产的全方位确权登记、资源有偿使用等工作，而且将进一步强化对自然资源实体的管理，更加注重国土空间用途管制、生态修复、耕地保护等工作[①]。此外，自然资源部正在积极探索并开展全民所有自然资源资产负债表的编制工作。

在开展自然资源资产负债表编制工作的同时，围绕生态产品价值实现机制的工作也在有序推进。2010年，中国政府发布《全国主体功能区规划》[②]，首次在政策文件中提出了"生态产品"的概念。按照区域开发定位，该规划将中国的国土空间划分为城市化地区、农产品主产区和重点生态功能区。其中，重点生态功能区主要负责提供"生态产品"，"生态产品"是指维系生态安全、保障生态调节功能、提供良好人居环境的自然要素，包括清新的空气、清洁的水源和宜人的气候等。

2015年，中共中央、国务院在《生态文明体制改革总体方案》中提出了"自然资本"的概念，但未展开阐述。此后，在《关于健全生态保护补偿机制的意见》和《关于划定并严守生态保护红线的若干意见》等多份文件中，逐渐出现了"生态产品""生态服务""生态资产""自然资本"等概念。直到2021年，中共中央办公厅和国务院办公厅印发了《关于建立健全生态产品价值实现机制的意见》，对生态产品和生态产品价值实现的机制进行了系统的阐述，并构建了相应的体系。其中，生态产品价值实现机制包括生态产品的调查监测机制、价值评价机制、经营开发机制、保护补偿机制，以及配

---

① 宋马林，崔连标，周远翔．中国自然资源管理体制与制度：现状、问题及展望 [J]．自然资源学报，2022，37（1）：1-16.

② 中华人民共和国中央人民政府．国务院关于印发全国主体功能区规划的通知 [EB/OL]．（2011-06-08）[2024-01-12]．https://www.gov.cn/zhengce/content/2011-06/08/content_1441.htm.

套的保障机制和推进机制等方面，为推进生态产品价值实现构建了系统、完善的顶层制度设计。文件虽然提及了"自然资本"一词，但未进行阐述。

2022年，国家发展改革委和国家统计局印发《生态产品总值核算规范（试行）》[1]，明确了"生态产品"的定义，即"生态系统为经济活动和其他人类活动提供且被使用的货物与服务贡献，包括物质供给、调节服务和文化服务三类"。

目前来看，中国的自然资本工作已经完成了以《生态文明体制改革总体方案》和《关于建立健全生态产品价值实现机制的意见》为基础的顶层设计，相关制度构建也在逐步推进中。生态产品价值实现已纳入《中国生物多样性保护战略与行动计划（2023—2030年）》和长江经济带发展等重大战略，目前已有20多个省份出台行动方案。多项与自然资源相关的单项法律也已经陆续出台，包括《土地管理法》《水法》《矿产资源法》《森林法》《草原法》《海洋环境保护法》等，自然资本、生态产品、自然资源资产等工作也被纳入政府的五年发展规划中。近年来中国出台的涉及自然资本的文件参见专栏2。

专栏2 近年来中国出台的涉及自然资本的文件

2015年，《生态文明体制改革总体方案》[2]提出，树立自然价值和自然资本的理念，自然生态是有价值的，保护自然就是增值自然价值和自然资本的过程，就是保护和发展生产力，就应得到合理回报和经济补偿。文件中提出了"自然资本"和"自然价值"的概念。

2015年，《国务院办公厅关于印发编制自然资源资产负债表试点方案的

---

[1] 中华人民共和国国家发展和改革委员会, 中华人民共和国国家统计局. 生态产品总值核算规范（试行）[EB/OL].（2022-10-21）[2024-01-12]. https://zglsxy.lsu.edu.cn/2022/1021/c2743a321837/page.htm.
[2] 中华人民共和国中央人民政府. 中共中央、国务院印发《生态文明体制改革总体方案》[EB/OL].（2015-09-21）[2024-01-12].https://www.gov.cn/gongbao/content/2015/content_2941157.htm .

通知》①提出了"自然资源资产"的概念，并将其主要内容概括为土地资源资产、林木资源资产、水资源资产和矿产资源资产。

2015年，《中共中央关于制定国民经济和社会发展第十三个五年规划的建议》②提出，以市县级行政区为单元，建立由空间规划、用途管制、领导干部自然资源资产离任审计、差异化绩效考核等构成的空间治理体系。

2016年，《关于健全生态保护补偿机制的意见》③提出，健全生态保护市场体系，完善生态产品价格形成机制，使保护者通过生态产品的交易获得收益，发挥市场机制促进生态保护的积极作用。这里提出了"生态产品"和"生态产品价格"的概念。

2017年，《关于完善主体功能区战略和制度的若干意见》④提出，要建立健全生态产品价值实现机制，挖掘生态产品市场价值，结合划定并严守生态保护红线、健全国家自然资源资产管理体制、建立国家公园体制等重大改革任务。这里提到了"生态产品价值"和"自然资源资产"的概念。

2017年，《关于划定并严守生态保护红线的若干意见》⑤提出，生态空间是指具有自然属性、以提供生态服务或生态产品为主体功能的国土空间。划定并严守生态保护红线，是贯彻落实主体功能区制度、实施生态空间用途管制的重要举措，是提高生态产品供给能力和生态系统服务功能、构建国家生态安全格局的有效手段，是健全生态文明制度体系、推动绿色发展的有力保障。这里提出了"生态服务""生态产品""生态产品供给能力"和"生态系统服务功能"等概念。

① 中华人民共和国中央人民政府 . 国务院办公厅关于印发编制自然资源资产负债表试点方案的通知 [EB/OL]. （2015–11–08）[2024–01–12]. https：//www.gov.cn/gongbao/content/2015/content_2973147.htm.
② 中华人民共和国中央人民政府 . 中共中央关于制定国民经济和社会发展第十三个五年规划的建议 [EB/OL]. （2015–11–03）[2024–01–12]. https：//www.gov.cn/xinwen/2015/11/03/content_5004093.htm.
③ 中华人民共和国中央人民政府 . 国务院办公厅关于健全生态保护补偿机制的意见 [EB/OL]. （2016–04–28）[2024–01–12]. https：//www.gov.cn/gongbao/content/2016/content_5076965.htm.
④ 中华人民共和国中央人民政府 . 习近平主持召开中央全面深化改革领导小组第三十八次会议 [EB/OL]. （2017–08–29）[2024–01–12]. https：//www.gov.cn/xinwen/2017–08/29/content_5221323.htm.
⑤ 中华人民共和国中央人民政府 . 中共中央办公厅、国务院办公厅印发《关于划定并严守生态保护红线的若干意见》[EB/OL]. （2017–02–07）[2024–01–12]. https：//www.gov.cn/zhengce/2017–02/07/content_5166291.htm.

2019 年，《关于建立以国家公园为主体的自然保护地体系的指导意见》①提出"为加快建立以国家公园为主体的自然保护地体系，提供高质量生态产品，推进美丽中国建设"，以及"在保护的前提下，在自然保护地控制区内划定适当区域开展生态教育、自然体验、生态旅游等活动，构建高品质、多样化的生态产品体系"和"建立统一调查监测体系，建设智慧自然保护地，制定以生态资产和生态服务价值为核心的考核评估指标体系和办法"。这里提到了"生态产品""生态资产"和"生态服务价值"等概念。

2019 年，《关于统筹推进自然资源资产产权制度改革的指导意见》②提出，以完善自然资源资产产权体系为重点，以落实产权主体为关键，以调查监测和确权登记为基础，着力促进自然资源集约开发利用和生态保护修复，加强监督管理，注重改革创新，加快构建系统完备、科学规范、运行高效的中国特色自然资源资产产权制度体系。

2020 年，《全国重要生态系统保护和修复重大工程总体规划（2021—2035 年）》③提出，生态产品价值实现缺乏有效途径，需要全面扩大优质生态产品供给。这里提出了"生态产品"和"生态产品价值"的概念。

2021 年，《国务院关于 2020 年度国有自然资源资产管理情况的专项报告》④提出"推进建立生态产品价值实现机制"以及"印发推广自然资源领域生态产品价值实现典型案例，支持地方开展生态产品价值实现机制探索，推动构建绿水青山转化为金山银山的政策制度体系"。这里提出了"生态产品价值"和"自然资源领域生态产品价值"等概念。

① 中华人民共和国中央人民政府.中共中央办公厅、国务院办公厅印发《关于建立以国家公园为主体的自然保护地体系的指导意见》[EB/OL].（2019-09-26）[2024-01-12]. https://www.gov.cn/zhengce/2019-06/26/content_5403497.htm.
② 中华人民共和国中央人民政府.中共中央办公厅、国务院办公厅印发《关于统筹推进自然资源资产产权制度改革的指导意见》[EB/OL].（2019-04-15）[2024-01-12]. https://www.mnr.gov.cn/dt/ywbb/201904/t20190415_2405161.html.
③ 中华人民共和国国家发展和改革委员会，中华人民共和国自然资源部.全国重要生态系统保护和修复重大工程总体规划（2021—2035 年）[EB/OL].（2020-06-03）[2024-01-12]. https://www.gov.cn/zhengce/zhengceku/2020-06/12/5518982/files/ba61c7b9c2b3444a9765a248b0bc334f.pdf.
④ 中国人大网.国务院关于 2020 年度国有自然资源资产管理情况的专项报告[EB/OL].（2021-10-21）[2024-01-12]. http://www.npc.gov.cn/npc/c2/c30834/202110/t20211021_314165.html.

2021年，《关于建立健全生态产品价值实现机制的意见》①提出系统建立生态产品价值实现的制度框架以及"自然资本""生态产品""生态产品实物量"和"生态产品价值"等概念。

2022年，党的二十大报告②提出，建立生态产品价值实现机制，完善生态保护补偿制度。这里提到的是"生态产品价值"的概念。

2022年，《生态产品总值核算规范（试行）》③对"生态产品"进行了定义，即为"生态系统为经济活动和其他人类活动提供且被使用的货物与服务贡献，包括物质供给、调节服务和文化服务三类"，并在附录B详细列出了"生态产品清单"。

2022年，《全民所有自然资源资产所有权委托代理机制试点方案》④明确了针对全民所有的土地、矿产、海洋、森林、草原、湿地、水、国家公园8类自然资源资产（含自然生态空间）开展所有权委托代理试点。试点方案中明确所有权行使模式，编制自然资源清单并明确委托人和代理人权责，依据委托代理权责依法行权履职，研究探索不同资源种类的委托管理目标和工作重点，完善委托代理配套制度，探索建立履行所有者职责的考核机制，建立代理人向委托人报告受托资产管理及职责履行情况的工作机制。

2023年，《关于建立健全领导干部自然资源资产离任审计评价指标体系

---

① 中华人民共和国中央人民政府. 中共中央办公厅、国务院办公厅印发《关于建立健全生态产品价值实现机制的意见》[EB/OL].（2021-04-26）[2024-01-12]. https：//www.gov.cn/zhengce/2021/04/26/content_5602763.htm.

② 中华人民共和国中央人民政府. 高举中国特色社会主义伟大旗帜为全面建设社会主义现代化国家而团结奋斗——在中国共产党第二十次全国代表大会上的报告[EB/OL]. (2022-10-25) [2024-01-12]. https：//www.gov.cn/gongbao/content/2022/content_5722378.htm.

③ 中华人民共和国国家发展和改革委员会，中华人民共和国国家统计局. 生态产品总值核算规范（试行）（发改基础〔2022〕481号）[EB/OL]. (2022-10-21) [2024-01-12]. https：//zglsxy.lsu.edu.cn/2022/1021/c2743a321837/page.htm.

④ 中华人民共和国中央人民政府. 中办国办印发《全民所有自然资源资产所有权委托代理机制试点方案》[EB/OL].（2022-03-17）[2024-01-12]. https：//www.gov.cn/zhengce/2022/03/17/content_5679564.htm.

的意见》①构建了涉及自然资源资产的评价指标体系，包括资源环境相关决策与监管职能履行情况、国家资源环境约束性指标完成及有关监督考评情况、自然资源开发利用与生态保护修复情况、资源环境相关资金项目管理绩效、特定负面事项强制评价五个方面的指标体系。

2024年，《关于印发首批国家生态产品价值实现机制试点名单的通知》②确定了北京市延庆区、河北省承德市、黑龙江省大兴安岭地区、浙江省湖州市、安徽省黄山市、福建省南平市、山东省烟台市、湖南省怀化市、广西壮族自治区桂林市、陕西省商洛市10个地区为首批国家生态产品价值实现机制试点，浙江省丽水市、江西省抚州市继续开展试点工作，试点期限为2025—2027年。

（二）核算体系

自然资本核算作为一种工具，可以衡量不同范围内的自然资本存量和状况的变化，并将生态系统服务的流量和价值以标准化方式纳入核算报告体系。目前全球已建立多个自然资本核算体系，其中联合国环境经济核算体系（SEEA）及其生态系统账户（SEEA-EA）已在全球范围内多个国家试点和实施。与此同时，中国也在围绕不同尺度的自然资本存量和流量开展实物量和价值量的核算。

为定期评估自然资源资产变化状况，中国已经正式启动自然资源资产负债表编制工作，并正在探索建立科学规范的自然资源统计调查制度，为推进生态文明建设、有效保护和永续利用自然资源提供信息基础、监测预警和决策支持。自然资源资产负债表借鉴了国民经济核算中资产负债表的表现形式，对全国和各地区主要自然资源资产的存量及增减变化、质量及其变化进

---

① 中华人民共和国中央人民政府．中共中央办公厅、国务院办公厅《关于建立健全领导干部自然资源资产离任审计评价指标体系的意见》[EB/OL]．（2023-11-20）[2024-01-12]．https：//www.huaihua.gov.cn/sjj/c100641/202311/4c1e4705867e409b8ada87f8e97b4010.shtml．
② 中华人民共和国国家发展和改革委员会．国家发展改革委关于印发首批国家生态产品价值实现机制试点名单的通知 [EB/OL]．（2024-06-05）[2024-06-11]．https：//www.ndrc.gov.cn/xwdt/tzgg/202406/t20240605_1386684.html．

行分类核算，可以揭示经济活动主体对自然资源资产的占有、使用、消耗、恢复和提质活动情况。目前，中国已初步形成全民所有自然资源资产负债表报表体系框架和技术规范，正在开展全国和省级实物量自然资源资产负债表试编工作，同时探索编制价值量自然资源资产负债表。

除了对自然资本存量核算的探索，中国围绕自然资本流量的核算也开展了一系列研究和探索，并初步建立了生态系统生产总值（Gross Ecosystem Product，GEP）核算体系和规范。GEP核算旨在度量生态系统为人类福祉和经济社会可持续发展提供的各种最终产品与服务价值的总和，主要包括生态系统提供的物质产品价值、调节服务价值和文化服务价值。此外，针对更小尺度的特定地域单元生态产品价值核算（The Value of Ecosystem Product in specific geographic units，VEP）适用于以项目为主体的生态价值评价，通过核算生态产品价值在项目期间的变化，探索人类活动对特定地域单元生态产品价值的影响。目前，中国已经在多个省、市、县开展生态系统生产总值核算试点示范，也在国家公园、自然保护区、流域等特定地域单元开展生态产品价值核算。此外，北京市、安徽省黄山市、浙江省湖州市等地方也相继开展了面向自然资产开发利用价值评估的VEP评估与应用工作，并出台相关地方标准。

可以说，自然资本核算为可持续的经济发展和资源开发规划及决策提供了信息和依据，但如何将核算数据应用于企业管理、政策制定、项目分析和投资评估等各项决策是亟待解决的问题。

（三）应用场景

自然资本核算结果的应用是自然资本工作的核心之一，中国在这方面所做的工作和尝试主要体现在生态产品价值实现、自然资源资产负债表应用等方面（见图1）。

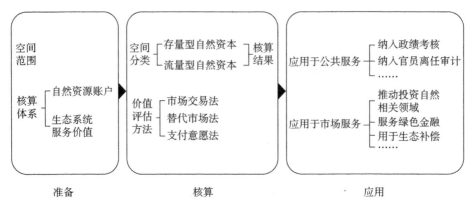

图1 中国生态产品价值实现领域的场景

（资料来源：北京绿研公益发展中心（2023），中英合作：探索自然资本核算及其应用的机遇与
挑战）

生态产品价值实现领域分为应用于公共服务和应用于市场服务两类。在公共事务领域，自然资本核算的结果可以用于政绩考核、离任审计、辅助投资决策等，即通过一段时期内自然资本的变化，或者某项决策前后自然资本的变化，评估政绩或决策对自然资本价值的影响。在市场领域，自然资本核算能够识别出有利于自然资本增值的领域或者存在的短板领域，可用于引导资金投向生态系统保护和生态产品发展的领域，还可用于推动绿色金融、生态补偿设计和生态损害赔偿等相关工作。

近年来，自然资源部门在自然资源领域开展了生态产品价值实现途径和应用场景的梳理工作。例如，在最近的《生态产品价值实现典型案例》（第四批）[①]提出了纵向生态保护补偿、横向生态保护补偿、生态农业、生态工业、生态旅游、湿地指标交易、碳汇交易、特许经营、全域土地综合整治及增值溢价、矿山生态修复及价值提升、公园导向型开发11种典型生态产品价值实现机制。不断编制和整理的案例都在丰富各地探索应用的思路，各地因地制宜，加以实践。

---

① 中华人民共和国自然资源部. 自然资源部办公厅关于印发《生态产品价值实现典型案例》（第四批）的通知 [EB/OL].（2023-09-01）[2024-01-10]. http://gi.mnr.gov.cn/202309/t20230913_2800125.html.

（四）金融支持

绿色金融可以通过"资源配置、风险管理、市场定价"三大功能支持中国自然资本工作的进一步发展。在资源配置方面，绿色金融的融资成本优势及其市场化运作可以带动自然资本投资并推动市场化机制的形成。在风险管理方面，绿色金融可以通过其对环境、社会、治理风险的考量，推动可持续的自然资源开发和利用，而绿色保险等金融工具在损失补偿、防灾防损方面可以发挥积极作用。在市场定价方面，绿色金融可以通过市场化手段为自然资本定价，并推动自然资本市场的交易和流动性。

目前，中国已经出台相关政策鼓励金融机构支持生态产品价值实现。《关于建立健全生态产品价值实现机制的意见》中明确指出加大绿色金融支持力度，鼓励创新运用绿色信贷、绿色资产证券化等金融产品为生态产品经营与绿色产业发展提供融资担保服务。此外，《绿色债券支持项目目录（2021年版）》已经将生态环境产业纳入其中，并将支持生态产品供给相关产业。在实践中，金融机构正在探索构建基于GEP价值转化和基于"自然资源权属"的绿色金融创新实践，如浙江省丽水市推出与生态产品价值核算挂钩的"生态贷"，江西省抚州市资溪县通过收储生态资源经营权进行抵质押融资。此外，金融机构还可以参与生态环境导向的开发项目（EOD）中，通过将生态产业与生态保护修复项目打包进行贷款，以生态环境治理提升产业开发价值，以产业收益反哺生态环境治理，实现发展和保护融合共生。

（五）治理体系

自然资本工作目前在中国已经形成了中央出台顶层设计，各部门协同配合，各省、市、县甚至乡、村都积极参与其中的格局。目前来看，中国参与自然资本工作的部门有国家发展改革委、自然资源部、财政部、生态环境部、金融监管总局、国家统计局、审计署、水利部、农业农村部、文化和旅游部、国家林草局等，其各自在工作推进过程中的定位和角色也有所不同。

在生态产品价值实现领域，国家发展改革委主要负责设计总体制度、出台技术规范和典型案例、推动各地各部门开展生态产品价值核算和实现探索等工作，并与国家统计局合作制定生态产品目录清单，以及生态产品实物量和价值量的核算规范，为各地各部门开展生态产品价值实现工作提供统一的技术要求。

自然资源部作为履行全民所有土地、矿产、森林、草原、湿地、水、海洋等自然资源资产所有者职责和所有国土空间用途管制职责的部门，主要负责自然资源资产管理、编制自然资源资产负债表，以及为生态产品的核算、应用、统计和审计等工作提供数据基础。与生态环境部、水利部、农业农村部、文化和旅游部、国家林草局等部门一样，自然资源部也在开展本领域内的生态产品价值实现工作，包括完善政策措施、开展试点示范、发布典型案例等。

财政部主要在支撑生态建设和生态服务的资金支持、生态补偿等方面开展工作，参与推动自然资本相关工作。中国人民银行、金融监管总局主要通过鼓励、支持和引导金融机构制定有利于生态产品保护、提高、可持续开发和利用的优惠金融措施，推动开发和创新金融产品，支持生态产品价值实现工作。中国参与生态产品价值实现的主要部门及其角色如图2所示。

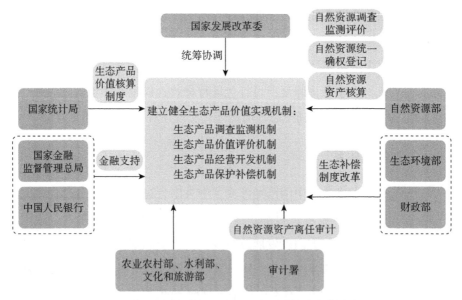

图2　中国参与生态产品价值实现的主要部门及其角色

（资料来源：北京绿研公益发展中心（2024），中英自然资本治理体系与地方实践比较研究 ——共识与挑战）

除了行政部门之外，中国的立法机关，即全国人民代表大会及其常务委员会，也关心自然资本相关工作。其中，对于自然资源资产管理工作，全国人民代表大会要求自然资源部报告情况，并加强监督；而对于生态产品价值实现工作，有一些人大代表提出议案①。全国政协也关注生态产品相关工作，召开"推动建立生态产品价值实现机制"远程协商会②，讨论对生态产品价值实现机制理解认识不足、政策衔接和部门协同不够、生态产品价值实现市场路径偏弱、相关试点比较分散等问题。在生态损害赔偿等实践中，法院、检察院等司法机关探索应用生态产品价值核算的结果，积极运用司法力量保障规范、有序的生态产品价值实现机制。

（六）创新实践

自然资本工作不完全是一个自上而下的过程，更多的是先从省市开始试点创新再推向全国。浙江省于2017年成为开展生态产品价值实现机制的试点省份，是中国率先开展自然资本核算和应用实践的省份之一。 2019年，丽水市成为首个国家生态产品价值实现机制试点城市，2024年6月，湖州市列入首批国家生态产品价值实现机制试点，丽水市则继续开展试点工作，试点期限为2025—2027年。本部分将从法律法规、政策体系、应用场景等方面介绍浙江省在自然资本领域的创新实践。

1. 法律法规

浙江省是首先在法规层面对生态产品价值及自然资源资产进行规范的省份，这意味着自然资本相关工作在浙江省有法可依。2022年5月27日，浙江省第十三届人大常务委员会第三十六次会议通过《浙江省生态环境保护条

---

① 中华人民共和国国家发展和改革委员会. 对十三届全国人大五次会议第 3698 号建议的答复 [EB/OL].（2022-10-23）[2024-01-12]. https：//www.ndrc.gov.cn/xxgk/jianyitianfuwen/qgrddbjyfwgk/202301/t20230118_1346901_ext.html.

② 中国人民政治协商会议全国委员会. 变生态优势为发展优势——全国政协"推动建立生态产品价值实现机制" 远程协商会综述 [EB/OL].（2023-09-11）[2024-01-12]. http：//www.cppcc.gov.cn/zxww/2023/09/11/ARTI1694397643630267.shtml.

例》①，自2022年8月1日起施行。《浙江省生态环境保护条例》在第四章中专设"生态产品价值实现"内容（见专栏3），共计11条；在第五章"监督管理"的第六十二条中，还规定了"实行领导干部自然资源资产离任审计制度"。

在《浙江省生态环境保护条例》中，可以看出浙江省除了落实国家的要求之外，还提出了建设全省统一的生态产品经营管理平台、鼓励社会资本参与生态产品经营开发、健全财政转移支付资金分配机制和生态保护补偿机制等规定。这些规定涉及平台建设、社会参与、资金分配和补偿等自然资本推进工作中的重点和难点问题，从法规层面提出了相应的规定，构建了法律保障，具有很强的必要性和实用性。

专栏3：《浙江省生态环境保护条例》第四章"生态产品价值实现"的主要内容

为拓宽"绿水青山就是金山银山"转化通道，针对生态产品"难度量、难抵押、难交易、难变现"等问题，《浙江省生态环境保护条例》构建了生态产品价值实现的基本制度框架，主要包括以下内容：

一是建立健全自然资源确权登记制度和生态产品基础信息普查制度、动态监测制度，要求编制生态产品目录清单并动态调整（第三十九条）。

二是建立健全生态产品价值评价机制和价值核算指标体系，逐步建立生态产品价值核算结果发布制度，支持开展碳汇交易，鼓励探索生态产品价值权益质押融资（第四十条、第四十一条）。

三是建立全省统一的生态产品经营管理平台，推进供需对接（第四十二条）。

四是建立政府主导、社会参与、市场运作、可持续的生态产品价值实现机制（第四十三条）。

---

① 浙江省生态环境厅. 发布会实录 |《浙江省生态环境保护条例》新闻发布会 [EB/OL].（2022−06−02）[2024−01−12]. http://sthjt.zj.gov.cn/art/2022/6/2/art_1229588133_58931688.html.

五是支持山区、海岛县（市）发展旅游、休闲度假经济和文化创意等产业（第四十四条）。

六是鼓励社会资本参与生态产品经营开发，支持创建生态产品区域公用品牌和区域特色农产品品牌（第四十五条、第四十六条）。

七是建立健全财政转移支付资金分配机制和主要流域上下游地区横向生态保护补偿机制（第四十七条、第四十八条）。

八是建立健全生态产品价值考核机制（第四十九条）。

2. 政策体系

2018年开始，浙江省在相关政策文件中就提出了开展生态产品价值实现机制建设的工作要求。2021年，中共中央办公厅、国务院办公厅印发《关于建立健全生态产品价值实现机制的意见》，浙江省于同年制定了省内的《关于建立健全生态产品价值实现机制的实施意见》，推动健全全省生态产品价值实现机制，加快完善生态产品价值实现路径。作为浙江省自然资本工作的顶层设计文件，该文件提出，到2025年，生态产品价值实现的制度框架基本形成，具有浙江特色的生态产品价值核算体系基本建立；到2035年，完善的生态产品价值实现机制全面建立等目标。文件主要内容包括推进自然资源确权登记和生态产品信息普查，全面摸清生态产品家底；完善机制评价和核算体系；健全经营开发机制，拓展生态产品价值实现路径；完善生态保护补偿机制和生态环境损害赔偿制度；将生态系统价值纳入考核机制，推动绿色金融政策工具应用等。

该实施意见细化了浙江省内参加自然资本工作的部门定位，明确了地方各类工作试点和工作要求，同时也明确了省内推进生态产品相关工作的部门分工协作机制，提出了重点任务和试点示范的工作安排，确定了将政策文件转化成生态产品工作的路线图和施工图。为落实浙江省《关于建立健全生态产品价值实现机制的实施意见》，浙江省发展改革委印发《浙江省生态产品价值实现2023年重点工作清单》①。2023年的主要工作任务包括健全生态产品调查监测机制、完善生态产品价值评价机制、健全生态产品经营开发机制、健全生态产品保护补偿机制、健全生态产品价值实现保障机制、完善生态产品价值实现推进机制六个方面共13项任务。除浙江省发展改革委之外，工作清单涉及的单位还包括浙江省财政厅、浙江省自然资源厅、浙江省生态环境厅、浙江省水利厅、浙江省农业农村厅、浙江省文化和旅游厅、浙江省市场监管局、浙江省地方金融监管局、浙江省统计局、浙江省林业局、人民银行杭州中心支行、浙江银保监局、浙江证监局、国家统计局浙江调查总队、浙江省气象局等部门。

除了上述文件之外，浙江省还在其他省级文件中，将生态产品价值实现机制作为重要的工作内容。例如，浙江省制定《浙江高质量发展建设共同富裕示范区实施方案（2021—2025年）》，提出全面推行生态产品价值实现机制；探索建立具有浙江特点的常态化GEP核算和考核制度，制定发布陆海GEP核算标准，全域推进GEP核算应用体系建设，完善与生态产品质量和价值挂钩的财政奖补机制；推进丽水生态产品价值实现机制国家试点，深化安吉践行"绿水青山就是金山银山"理念综合改革试点，探索创新优质水资源价值实现路径。

浙江省发展改革委、浙江省自然资源厅、浙江省农业农村厅、浙江省地方金融监管局、人民银行杭州中心支行、中国银保监会浙江监管局发布的《关于两山合作社建设运营的指导意见》（浙发改函〔2023〕3号）提出，两山（即绿水青山就是金山银山）合作社平台是以生态产品价值实现为目标，聚焦生态资源变生态资产、生态资产变生态资本，按照"分散化输入、集中式输出"的经营理念，打造政府主导、社会参与、市场化运作的生态产品经营管理平台。浙江省生态环境厅会同浙江省发展改革委、浙江省自然资源厅、浙江省农业农村厅、浙江省林业局联合印发的《浙江省生物多样性保

---

① 浙江省发展和改革委员会. 省发展改革委关于印发《浙江省生态产品价值实现2023年重点工作清单》的通知 [EB/OL]. （2023-05-30）[2024-01-12]. https://fzggw.zj.gov.cn/art/2023/6/9/art_1229123366_2478911.html.

护战略与行动计划（2023—2035年）》①提出，根据生物多样性保护的新形势和新需求，将生态产品价值实现作为优先行动，呼应国际生物多样性保护的工作重点和热点。

3. 应用场景

浙江省探索了多种自然资本实践应用场景，包括纳入政策制定、开展政绩考核、纳入投资决策、开展生态产品交易、引入绿色金融支持、支撑生态补偿和损害赔偿等方面，推进了多种形式的应用路径。以下重点介绍绿色金融支持生态产品价值实现的部分。

通过绿色金融工具，相关部门可以将生态资产作为抵（质）押物，开发"生态贷"产品，配套推进生态产品确权颁证、抵（质）押登记、价值评估、交易流转、风险缓释、抵押物处置等机制建设，激活生态产品的金融属性。例如，德清农商银行推出"GEP贷款挂钩生物多样性金融产品"，符合对生物多样性保护有利影响和生态可持续利用的相关领域项目的企事业法人、组织提出申请，在经过GEP核算后，经调查审批即可签约放款，用于支持企业绿色转型升级和发展。其中，浙江吴越农业股份有限公司水产养殖项目经过GEP核算决策支持平台测算后，价值为2312.56万元。基于评估结果以及该项目对生物多样性保护和农户再创业就业的贡献，德清农商银行综合授信2000万元"生多保护GEP绿色贷"，并让利100个基点（贷款利率降低1%）。在该信贷支持下，企业通过孵化培育"水精灵"等特色农产品，优化稻田水产养殖技术，实现养殖结构调整、养殖品种优化、养殖效益提高。

再如，浙江省嵊州市贵门乡与嵊州市交投集团签订协议，将生态产品的经营权流转给嵊州市交投集团。嵊州市交投集团与农发行嵊州支行达成合作意向，由农发行嵊州支行向嵊州市交投集团发放贷款9.5亿元，主要用于保护利用森林资源、提升基础设施建设水平、美化村居环境等。丽水市两山合作社与中行丽水市分行合作，通过在平台交易的碳汇核证减排量未来收益权质

---

① 浙江省生态环境厅.重磅！浙江省生物多样性保护战略与行动计划（2023—2035年）印发[EB/OL].（2023-07-27）[2024-01-10]. https://mp.weixin.qq.com/s/3JmKIE6ZqfYIUFBgykxI6g.

押的方式，获得300万元"浙丽林业碳汇贷"交易融资授信。

此外，个人的生态信用也可作为绿色金融支持的依据。例如，丽水市创建生态信用体系，从生态保护、生态经营、绿色生活、生态文化、社会责任五个维度，对村社、企业、个人的生态行为进行动态量化评分，为"两山贷"等生态金融产品提供数据支撑。云和县雾溪畲族乡雾溪村某村民凭借生态信用分，获得10万元无抵押的"两山贷"生态信用贷款。景宁畲族自治县大均乡伏叶村某村民通过生态信用"绿谷分"，从中国邮政储蓄银行获得5万元低息贷款，用于家庭农场经营。德清农商银行对环保公益表现积极的客户给予绿色信用贷款额度，并提供利率优惠，截至目前，共计授信超过2亿元，发放绿币公益贷521笔，金额为9706万元。

（七）当前挑战

目前，中国的自然资本工作虽然取得一定进展，但仍处于起步阶段，面临着顶层设计不完善、部门间协调机制不足、法律法规不健全、技术标准不统一、市场活跃度低、市场运作与政府掌控边界不清等问题。而在绿色金融支持生态产品价值实现的过程中，需要解决金融准入的合理性与可行性问题、金融交易的安全性与流动性问题、金融介入的合规性与灵活性问题[①]。

有效的市场是绿色金融支持生态产品价值实现的前提。在市场体系构建方面，包括水权、碳排放权在内的全国性环境权益交易市场目前仍处于起步阶段，生态产品交易平台仍在试点建设中，以气候调节、灾害减损、土地涵养、环境净化为代表的调节性服务因其公共属性而缺乏有效交易市场。因此，如何满足金融行业安全性、收益性和流动性的原则仍是亟待探索的重点工作。此外，中国尚未形成完善的自然资源产权体系，生态产品使用权、收益权、处置权与付费机制存在不确定性，在抵押物处置方面也存在金融风险。

---

① 中工网.绿色金融支持生态产品价值实现 [EB/OL].（2022-09-19）[2024-01-10]. https：//www.workercn.cn/c/2022-09-19/7169113.shtml#：~：text=2021%E5%B9%B44%E6%9C%88%EF%BC%8C,%E4%BE%9B%E8%9E%8D%E8%B5%84%E6%8B%85%E4%BF%9D%E6%9C%8D%E5%8A%A1%E3%80%82.

三、国际经验——以英国为例

英国开展自然资本工作较早，在核算方面不断探索，不仅在国家层面建立自然资本账户，还在企业层面开展自然资本账户编制的试点。在法律层面，《环境法案2021》的通过使自然资本下开展的各项工作有法可依。在金融支持方面，英国已经将自然和气候适应纳入绿色金融框架，为自然资本投资设立目标，推动自然资本市场的建立，向市场和投资者释放积极信号并开展创新实践。基于此，本部分希望通过梳理英国自然资本工作，为中国自然资本后续发展带来思考和启发。

（一）法律法规与政策进展

自20世纪90年代起，英国国家统计局（Office for National Statistics）开始定期发布国家环境核算结果。2009年，英国首次开展国家生态系统评估（UK NEA），2011年发布评估报告，并基于该报告发布了《自然选择：保护自然价值》白皮书[①]，强调要建立以自然资本为核心的经济思维，并成立英国自然资本委员会（Natural Capital Committee），与英国国家统计局共同努力将自然资本纳入英国的环境核算中。英国自然资本委员会就自然资本的管理、核算和应用开展研究，并为2018年出台的《绿色未来：英国改善环境25年规划》[②]提供支持。2020年，英国发布的年度国民经济账户中首次将自然资本账户纳入其中，并在之后不断完善更新，为社会各界提供自然资本相关信息和数据。

在扭转生物多样性丧失和气候变化影响的背景下，英国政府承诺建立

[①] HM Government. The Natural Choice：securing the value of nature [EB/OL].（2011-06-30）[2024-01-12]. https：//assets.publishing.service.gov.uk/media/5a7cb8fce5274a38e57565a4/8082.pdf.

[②] HM Government. A Green Future：Our 25 Year Plan to Improve the Environment [EB/OL]. [2024-01-12]. https：//assets.publishing.service.gov.uk/media/5ab3a67840f0b65bb584297e/25-year-environment-plan.pdf.

一个将自然置于政府决策核心位置的系统。2021年，《环境法案2021》①正式通过，将扭转生物多样性下降趋势等环境目标纳入法律范畴，并成立一个新的、独立的环境保护办公室（Office for Environment Protection），负责执行和监督。该法案还要求制定地方自然恢复战略（Local Nature Recovery Strategies），识别需要创建和修复栖息地的地区，并对开发商提出了生物多样性净增长（Biodiversity Net Gain)要求，即新的开发项目必须保障10%的生物多样性净增长，如果场地无法实施，开发商需要投资于场地外栖息地的创建和改善。生物多样性净增长的要求有助于地方规划部门将自然恢复战略纳入规划和决策中，也为自然投融资创造了新的市场。

（二）金融支持与市场机制

1. 绿色金融战略

英国是最早发布绿色金融战略的国家之一，分别于2019年和2021年发布《绿色金融战略》和《可持续投资路线图》，为金融机构和私营部门释放信号，积极引导投资活动的绿色转型，并使金融决策将气候变化和自然因素考虑在内。2023年，英国财政部联合能源安全和净零排放部与环境、食品和乡村事务部共同发布《2023绿色金融战略》（*Mobilising green investment：2023 green finance strategy*，以下简称2023战略）②，旨在减轻气候变化和环境退化带来的财务风险，并确保必要的资金流向净零排放、能源安全和环保产业。2023战略是对英国2019年发布的《绿色金融战略》的更新，将自然和气候适应纳入绿色金融框架。2023战略设立了五大目标：确保英国金融服务业的增长和竞争力、投资于绿色经济、确保金融稳定性、融入自然与适应、确保全

---

① Department for Environment, Food & Rural Affairs, Forestry Commission, 等 . World-leading Environment Act becomes law [EB/OL]. (2021-11-10)[2024-01-12]. https：//www.gov.uk/government/news/world-leading-environment-act-becomes-law.

② HM Treasury. Mobilising green investment： 2023 green finance strategy [EB/OL]. (2023-4-11)[2024-01-12]. https：//www.gov.uk/government/publications/green-finance-strategy/mobilising-green-investment-2023-green-finance-strategy#ministerial-foreword.

球资金流与气候和自然目标保持一致。

基于《环境改善计划2023》中的计划，2023战略为自然资本投资设立了目标：到2027年，每年为英格兰的自然恢复筹集至少5亿英镑的私营部门资金；到2030年，每年筹集的资金要超过10亿英镑。这些资金将主要用于投资固碳、洪灾风险管理和水质改善等基于自然的解决方案，以及补偿经济活动对生物多样性造成的影响。在地方层面，2023战略提出将通过推广地方自然资本投资计划（Local Investment in Natural Capital programme）等项目，支持当地政府提高其吸引私营部门投资的能力。该计划为4个地方政府各提供高达100万英镑的资金，支持其开展能力建设并分享经验，能力建设聚焦于吸引大规模私营部门投资并将其用于地方环境优先事项以促进经济增长。此外，国家公园合作伙伴关系（NPP）和国家杰出自然风景区协会（NAAONB）也在支持相关机构的能力建设，以增加私人投资项目渠道。

在完善自然市场的机制方面，英国政府支持建立高信用度碳市场和其他生态系统服务市场，并引导和刺激需求。英国已经发布林地和泥炭地等自愿性碳市场准则，并正在探索建立英格兰生物多样性净收益和蓝碳等其他新兴自然市场机制。自然环境投资准备基金（Natural Environment Investment Readiness Fund）旨在刺激用于保护和改善自然的私营部门投资和市场机制，并帮助自然项目做好投资准备。该基金正在支持英格兰开发86个从自然市场获得收益并利用可偿还的私营部门投资进行运营的自然项目，这些项目将开发工具或制定标准，实现自然益处的货币化。此外，苏格兰政府承诺制定《负责任的自然资本投资原则（暂行）》，旨在建立一个以价值为主导、高信用度的市场，吸引私营部门进行负责任的自然资本投资。

2023年7月，由英国环境、食品和乡村事务部发起的大规模自然影响基金（Big Nature Impact Fund）正式开始筹集和部署资金，爱马仕投资管理公司（Federated Hermes）和地球融资（Finance Earth）被任命为该基金的管理公司。该基金将投资于产生收益的基于自然的解决方案，目前主要涵盖造林和泥炭地恢复，以及生物多样性净增益机制等。该基金的3000万英镑启动资金由英国环境、食品和乡村事务部提供，以撬动私营部门投资并降低其风险。此外，南唐斯国家公园（South Downs National Park）已建立英国第一个自愿性生物多样性信用计划（Voluntary Biodiversity Credit Scheme），旨在扩大私营部门对自然恢复的投资，满足企业对于生物多样性净增长的需求。

2. 自然市场框架

在2023战略发布的同时，英国环境、食品和乡村事务部发布了一个新的《自然市场框架》①（Nature Market Framework，以下简称框架），针对如何发展高信用度的自然市场进行说明，使农民和土地管理者能够吸引对自然资本的投资。英国环境、食品和乡村事务部还计划与英国标准协会共同制定一套全面的自然投资标准（Nature Investment Standards），支持新兴市场扩大规模并稳健运行。基于自愿碳市场诚信委员会（IC-VCM）等国际倡议中的最佳实践，框架规定了核心原则以确保市场诚信运作并取得积极成效，政府将根据这些原则监督并支持市场发展。框架还为农民及其他土地和海洋管理者进入市场并整合收入来源制定现行规则，以及进一步制定政策的计划。此外，框架还列举了下一步措施，旨在明确相关机构的职责，确立监管角色，并为良好市场管理提供所需的设施。

英国自然市场目前规模较小，大多处于早期发展阶段，预计未来几年将迅速增长。在建立自愿性市场机制方面，英国政府已经支持了两个基于自然的自愿性碳市场机制（林地和泥炭地），使企业能够通过造林对其排放进行补偿。针对某些流域，水务公司在环境监管机构的支持下正在建立自愿性市场试点，为改善水质和降低洪水风险的自然解决方案提供资金。同时，林业委员会正在围绕林地与水有关的效益探索制定规范，以确保这些效益能够有效融入市场。

此外，《环境法案2021》要求英格兰的开发商通过购买生物多样性信

---

① HM Government. Nature markets：A framework for scaling up private investment in nature recovery and sustainable farming [EB/OL]. （2023-06-30）[2024-01-12]. https：//assets.publishing.service.gov.uk/media/642542ae60a35e000c0cb148/nature-markets.pdf.

用额度（Biodiversity Units）对其新开发项目造成的无法现场改善的生物多样性影响进行补偿，从而实现生物多样性净增益。在敏感流域，开发商有义务减轻新建住房对水质的影响，而水质排放权交易市场（Nutrient Credits Markets）就是根据这项新义务发展起来的。在英格兰自然署开展污染物减缓计划（Nutrient Mitigation Scheme）的同时，养分信用市场在可负担的减缓措施方面取得了良好的进展，可以满足对养分信用额度的大量需求。在实现海洋净增益（Marine Net Gain）方面，政府就其目标和原则进行磋商后，将在未来的政策制定过程中进一步探索基于市场的方法，工业部门、社会组织和其他第三方组织将发挥关键作用。

（三）试点与实践

1. 地方试点[①]

为了更好地了解自然资本方法在实践中的应用，英国环境、食品和乡村事务部于2016年在英格兰的不同地区设立了4个试点项目，涵盖流域、联合国教科文组织生物圈保护区、城市地区、海洋和沿海地区，涉及土地和水资源管理、资金模式、城市规划、自然恢复和渔业管理等环境治理领域。英国环境、食品和乡村事务部为这些试点项目设立了目标，包括测试新的工具和方法、在规划和实施过程中采用综合的方法、开拓新的筹资机会、分享最佳实践和案例。

试点项目之一位于英格兰西南部的北德文郡（North Devon）联合国教科文组织生物圈保护区，那里居住着超过16万人口，同时也拥有多种珍稀野生动物以及壮丽的陆地和沿海地貌。试点主要工作围绕该地区对自然的资金投入情况和自然资本现状的调查、设立工作优先级、加深对问题的了解并寻求解决方案，包括制定自然资本战略并寻求创新的融资机会，最终形成最佳

---

① LORD, A., TRAILL THOMSON, J., RICE, P.,et al. Applying a Natural Capital Approach in Practice：Lessons Learned from the North Devon Landscape Pioneer [J/OL]. Natural England Research Report, 2021, 89[2024-01-12]. https://publications.naturalengland.org.uk/publication/4797432924995584.

实践和经验，如图3所示。该试点由英格兰自然署牵头并有多个合作伙伴参与，包括该地区的地方议会、国家公园主管部门、商业协会、高校、社会组织、基金会等。

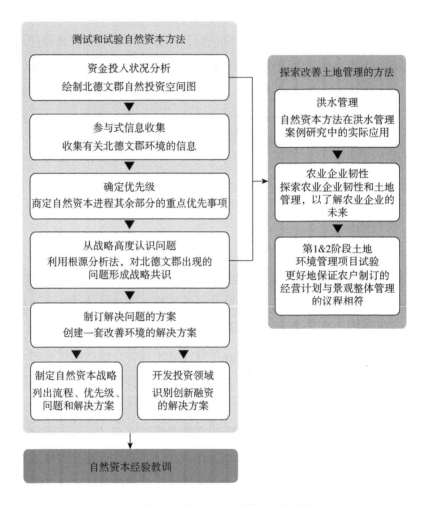

图3　北德文郡试点项目自然资本工作流程

（资料来源：北京绿研公益发展中心根据 Applying a Natural Capital Approach in Practice： Lessons Learned from the North Devon Landscape Pioneer 报告中图1翻译）

在投资现状调查工作中，环境经济咨询公司（Eftec）利用其开发的工具分析了该地区每平方千米的网格中平均每年投入的资金量是多少、由哪些机构投入、用于哪些方面以及哪些栖息地，分析的数据由合作伙伴提供。分析结果表明，资金大多投入在同一地点和栖息地且成效类似。大部分资金投入由四家机构承担，其中三家属于公共部门。在所分析的投资总额中，只有8%是通过合作共同使用的。分析还表明，当地环境方面的公共支出约占政府总支出的3%。此后，英国财政部根据该项分析所提供的信息对公共部门的支出情况展开进一步调查，并在调查结束后建议对公共资金的整体使用情况进行审查，以增强公共资金的影响。审查应该包括对自然资本产生影响的机构，并且需要从战略角度识别公共支出的驱动因素，以便更好地协同使用公共资金。

在对该地区的自然资本状况进行调查时，除了参考当地已有的报告和数据，合作伙伴也通过其专业判断为自然资本存量和生态系统服务状况提供了许多定性数据，并在研讨会上对所有数据进行讨论，还对每项数据进行客观性评级，展示每项数据的可信度。为确定工作的优先级，试点项目评估了该地区自然资产提供的生态系统服务的经济价值，并将提供高价值生态系统服务但状况不佳且呈下降趋势的资产列入优先列表。在对当地存在问题的根本性原因进行分析并寻求解决方案后，形成了针对该地区的自然资本战略。该战略包含了四个自然资本优先事项，分别是保护和改善水质、最大限度地降低洪水风险、增加碳汇以减缓气候变化和降低旅游业对海岸的影响。该战略还为治理的变革设立了四项基本原则，包括明确责任、适应性管理、本地化、共同承诺。此外，试点项目还为该地区识别了四个投资机会，包括为当地保护并改善自然资本的农场的农产品进行宣传并开拓市场、为当地重点栖息地制定新的碳补偿标准、创建林地管理支持中心以及制定生态旅游标准。该试点项目的经验为英国环境规划的制定和实施提供了宝贵的经验。

2. 企业实践

对于企业来说，开展自然资本核算和经济估值的原因很多，其中主要的原因如下。

- 统一决策和收益指标：开展估值工作允许企业可以比较不同层面的环境影响，如"土地使用公顷"或"氮排放量吨"。因为它们被转换为一个单位，可以集成到诸如成本效益分析等企业决策工具中。

- 识别供应链中的关键风险点并制定相关措施：在自然资本账户中可以识别供应链中的环境风险关键点，因此，可以避免由于环境破坏或资源稀缺而导致的潜在供应链中断。

- 保护企业声誉：在对可持续性和环境问题的认识不断提高的时代，环境损害是一种声誉风险。自然资本核算允许比较两种产品或两家企业的可持续性表现。随着透明度的提高，可持续性可以成为竞争优势。

基于这些原因，即使自然资本核算的成本投入不小，但不同行业的企业依然愿意开展相关工作。以下来自英国的案例（见专栏4）体现了对自然资本核算的努力和开展过程及方法。对于业务相近的企业而言，其核算过程和结果有一定的借鉴意义。

专栏4　英国企业自然资本核算（CNCA）项目[①]

为帮助企业了解自然资本及其价值，英国自然资本委员会（NCC）联合环境经济咨询公司（Eftec）、英国皇家鸟类保护协会（RSPB）和普华永道（PwC）开发了一套企业自然资本核算（CNCA）框架和方法学并进行试点，如图4所示。通过使用资产负债表记录与自然资本相关的资产，自然资本账户将帮助企业作出更加明智的决策。

---

① Department for Environment, Rural Affairs. Natural Capital Committee research：corporate natural capital accounting [EB/OL]. (2015−01−26)[2024−01−10]. https：//www.gov.uk/government/publications/natural−capital−committee−research−corporate−natural−capital−accounting.

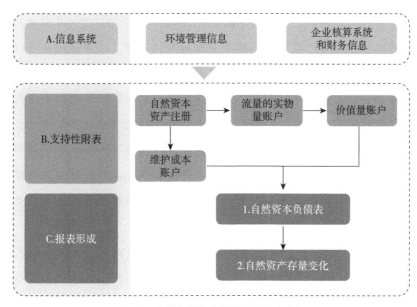

图4　企业自然资本核算CNCA框架

（资料来源：北京绿研公益发展中心根据 Developing corporate natural capital accounts准则中图 1.1 翻译）

试点工作的目的是用真实数据测试企业自然资本核算框架的应用并对其进行完善。试点的选址应反映企业的多样性、对维护自然资本的承诺、土地利用和土地覆盖类型以及自然资本的不同方面。2014年，该项目选定了四个试点机构，分别是国家信托（National Trust）、皇家庄园（The Crown Estate）、Lafarge Tarmac公司和联合公共事业公司（United Utilities）。我们以其中作为慈善机构和对生物多样性影响较大的采石场领域为例。

- 国家信托是一个慈善机构，致力于保护对社会有益的建筑物和土地。国家信托拥有并管理着超过25万公顷的土地和750英里的海岸线，是英国最大的会员组织，也是收入和资产最多的慈善机构之一。国家信托希望通过在其Wimpole农场开展自然资本核算试点，改进对实现社会与环境目标进展的监测，改善内部预算分配流程，支持公共政策讨论（如为环境敏感土地管理和支持环境敏感土地提供补贴）。

由于一直使用重型机械和密集的作物轮作，Wimpole农场的自然资本

（特别是土壤）发生退化。基于此，Wimpole农场从2008年开始从集约耕地管理制度转变为更高级别管理的有机农场。CNCA框架可以记录管理模式的转变带来的自然资本存量状况的改善，包括其财务影响。与2008年设定的基线相比，2014年账户显示在高级管理制度下向有机农业的转变对财务收入的影响很小，产量的变化被更低的投入成本和有机产品的适度溢价所抵消，同时在非市场效益方面（如固碳和野生动物）却产生了巨大的改善。下一步，Wimpole农场将考虑在现有的数据系统中精简该方法，并制定程序以获取该机构普遍支持的生态系统服务，如娱乐和野生动物保护。

- Lafarge Tarmac公司是一家建筑解决方案提供商，每年供应4500万吨粒料、700万吨沥青和400万吨水泥。该公司拥有330多个经营场所，包括英国的100多个采石场。根据相关规定，采石场的规划许可到期后，公司需要将场地恢复到商定状态。Lafarge Tarmac公司位于沃里克郡的Mancetter采石场的开采许可证即将到期，如果当前的规划申请获得批准，该公司2031年前应负责该场地的恢复，恢复后的采石场很可能会被"出售"为带有娱乐设施的自然保护区。该公司希望通过参与试点，使用CNCA框架为当地规划部门、居民和其他利益相关方提供公司成本和收益的相关信息，并向当地管理人员强调公司从自然资本中获得的利益及自然资本在商业运营中的重要性。该公司还对恢复后的场地可提供的外部效益感兴趣，从而为公司开发新市场和收入提供借鉴。

该场地涉及对自然资产和土地利用变化的投资，核算的重点是土壤和植被的固碳、栖息地和生物多样性、水资源供给和质量调节、娱乐和便利服务等。试点时，该公司根据土地利用变化设立了两个账户，第一个是以2014年为基线，当时采石场仍在运作中，第二个假设账户是为2032年准备的，届时采石场的岩石存量已经用完且公司已经履行了恢复场地的法律责任。根据初步核算的结果，试点时Mancetter采石场的净自然资本总额（不包括矿产储量）为11万英镑，2032年修复期结束后预计将增加到356万英镑，其中固碳和生物多样性有所增加，而且可以对恢复后的场地新增的娱乐价值进行估值。核算发现，采石期结束后，恢复后场地的野生动物保护、固碳和娱乐效益将明显改善。这些效益的财务价值将超过恢复的成本，Lafarge Tarmac公司对该场地的净收益目标将得以实现。

（四）治理架构和参与体系

英国参与自然资本治理的部门和机构众多，包括部级部门（Ministerial departments）、非部级部门（Non ministerial departments）、行政机关（Executive agencies）和独立公共机构（Other public bodies）。部级部门会与多个非部级部门、行政机关和独立公共机构合作，共同推动政策的制定和执行。

英国环境、食品和乡村事务部作为自然资本相关工作的主要牵头部级部门，涉及自然资本治理多方面工作的统筹和协调，包括出台环境政策、提供指南和工具、支持国家自然资本账户以及建立自然资本市场等。与此同时，英国财政部则主要负责将自然资本纳入公共政策制定流程和金融体系。非部级部门主要履行监管职责，如林业委员会、水务监管局分别负责林业资源和水资源的可持续管理和监督。

独立公共机构则起到支持政府部门工作的作用，环境署（Environment Agency）、英格兰自然署（Natural England）、海洋管理组织（Marine Management Organisation）等机构支持并配合英国环境、食品和乡村事务部在自然资本治理方面的主要工作。英国国家统计局作为独立公共机构支持国家自然资本账户的开发、管理和维护，以及各方对数据的理解和使用。2012年至2020年间，英国自然资本委员会作为独立公共机构支持了自然资本治理的一系列研究工作，包括《绿色未来：英国改善环境25年规划》的制定以及国家自然资本账户的建立，之后其许多职责转移到了环境保护办公室。环境保护办公室在《环境法案2021》通过后成立，对包括政府在内的公共部门执行环境政策和法律的情况进行监督审查和咨询。英国基础设施银行（UKIB）作为独立公共机构与英国财政部开展合作，主要致力于应对气候变化以及支持区域和地方经济发展，目前正在就自然资本市场和投资进行研究和部署。英国参与自然资本工作的主要部门及其角色如图5所示。

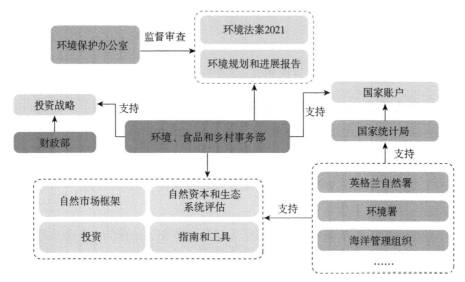

图5　英国参与自然资本工作的主要部门及其角色

四、政策建议

自然资本的治理超越了传统的环境治理范畴，与经济与社会治理密切相关。因此，不仅需要完善的顶层设计来协调各部门参与，还需要积极探索市场化机制来吸引金融部门的参与。根据上文分析，本文对中国的自然资本工作提出如下建议。

一是完善顶层设计和部门协同，正式将"自然资本"作为统领性概念，将目前开展的"生态产品""自然资源资产""绿水青山就是金山银山""生物多样性金融"等相关工作统一纳入其中。这样一方面可以与国际相接轨，与国际同行更好地相互交流；另一方面在国内也能加强统筹协同，进一步推动相关工作的体系化。可成立推进自然资本工作的国家级工作和协调机构，进一步加强统筹和协调，落实各部门对自然资本工作的任务。各部门除了在理解和协调各自工作方面需要有清晰的认知外，还应定期沟通工作开展的方法、进度、重点和技术能力，确保信息畅通。同时，各部门要将这些信息具体落实到各分管部门，并建立定期的学习和技术交流机制。此外，加强各级政府部门的宣传和教育工作也至关重要。

二是进一步完善自然资本相关的法律法规。借鉴英国经验和浙江省地方立法的做法，可以在研究和起草《生物多样性保护法》《国家公园法》，以及修订和更新生态环境或自然资源相关法律时，将"自然资本"纳入到法律的制修订中，明确自然资本的概念、内涵和主要的工作任务，包括自然资本相关数据的管理和应用办法等，为自然资本在各应用场景的推进打下坚实制度基础。

三是提升和推进技术标准的规范化、本地化和精准化。既要拓宽当前核算技术标准的适用范围，由陆地延伸至海洋，也要基于不同的生态系统制定相应的技术标准和规范，确保数据采信过程能够因地制宜。不同项目的核算结果可报相应专家委员会进行评审，确保结果的准确性。

四是拓宽非政府主体参与治理的渠道。虽然目前自然资本相关工作的推进由政府部门主导，相关部门通过资金投入、政府采购、利率优惠等方式，推动自然资本的交易和流通。但是，随着自然资本的进一步深化应用，更多非政府主体将在自然资本从核算到应用的各环节发挥更大的作用。这些主体包括企业、研究机构、社会团体和社区等。只有各类市场化主体在自然资源工作中逐渐占据主导作用，政府部门只保留顶层设计、制度保障、执法处罚等职能时，一个良性可持续的自然资本运行体系才可算较为成熟。因此，如何更有效地激励和推动各类非政府主体积极有序、合法法规地参与自然资本相关工作，是下一步需要着重深化的重点。

五是鼓励和支持设立专项基金或从财政和政策性银行中开辟生态价值转化的专项通道。以提高资金和资源支持的效率为目标，实现政府资金和社会资本的共商共用，为自然资本的市场化应用提供充足的资源支持。政府引导企业、金融机构围绕生态补偿、生态资源权益进行交易和融资。

六是为绿色金融支持生态产品价值实现提供制度保障和激励措施。在合规性方面，完善自然资源的确权、交易等法律基础，提升金融机构参与的信心。在流动性方面，进一步完善资源环境权益交易市场，通过政府管控或设定限额的形式，创造权益交易的供给和需求，并搭建全国性权益交易市场，扩大生态资源权益交易量。在安全性方面，健全风险缓释机制，综合采取财政风险补偿金、政府性融资担保机构担保、强化银保合作等方式，激发市场主体动力，满足金融风控需求。同时，研究出台支持生态产品价值实现的金融激励政策，积极推动金融机构开展服务创新。

七是探索生态权益类产品之间的融合互动，并研究如何在自然资本的应用场景中实现这些产品的兼容并行，从而共同拓宽其应用场景。当前，尽管生态补偿、碳汇交易等与自然资本相关的应用场景已有较多结合，但与完整的项目和区域性自然资本核算结果相比，仍有较大出入。从实践来看，虽然国家层面已经提出了生态产品的清单和目录，但这个清单仍局限于生态产品的"流量"，而与国内已经开展的水权、土地和森林权益交易（这些都属于自然资本的范畴）等体系之间尚未形成明确的联动效应。这些产品由不同部门管理，交易的内容和目的也不尽相同，将其梳理合并会更具有经济发展和生态环境保护等多重效益。

致谢:

本报告编写过程中,我们要特别感谢以下专家(排名不分先后)分享的宝贵经验和提出的中肯建议:北京绿色金融与可持续发展研究院副院长白韫雯,中国科学院生态环境研究中心副研究员、中国生态学学会副秘书长韩宝龙,英国驻华使馆气候变化和环境政策官员黄静,浙江省经济信息中心副主任黄炜,世界自然保护联盟中国代表处项目主任金文佳,世界银行驻华代表处环境专家靳彤,NbS亚洲中心常务副主任罗明,生态环境部环境规划院生态环境与经济核算中心副主任/研究员马国霞,浙江省经济信息中心能源资源环境部主任王诚,浙江农林大学环境与资源学院、碳中和学院副院长/教授王懿祥,英国驻华使馆国际林业和自然主管夏冬梅,浙江大学环境与资源学院副院长杨武,北京绿色金融与可持续发展研究院研究员殷昕媛,世界自然保护联盟中国区主任张琰,北京绿研公益发展中心项目顾问朱源。

国家公园创新资金机制的国际案例研究

编写单位：北京绿研公益发展中心
　　　　　大自然保护协会
　　　　　中国绿色碳汇基金会
　　　　　国家公园国家创新联盟

课题组成员：

冀婉怡　北京绿研公益发展中心项目专员

徐嘉忆　北京绿研公益发展中心项目总监

靳　彤　大自然保护协会（TNC）中国项目前科学中心主任

刘　静　大自然保护协会（TNC）中国项目保护地战略副总监

侯远青　中国绿色碳汇基金会副秘书长

王寄梅　中国绿色碳汇基金会项目总监

田　禾　国家公园研究院办公室主任（国家公园国家创新联盟秘书长）

编写单位简介：

北京绿研公益发展中心：

北京绿研公益发展中心是一家扎根国内、放眼全球的环境智库型社会组织，致力于全球视野下的政策研究与多方对话，聚焦可持续发展领域的前沿问题与创新解决方案，助力中国高质量实现碳中和目标并推进绿色、开放、共赢的国际合作，共促全球迈向净零排放与自然向好的未来。

大自然保护协会（TNC）：

大自然保护协会（TNC）作为全球最大的保护机构之一，于1998年应邀进入中国开展保护工作，二十多年来已将保护项目逐步扩展到全国，取得卓越成效。在中国建立以国家公园为主体的保护地体系目标下，TNC参与了前期建议、规划设计、人才培养等多领域工作，并结合科学、示范与国际交流优势，自2020年起开展了一系列中国国家公园建设相关专项研究。

中国绿色碳汇基金会：

中国绿色碳汇基金会是中国首家以增汇抵排、应对气候变化为主要目标的4A级全国性公募基金会，同时也是经民政部认定具有公开募捐资格的慈善组织，作为国家林业和草原局直属单位管理，支持和参与生物多样性保护、以国家公园为主体的自然保护地体系建设及自然遗产和自然文化双遗产地的建设及管理是新的公益使命和战略方向。

国家公园国家创新联盟：

国家公园国家创新联盟是由从事国家公园规划设计、监测评估、研究咨询等方面的科研院所、高等院校、企业以及相关管理单位共同参与组成并经国家林业和草原局批准成立的林业和草原国家创新联盟之一。联盟以实现国家公园产学研深度融合为目标，通过优势科技资源集聚、重大科技任务攻关、科学运行机制创新等手段，为国家公园评估、规划设计、保护修复、科研监测提供技术服务，以促进我国国家公园建设和管理能力的现代化和智能化。

一、背景

国家公园是指由国家批准设立并主导管理，边界清晰，以保护具有国家代表性的大面积自然生态系统为主要目的，实现自然资源科学保护和合理利用的特定陆地或海洋区域。建立国家公园体制是党的十八届三中全会提出的重点改革任务，是中国生态文明制度建设的重要内容。2021年10月，中国正式设立三江源、大熊猫、东北虎豹、海南热带雨林、武夷山首批5个国家公园，并于2023年8月正式发布各自的总体规划，明确其建设目标和发展方向。在2022年12月印发的《国家公园空间布局方案》遴选了49个国家公园候选区（含正式设立的5个国家公园），总面积达110万平方千米，并提出到2035年我国将基本建成全世界最大的国家公园体系。要高质量地完成这一建设目标，制度、管理、人才、资金缺一不可。作为中国落实《昆明—蒙特利尔全球生物多样性框架》（以下简称《昆蒙框架》）行动目标3（"3030"目标）的关键举措之一，在全球生物多样性保护资金长期处于紧缺状态的大背景下，需要多少资金才能建成和维护这一全球最大的国家公园体系，是政府部门、更是全社会都需要考虑和参与的问题。

为更加有序地建设和管理国家公园，2022年9月，国务院办公厅转发财政部、国家林草局（国家公园局）《关于推进国家公园建设若干财政政策的意见》（以下简称《意见》），推动建立以国家公园为主体的自然保护地体系财政保障制度[①]。《意见》指出，要统筹多元资金渠道，建立健全政府、企业、社会组织和公众共同参与的长效机制，积极创新多元化资金筹措机制。目前已经设立和前期试点的国家公园在引入社会资本参与国家公园建设、构建多元化资金机制方面已经开展了各种探索，包括税收优惠、社会投资回报

---

① 国务院办公厅. 国务院办公厅转发财政部、国家林草局（国家公园局）关于推进国家公园建设若干财政政策意见的通知 [EB/OL].（2022–09–09）[2024–06–29]. https：//www.gov.cn/zhengce/content/2022–09/29/content_5713707.htm.

机制等。例如，在钱江源——百山祖国家公园百山祖园区的试点建设中，已经开展了林地地役权补偿收益权质押贷款、林业碳汇预期收益权质押贷款等绿色金融实践。

在建立国家公园多元化和创新性的资金机制方面，国际上有哪些经验与模式可以借鉴？国内已经开展了哪些探索？有何经验教训？从政策保障及激励措施角度还有哪些障碍？关于这些问题，目前国内尚缺少较为系统的研究与机制设计。本文聚焦于系统梳理国际上较为成熟的国家公园多元化及创新性的资金机制，深度解析国际成功案例的运行模式与经验教训，并结合中国国家公园建设的现状与需求，初步提出鼓励社会资本支持国家公园建设的政策、意见和建议。

二、国际经验与典型案例分析

国家公园的资金需求不仅限于增加资金投入，更重要的是拓展融资渠道，并提高资金使用效率。虽然传统上国家公园的资金主要依赖政府公共财政，但许多国家公园也通过国际合作获得了双边和多边发展资金，这些公共部门资金在资金结构中占据主导地位。此外，社会资本和慈善部门的资金同样能发挥重要作用，为国家公园的资金构成提供了有效的补充。随着时间的推移，政府与社会资本的合作模式已经在世界范围内得到了广泛应用。

本部分系统地介绍并总结国际案例中增加资金的有效途径和创新投融资模式的亮点及其借鉴意义。首先将探讨多元参与的融资策略，包括政府、私营部门、慈善机构以及其他非政府组织的合作方式。其次将聚焦于创新的投融资模式，分析国家公园如何通过金融创新吸引更多的资金，并提高资金使用效率和效果。通过这两个维度的深入分析，本部分旨在为中国国家公园的资金筹集和管理提供全面的视角和实用的策略。

（一）国家公园多元融资的方式

从国际经验来看，国家公园的建设与管理并非完全由政府独立承担，而是一个多方参与、多渠道资金共同作用的复杂过程。这些资金来源涵盖了政府、私营部门、国际组织、慈善机构以及个人捐赠等多个方面。通过借鉴一些在国家公园建设和管理方面表现成熟的案例，尤其是那些与中国的国家公园建设特色具有相似之处的案例，我们可以深入了解其资金来源的多样性，并学习如何有效地"开源"。

本部分将重点探讨三个国际案例：津巴布韦的戈纳雷若国家公园、印度尼西亚的科莫多国家公园和哥斯达黎加的永久性项目融资模式。这些案例不仅展示了资金来源的广泛性，还体现了创新资金模式的应用。通过分析这些案例，我们将能够识别和了解多元化资金架构的关键要素和成功策略。

首先，津巴布韦的戈纳雷若国家公园通过与国际保护组织的合作，成功引入了跨国界的资金和技术支持。这种跨国合作模式为国家公园的建设和管理提供了新的视角和资源。其次，印度尼西亚的科莫多国家公园通过协同一致的管理模式，有效地整合了政府和社会资本，促进了生态旅游和生物多样性保护的共同发展。最后，哥斯达黎加的永久性项目融资模式则通过创新的金融机制，确保了国家公园长期、稳定的资金来源。

通过对这些案例的分析，我们不仅能够了解到不同国家公园在资金筹集方面的创新做法，还能够认识到构建多元化资金架构的重要性。这种多元化不仅能够为国家公园带来更稳定和持续的资金支持，还能够提高资金使用的效率和效果，从而更好地推动国家公园的可持续发展。

在接下来的内容中，我们将详细探讨每个案例的资金来源、资金筹集策略以及资金使用和管理的具体情况。通过这些深入的分析，课题组希望为中国国家公园的资金架构提供有益的借鉴和启示。

1. 戈纳雷若国家公园

戈纳雷若国家公园（Gonarezhou National Park）①位于津巴布韦东南部，占地约5053平方千米，是该国最大的国家公园之一，也是该国第二大自然保

_____

① Gonarezhou Conservation Trust. Gonarezhou National Park[EB/OL]. （2022-06-30）[2024-06-29]. https://gonarezhou.org.

护区。它与邻国莫桑比克的林波波国家公园（Limpopo National Park）和南非的克鲁格国家公园（Kruger National Park）共同构成了一个独特的跨国保护区，拥有河流、湖泊、湿地、草原和森林等多样化的生态系统，是非洲象、非洲狮、黑犀牛等众多野生动物的栖息地。

然而，戈纳雷若国家公园在发展过程中遭遇了诸多挑战。当地居民的被迫迁移、对周边社区生计发展的忽视以及生物多样性管理的不足，导致了戈纳雷若国家公园与当地社区之间在土地和资源利用方面的持续冲突。为了解决这些问题，提高保护区的可持续性，并将当地社区纳入管理，戈纳雷若保护信托基金（Gonarezhou Conservation Trust）应运而生，成为国家公园日常管理的关键力量。

（1）以信托基金联结社区和国家公园的保护机制

戈纳雷若保护信托基金（以下简称信托基金）由津巴布韦国家公园与野生动物管理局（Zimbabwe Parks and Wildlife Management Authority）和法兰克福动物学会（Frankfurt Zoological Society）共同创建，自2017年3月1日起全面运营，与其他伙伴一起承担起未来20年的公园管理职责。该信托基金的成立，不仅代表了一种创新的保护区管理模式，而且体现了通过合作增强生物多样性保护和促进社区参与的承诺。

在面临预算紧张、治理困难、人力资源短缺、基础设施不足、游客数量下降以及生态环境破坏等问题时，信托基金的介入为戈纳雷若国家公园带来了转机。2007年，津巴布韦国家公园与野生动物管理局和法兰克福动物学会签订的10年协议，为戈纳雷若国家公园引入了技术和财政支持。到2017年，为了更有效地应对土地和自然资源管理方面的不足，双方成立了戈纳雷若保护信托基金，支持戈纳雷若国家公园的管理和运作。信托基金的成立成为保护工作的重要里程碑。

戈纳雷若保护信托基金团队由包含津巴布韦国家公园与野生动物管理局、法兰克福动物学会在内的专业人士组成。同时，信托基金还带动了当地社区成员加入团队，致力于当地人兽冲突的监测与防范工作。信托基金的政策目标之一是尽可能地聘用当地员工。目前，有超过3/4的员工来自戈纳雷若国家公园周边的村庄。信托基金主要负责戈纳雷若国家公园内巡护员的管理和培训工作，以及旅游管理和旅游产品开发，推动旅游收入提升和自筹资金体系建设。此外，信托基金还承担生态系统和物种监测工作，并与合作伙伴共同开展濒危物种引进项目，包括黑犀牛、穿山甲等[①]。

信托基金的建立至关重要，它不仅为戈纳雷若国家公园的长期保护和管理提供了稳定的资金来源，还通过促进环境保护和可持续的商业发展，为当地社区带来了直接的经济利益。此外，通过确保资金使用的透明度和效率，信托基金提升了捐赠者和公众的信任度，为戈纳雷若国家公园的生态旅游和自然资源管理开辟了新的道路。通过这种创新的资金管理和合作模式，戈纳雷若国家公园的协作伙伴关系被视为管理保护区的创新模式，为全球自然保护工作树立了新的标杆。

（2）资金模式

如图 1 所示，戈纳雷若国家公园的资金架构是多方参与、协同合作的典范，凸显了不同利益相关方在资源调配、技术支持和资金投入方面的重要角色和贡献。

戈纳雷若保护信托基金担纲公园资金、运营及保护工作的核心管理角色。共同创建信托基金的两个部门从执行效率和专业性方面发挥作用。津巴布韦国家公园与野生动物管理局负责具体的实施工作，而法兰克福动物学会则提供必要的技术支持，这种合作模式为戈纳雷若国家公园的长期保护和可持续发展奠定了坚实的基础。

---

① Frankfurt Zoological Society. Gonarezhou National Park[EB/OL]. （2022–05–30）[2024–07–06]. https：//fzs.org/en/projects/zimbabwe/gonarezhou/.

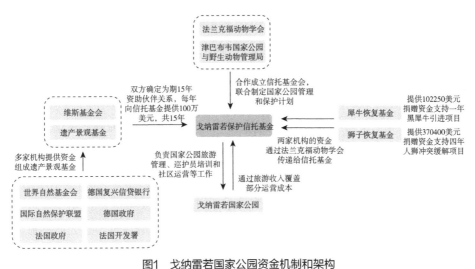

图1　戈纳雷若国家公园资金机制和架构

（资料来源：北京绿研公益发展中心）

2021年5月，戈纳雷若保护信托基金迎来了重要的资金支持——遗产景观基金（Legacy Landscapes Fund）与维斯基金会（The Wyss Foundation）建立了资助伙伴关系，承诺在未来15年内每年向戈纳雷若国家公园捐赠100万美元，总计高达1500万美元。①遗产景观基金作为一个根据德国法律设立的慈善机构，其公私合作的性质为生物多样性保护提供了宝贵的资金补充，这些资金将被用于加强戈纳雷若国家公园的反偷猎工作，并为当地社区带来长远的经济效益。维斯基金会对戈纳雷若国家公园的资助是其"自然保护倡议"（Wyss Campaign for Nature）的核心组成部分。基金会主席及创始人汉斯约格·威斯（Hansjörg Wyss）在2018年宣布了一项承诺，计划在10年内投入10亿美元，旨在加快全球生物多样性保护进程并扩大其规模。②这一宏伟承诺还旨在激励包括政府、基金会在内的各方共同努力，汇集更多资源，

① Wyss Campaign for Nature. Gonarezhou National Park (Zimbabwe), The Wyss Foundation. [EB/OL].（2023-05-30）[2024-06-29]. https://www.wysscampaign.org/project-list/gonarezhou.

② Wyss Campaign for Nature. Wyss Foundation Joins German Government, Philanthropies to Launch Innovative Nature Fund. The Wyss Foundation[EB/OL]. (2021-05-18) [2024-06-29]. https://www.wysscampaign.org/news/2021/5/18/wyss-foundation-joins-german-government-philanthropies-to-launch-innovative-nature-fund.

实现到2030年全球至少30%的陆地和海洋得到有效保护和管理的目标。

除了维斯基金会和遗产景观基金的支持，戈纳雷若保护信托基金还通过法兰克福动物学会获得了狮子恢复基金（Lion Recovery Fund）和犀牛恢复基金（Rhino Recovery Fund）的捐赠。狮子恢复基金提供了370400美元的资金，支持为期四年的缓解人狮冲突为主题的项目，应对非洲狮种群数量增加可能带来的人兽冲突[①]。而犀牛恢复基金（Rhino Recovery Fund）则捐赠了102250美元用于黑犀牛物种引入工作，对园内区域安全进行评估和策略规划，以及对巡护员进行培训，为2021年黑犀牛的重新引入做准备[②]。

此外，戈纳雷若保护信托基金全方位负责管理戈纳雷若国家公园的旅游管理和开发工作，通过发展生态旅游业、开发旅游产品，积极拓宽收入来源，建设财务和资金可持续体系。这部分收入在一定程度上覆盖了戈纳雷若国家公园的运营和维护成本，同时也为当地经济发展贡献了力量。

总体来看，戈纳雷若国家公园的资金架构体现了多元化的资金来源和利益相关方的共同努力，这种架构不仅为其保护工作提供了稳定的资金支持，也为当地社区的经济发展和生态环境的可持续性提升作出了积极贡献。

（3）创新特点

戈纳雷若国家公园的资金机制创新展现了多元化、社区参与和科学管理等亮点，为全球自然保护项目提供了宝贵的经验和启示。

- 社区参与和协同发展：戈纳雷若保护信托基金通过将当地社区纳入戈纳雷若国家公园的管理和运营，有效缓解了与社区的冲突，同时促进了社区经济的可持续发展。信托基金积极鼓励当地社区参与保护和管理工作，并为其提供培训和就业机会，共同制订和实施可持续发展计划，共享从旅游业和自然资源管理中产生的收益。

---

① Lion Recovery Fund. Tackling Human-Lion Conflicts，Wildlife Conservation Network[EB/OL].（2022-11-20）[2024-06-29]. https：//lionrecoveryfund.org/project/tackling-human-lion-conflict/.

② Rhino Recovery Fund. Gonarezhou Black Rhino Reintroduction. Wildlife Conservation Network[EB/OL].（2022-08-11）[2024-06-29]. https：//rhinorecoveryfund.org/project/gonarezhou-black-rhino-reintroduction/.

- 整合多方资源：信托基金不仅依靠政府资金，还积极与国内外企业、非政府组织和国际机构建立合作，形成了一个多元化的资金来源网络，增强了项目的财务稳定性和实施能力。通过与研究机构和科学家的合作，信托基金获得了宝贵的技术支持和专业知识，提高了公园管理的专业水平。

- 创新的融资模式：戈纳雷若国家公园的融资模式，如公私合作伙伴关系（PPP）和基于社区的生态旅游项目，为其他保护区域提供了创新的资金筹集途径。信托基金的资金不仅可用于传统的保护项目，还可用于支持社区发展、教育和培训项目，提高了资金使用的综合效益。

- 科学性与适应性。信托基金在戈纳雷若国家公园内开展科学研究和监测工作，进行物种保护、生境恢复和气候变化适应等方面的研究，为保护措施提供了坚实的科学依据，确保了保护行动的有效性和适应性。

凭借这些创新特点和借鉴意义，戈纳雷若国家公园的资金机制为全球自然保护领域提供了一个可持续性、高效性和包容性并重的范例。

2. 科莫多国家公园——实现多元协同管理[①]

（1）科莫多国家公园概况

印度尼西亚作为全球生物多样性保护的热点地区之一，拥有被广泛认可的全球生态重要性。科莫多国家公园（Komodo National Park）是该国保护地系统中的一颗璀璨明珠，自1980年成立以来，一直是生态保护的"旗舰"。1986年，联合国教科文组织将其列为世界遗产和人与生物圈保护区，以表彰其独特的自然价值。科莫多国家公园以濒临灭绝的科莫多巨蜥而闻名，这种巨蜥是其生态系统的关键物种，同时也是生物多样性保护的象征。

科莫多国家公园不仅在陆地上拥有丰富的生物多样性，其海洋保护区同

---

① Jim S, Rini S, The Nature Conservancy – SE Asia Center for Marine Protected Areas staff. Environmental Assessment Study： Komodo National Park Indonesia[R/OL]. (2002–10–20) [2024–06–29]. https：//www.diveglobal.com/wp–content/uploads/Komodo/Komodo%20EAS.pdf.

样重要，拥有超过1000种热带鱼、无脊椎动物和哺乳动物。科莫多国家公园包括三个主要岛屿——科莫多岛、帕达尔岛和林卡岛，以及26个小岛，总面积达1733平方千米，其中陆地面积为603平方千米。其保护目标不仅包括陆地上的各种生物，特别是科莫多巨蜥，还有海洋区域的商业鱼类繁殖种群，这对于补充周边渔场的资源至关重要。

科莫多国家公园以其独特的生物多样性和自然风光每年吸引着数以万计的访客，尽管所在地区偏远，设施相对欠发达，但它依然是印度尼西亚访问量最大的自然保护区之一。然而，科莫多国家公园的旅游业和生物多样性保护长期以来面临双重威胁：一方面是管理和治理体制的薄弱，另一方面是生物多样性的严重枯竭。这些问题凸显了建立有效园区管理协作制度结构的迫切需求。为了应对这些挑战，科莫多国家公园需要一个稳定而有效的资金机制支持其保护工作和可持续发展。这包括加强管理能力、提升基础设施、促进生态旅游的可持续实践，以及增强当地社区的参与和收益等。通过多方协同管理理念下的国际合作、政策支持和创新的融资机制，科莫多国家公园有望克服现有困难，实现其保护全球重要生物多样性的使命。

（2）基于协同管理的多元资金长效机制

科莫多国家公园的多元协调机制是其管理成功的关键。1995年，在大自然保护协会（TNC）的协助下，印度尼西亚政府开始制订一项为期25年的科莫多国家公园管理总体规划，并在2000年完成。2001年，该规划获得正式批准。规划的一个核心要素是建立公园的自筹资金机制，确保长期的可持续发展。为实现这一目标，印度尼西亚政府于1999年启动了为期七年的科莫多国家公园协同管理倡议（Komodo National Park Collaborative Management Initiative）。该倡议旨在通过建立长期有效的协作管理机制和系统，保护和促进科莫多国家公园内生物多样性资产的可持续利用，确保有效的长期公园管理。

如图2所示，科莫多国家公园协同管理倡议的主要利益相关方包括印度尼西亚森林和自然保护总局（PHKA，以下简称自然保护总局）、科莫多国家公园辖区内的地方政府、大自然保护协会（TNC）以及其与印度尼西亚私营旅游企业（JPU）的合资企业（PNK）。这一倡议代表了印度尼西亚政府在国家公园管理方面的开创性政策试验。通过印度尼西亚环境和林业部向合资企业授予旅游特许权，授权其设定和收取门票费、制订公园承载能力限制，并开发旅游许可系统。这种授权私营部门参与的模式，结合社会组织的合作，为科莫多国家公园的管理带来了更大的灵活性。这不仅增强了自然保护总局对自然资源的保护能力，而且通过多元资金的方式降低了私营企业商业运营的风险，提高了旅游运营的可持续性和社区参与程度。

此外，该倡议明确划分了合资企业、自然保护总局和地方政府在保护管理、监测、执行以及可持续生计活动中的责任。其中，自然保护总局负责管理国家公园自然保护项目，连接当地生物多样性保护和地方社会经济发展。合资企业负责国家公园的旅游管理和开发，提升地方的管理能力，积极拓宽旅游收入来源，推动国家公园自筹资金体系建设。同时，该倡议还明确了奖惩措施（包括规章和罚款），鼓励当地社区减少使用破坏性的捕鱼方式。

（3）资金模式

基于上述多方参与的协同管理结构，科莫多国家公园的资金模式也进行了相应调整。2005年5月，国际金融公司（IFC）签署了一份价值500万美元的全球环境基金赠款协议，用于弥补科莫多国家公园实现其协同管理倡议的资金缺口，确保其长期有效管理和可持续融资[1]。这一赠款由大自然保护协会（TNC）和印度尼西亚私营旅游企业（JPU）共同拥有的合资企业（PNK）接收。PNK作为一家社会企业成立，由大自然保护协会（TNC）持股60%，印度尼西亚私营旅游企业持股40%。通过与印度尼西亚政府和当地社区建立公私合作伙伴关系，PNK把科莫多国家公园作为旅游目的地加以推广，通过印度尼西亚环境和林业部获得30年的特许经营许可，并利用制定和收取入园费用、投资公园基础设施、发放旅游业务相关许可证等方式获得收入，最终覆盖公园管理成本，增加保护和当地发展的净收益。

---

[1] International Finance Corporation. IFC Supports Management of Komodo National Park in Indonesia[EB/OL]. (2005-06-27) [2024-06-25]. https://pressroom.ifc.org/all/pages/PressDetail.aspx?ID=22457.

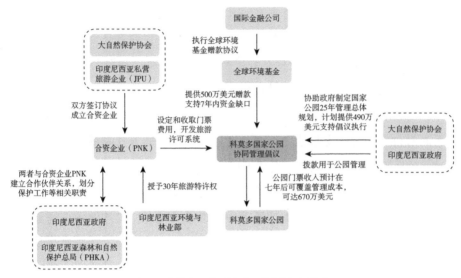

图2　科莫多国家公园多元协调资金模式

（资料来源：北京绿研公益发展中心）

另外，PNK还将利用这笔赠款以及在科莫多国家公园协同管理倡议七年期间由大自然保护协会（TNC）提供的对等赠款，覆盖公司的启动及运营成本和综合行动计划的执行资金。这些行动计划包括开展旅游管理、通过适当的门票价格建立可持续的融资系统、支持当地社区的小额信贷、建立和实施协同管理程序以及制订和实施公园管理计划。在此期间，PNK产生的所有利润将完全用于执行其综合行动计划。预计七年后，在当前的公私合作模式可持续进行的基础之上，PNK将实现其商业模式可行性。

为了实现科莫多国家公园协同管理倡议，项目预计总共花费1650万美元。除了全球环境基金提供的500万美元赠款资金外，各个部门还提供了融资支持，共同融资总额为1150万美元，其中包括来自大自然保护协会（TNC）的共计490万美元的资金支持，来自印度尼西亚政府和旅游行业的非现金支持（in-kind contribution），以及科莫多国家公园预计的旅游收入670万美元。在为期七年的全球环境基金赠款期结束时，预计科莫多国家公园将以每年200万美元的运营预算实现盈亏平衡。

（4）项目效益

在多家机构的支持下，科莫多国家公园协同管理倡议全球环境基金赠款协议于2010年10月结项，该项目在多方面取得了可观的效益，为全球各个地区国家公园和保护区创新管理模式以及私营部门参与生物多样性保护提供可复制的经验参考。全球环境基金项目评估结果显示[①]，科莫多国家公园1733平方千米的土地得到了有效且可持续的管理，同时得益于旅游管理的改善，其旗舰物种科莫多巨蜥近些年的保护成效有所提升，并且该项目为科莫多国家公园的陆地和海洋生物多样性保护带来了巨大的积极效益，当地破坏性的捕鱼活动大幅减少。由于项目执行层面的多重因素，旅游收入在项目结项时并未达到预期，但园内基础设施的改善使国家公园游客访问量比预期多了将近一倍。项目期间设立的社区发展补助计划、替代生计计划以及企业发展计划总共惠及了约4000人，还支持了当地的公共服务系统和基础设施建设。此外，PNK还为当地社区成员从事可持续渔业、蔬菜生产和手工艺品制作等相关工作提供了培训。

作为一项开创性的政策试验，科莫多国家公园多方协同管理模式以及公私合营模式的成功印证了印度尼西亚政府的生物多样性保护雄心，同时为全球生物多样性保护多元融资开辟了新的土壤。

（5）创新特点

科莫多国家公园的这些亮点不仅为其自身的保护和管理打下了坚实的基础，也为其他国家和地区的自然保护工作提供了宝贵的经验和启示。通过持续的创新和改进，科莫多国家公园可以成为全球生物多样性保护的典范。

- 多元化资金来源：除了政府拨款，科莫多国家公园通过入园费、国际援助、非政府组织资助以及公私合作等多种渠道筹集资金，这种多元化的资金来源策略为其运营和管理提供了稳定的财务支持。公私合营的模式不仅为科莫多国家公园带来了额外的资金，还引入了先进的技

---

① Global Environment Facility Evaluation Office. Terminal Evaluation Review[R/OL]. (2015-04-30) [2024-06-29]. https：//www.gefieo.org/data-ratings/projects/project-id-1144.

术和管理经验，促进了基础设施建设和服务质量的提升。另外，向合营企业发放特许经营许可确保了科莫多国家公园的旅游运营，多元的赠款资金来源也降低了商业运营的风险。这种合作模式值得其他保护区域借鉴。

- 多方协同管理和灵活的适应性管理：得益于科莫多国家公园协同管理倡议的施行以及印度尼西亚政府对多元创新融资模式的支持，科莫多国家公园有效地提高了管理水平。在这一机制下，相关部门还充分探索了多种渠道和资金手段支持当地社区的建设，动员多方参与建设科莫多国家公园生态旅游目的地。科莫多国家公园协同管理倡议采用了适应性管理战略，根据全球环境变化和公园实际需求管理科莫多国家公园内的自然资源。这一灵活的管理方式促进了科莫多国家公园在生态旅游开发以及生物多样性保护层面的协同发展。

- 社区参与和利益共享：科莫多国家公园积极推动周边社区参与管理和保护工作，通过共享旅游收入和提供就业机会，提高了社区的经济发展水平，增强了社区对保护工作的支持和参与积极性；通过实施可持续渔业和生态旅游等社区发展项目，确保当地居民能够直接从保护工作中受益。这种模式有助于提升社区的生活质量，同时保护生态环境。

3. 哥斯达黎加永久性项目融资模式[①]

哥斯达黎加拥有与整个北美洲相媲美的物种多样性，却仅有比瑞士面积略大的领土。尽管哥斯达黎加已经将其26%的陆地和17%的领海划入各类保护区域，但过度捕捞、旅游开发、城市化和水污染等问题仍对其生态系统构成严重威胁。面对这些挑战，哥斯达黎加政府认识到必须采取行动，以填补保护地系统的空白，并改善现有保护区的管理。这包括扩展保护区面积、提

---

① Gordon and Betty Moore Foundation, Linden Trust for Conservation, The Walton Family Foundation, The Nature Conservancy, Forever Costa Rica Association. How Costa Rica will become the first developing country to permanently meet global protected-area goals[R/OL]. (2011-07-15) [2024-06-29]. http://box5670.temp. domains/~lindent1/wp-content/uploads/2018/03/2011-08-16-Forever-Costa-Rica-project-report-1.pdf.

升管理效能、加强保护区作用、建立长期融资机制，以及采纳气候变化监测协议等措施。

2010年7月27日，哥斯达黎加政府启动了具有里程碑意义的"永恒的哥斯达黎加"项目（Forever Costa Rica），该项目引入了一种创新的资金筹集方式——永久性项目融资协议（Project Finance for Permanence，PFP），成功筹集了5700万美元，用于保护超过2万平方千米的热带森林和海洋栖息地。这一举措在全球范围内具有开创性，为其他国家提供了建立有效栖息地保护机制的范例。

"永恒的哥斯达黎加"项目通过一次多方参与的公私合作交易，不仅成倍增加了哥斯达黎加海洋保护地的面积，而且显著提升了海洋和陆地保护地系统的管理水平。该项目确保这些保护地系统能够获得长久、稳定且充足的资金，为应对气候变化的影响做好了准备。

项目的重点在于其创新的资金模式和多方合作机制，这不仅为哥斯达黎加的自然保护工作提供了坚实的财务基础，也为全球生态保护项目提供了可借鉴的模式。得益于PFP模式在哥斯达黎加的成功实践，该模式已经被全球多个国家应用，成为推动实现《昆蒙框架》下"3030"目标的重要力量。

（1）项目背景

2007年7月，时任哥斯达黎加总统奥斯卡·阿里亚斯·桑切斯（Óscar Arias Sánchez）宣布启动一项具有里程碑意义的环保计划——"与自然和平相处"（Peace with Nature Program），该计划涵盖了一系列旨在保护和恢复自然环境的倡议。为了响应总统的号召，林登保护信托基金（Linden Trust for Conservation）与戈登和贝蒂·摩尔基金会（Gordon and Betty Moore Foundation）以及大自然保护协会（TNC）建立了合作伙伴关系，共同致力于该计划中的一项关键倡议：为哥斯达黎加的国家保护地建立一个长期的资金支持机制。

这一合作伙伴关系预计将持续30年，并在国家最高行政级别的指导委员会监督下迅速展开规划工作。到2008年中期，这一公私合作伙伴关系正式启动了项目的详细开发和筹资工作，期间沃尔顿家族基金会（Walton Family

Foundation）也加入了这一行列。2010年5月，时任哥斯达黎加总统劳拉·钦奇利亚·米兰达（Laura Chinchilla Miran）继续支持并推动该计划的执行。

在这一参与架构中（见图3），哥斯达黎加的保护地管理机构"国家保护地系统"（SINAC）作为牵头的政府机构，与哥斯达黎加海岸警卫队和渔业与水产研究所签订了合作协议。同时，永恒的哥斯达黎加协会（Forever Costa Rica Association）、大自然保护协会（TNC）以及其他合作的社会组织也参与项目的执行。

（2）资金模式

"永恒的哥斯达黎加"项目是一个创新的永久性项目融资模式，展示了哥斯达黎加政府与私人部门合作伙伴之间的协同合作（见图3）。项目采用了一种独特的"单一交割"（single closing）资金交易方式，这种方式要求所有合作伙伴在达成保护计划和融资目标之前，就各自的角色和责任达成共识。在这种模式下，投资方在项目融资目标实现之前不需要出资，只有在项目融资目标达成且保护计划明确后，项目才正式启动并进行资金分配。

通过这种合作架构，项目最终成功地从公共部门和私人捐赠渠道筹集了5700万美元的资金。这包括了多家基金会的捐赠、个人捐赠，以及在美国政府支持下的债务交换资金。2010年7月27日，项目达到了预期的阶段性目标，并满足了"单一交割"的条件，从而正式启动实施。项目确立了资金受托人——非政府组织"永恒的哥斯达黎加协会"，负责管理和分配资金。

永恒的哥斯达黎加协会承担着两项核心职责：一是管理其信托持有的资金，二是在既定时间内拨付这些资金以支持实现项目目标。该协会独立于政府运作，由哥斯达黎加的环保人士和其他领域领导者组成董事会。根据与哥斯达黎加政府签订的合作协议，该协会开展包括管理信托基金、执行项目、提供技术支持等合作项目。信托资金的拨款将依据与政府商定的工作计划进行，并受到信托法律文件中捐助者规定的条款约束。

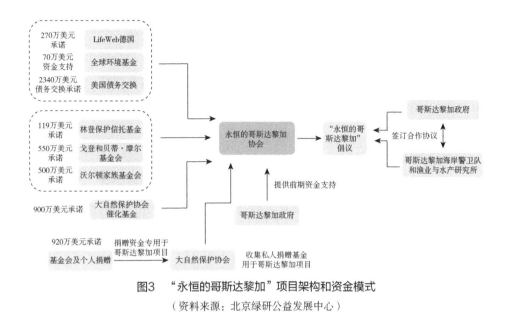

图3　"永恒的哥斯达黎加"项目架构和资金模式
（资料来源：北京绿研公益发展中心）

在项目启动之初，私人合作伙伴就同意共同承担三年的项目开发成本，并承诺在交易完成后的第一年提供项目实施支持。此外，他们还承诺，在满足融资目标和政府保护目标等阶段性目标后，将建立一个独立的信托基金管理筹得的资金。这个信托基金的建立，旨在确保捐助者的资金能够用于特定的保护成果，而不是简单地取代政府在保护区的支出。大部分信托资金将作为永久性捐赠基金进行管理，以支持日常保护相关费用，如保护区的管理规划和巡护等。同时，部分资金将在项目初期作为启动费用和基础设施建设费用，确保项目能够顺利启动并实现其长远目标。通过这种创新的资金管理和合作伙伴关系，哥斯达黎加的"与自然和平相处"计划为国家的环境保护工作奠定了坚实的基础。

为了进一步提高资金使用的效率和透明度，合作伙伴还设定了一些条件，要求项目必须持续达成阶段性目标，才能从信托基金中继续获得年度拨款。此外，在建立私人信托的法律协议中，还规定了一项条款：如果在指定时间内未达到阶段性目标，将停止拨款，并在某些情况下解散信托。这种机制不仅确保了资金的合理使用，也为项目的持续成功提供了强有力的保障。

总体而言，"永恒的哥斯达黎加"项目的参与架构体现了政府、私人部门、非政府组织以及捐赠者的共同努力和协作，为全球的自然保护项目提供了一个创新的资金筹集与管理范例。通过这种多元化的合作模式，项目能够有效地动员各方资源，实现对哥斯达黎加丰富自然资源的长期保护和可持续利用。

（3）创新特点

"永恒的哥斯达黎加"项目在管理和资金机制上的创新之处，不仅体现在其多方合作的架构，还体现在其灵活高效的融资策略和严格的监督机制。该项目的创新亮点包括：

- 多方合作架构：项目通过政府、私人合作伙伴和社会组织的合作，整合了不同合作方的资源和专长，形成了一个多元化的融资和管理体系。这种合作模式为项目提供了丰富的资源和专业支持，增强了项目的执行力和适应性。

- 创新的资金杠杆作用：项目采用了"单一交割"方式，通过创造巨大的杠杆效应和紧迫感来激励捐助者，确保项目启动时所有目标都得到充分资助。这种方式提高了资金使用的效率，并确保关键时刻政府能够及时采取行动。项目通过创新的资金杠杆作用，扩大了资金的影响力，使有限的资金能够产生更大的效益。

- 明确而灵活的风险管理：灵活的分阶段融资使项目在筹集到私人资金并建立私人信托后，才进行首次交易，并在公共资金承诺确认后继续进行分阶段融资。这种融资方式确保了项目的可持续性和稳步推进，同时降低了项目风险。项目设定了具体的阶段性目标，并建立了持续的监督机制。如果项目在指定时间内未实现阶段目标，则可能停止拨款或解散信托。这种机制确保了项目的进展和目标的实现，提高了项目的责任感和紧迫感。

"永恒的哥斯达黎加"项目的管理和资金机制创新，为全球环境保护项目提供了宝贵的经验和启示。通过多方合作、灵活融资、严格监督和透明管理，项目不仅确保了资金的有效使用，还推动了环境保护和可持续发展的进程，值得其他国家和地区在实施类似项目时学习和参考。

（二）国家公园可能的创新方式

在全球范围内，国家公园作为保护生物多样性和提供生态系统服务的关键区域，正越来越多地采用创新的投融资方法支持其自身的可持续发展。这些方法涵盖了绿色金融的多个方面，包括绿色信贷、绿色债券、绿色基金、碳信用交易等。通过这些手段，国家公园能够吸引公共和私人资本，为其生态保护和恢复项目提供资金支持。例如，绿色债券可以为大规模的生态修复项目筹集资金，而碳信用交易则通过奖励减少温室气体排放的行为来提供激励，或者为国家公园的资产提供进一步融资。

此外，国家公园的投融资创新还包括公私合作伙伴关系（PPP）、众筹平台、绿色保险产品，以及基于生物多样性信用的金融工具。这些方法不仅为保护工作带来了必要的资金，还促进了当地社区的参与和利益共享，确保了保护措施的社会和环境可持续性。例如，通过PPP模式，政府与私营部门可以共同投资于生态旅游设施，而众筹则允许大量小额捐赠者为特定的保护项目贡献力量。通过这些多元化的投融资渠道，国家公园能够建立起更加稳健和灵活的资金机制，应对生物多样性保护的长期需求。

在本次研究中，课题组重点选择当前国际上使用最广的绿色信贷、绿色债券两种方式作为案例进行介绍。它们虽然是最传统的绿色金融产品，但在其基本原理中融入了创新，本部分将分析其运行模式及亮点，供金融机构参考。

1. 绿色信贷——氧气保护公司的灵活偿还方式[①]

在2023年，氧气保护公司（Oxygen Conservation）实施了一项关键性的项目，该项目通过荷兰特里多思银行（Triodos Bank）英国分行的2055万英镑贷款，标志着其在苏格兰的布莱克本（Blackburn）、哈特斯加斯（Hartsgarth）

---

① Green Finance Institute. Oxygen Conservation[EB/OL]. （2022-06-30）[2024-06-29]. https://www.greenfinanceinstitute.com/gfihive/case-studies/oxygen-conservation-blackburn-hartsgarth-invergeldie/.

和因弗盖尔迪（Invergeldie）庄园的土地保护和修复工作上迈出了重要一步。这一贷款规模在英国自然保护和修复领域尚属首次，凸显了金融行业对环境项目支持力度的显著提升。

氧气保护公司的项目重点在于通过可持续的金融机制推动生态修复。特里多斯银行提供的贷款模式是一种创新，它突破了传统贷款的固定偿还期限，转而将偿还计划与庄园内的森林种植和生态修复项目产生的实际环境效益（即碳信用）直接关联。这种以结果为导向的贷款结构，不仅缓解了项目初期的资金需求，而且为生态保护项目提供了一种新的融资途径，充分体现了金融创新在促进可持续发展方面的重要作用。

此项目不仅因其规模而引人注目，更因其融资模式的创新性和对环境效益的直接贡献而具有示范意义。通过将贷款偿还与碳信用销售挂钩，氧气保护公司与特里多斯银行共同探索了一种新的金融工具，这种工具能够激励并支持更多以结果为导向的环境保护项目，为全球生态修复和生物多样性保护提供了新的思路和解决方案。

专栏1　关于氧气保护公司

氧气保护公司总部位于英国，自2021年成立以来，一直专注于投资土地保护和恢复自然资本。作为氧气之家投资集团的子公司，氧气保护公司在短短两年内已成功收购10个庄园，每个庄园都根据当地条件定制了独特的商业模式。这些庄园通过多样化的收入模式实现盈利，包括碳信用和生物多样性销售、可再生能源开发、可持续房产、可持续农业以及生态旅游。氧气保护公司的宏伟目标是到2025年在英国管理25万英亩土地，致力于自然保护和恢复项目，显著扩大英国的自然保护规模。为实现这一目标，氧气保护公司通常通过母公司筹集资金，但也积极探索外部融资渠道，如商业贷款。

（1）项目背景

氧气保护公司通过荷兰特里多斯银行英国分行的2055万英镑贷款，完成了对苏格兰布莱克本和哈特斯加斯以及因弗盖尔迪庄园的收购，这一举措标志着英国自然保护和修复领域商业贷款达到了新高峰。氧气保护公司的这一行动不仅是对其保护使命的承诺，也是其创新融资模式的体现。这些庄园具有显著的环境改善和自然资本提升潜力，包括碳汇增加、可再生能源开发、有机食品生产及大规模生态保护。该项目的各方参与情况与架构如图4所示。

氧气保护公司的收购重点是布莱克本和哈特斯加斯庄园，即朗霍尔姆高沼地（Langholm Moor），这片11366英亩的土地是英国本土最关键的保护地之一。庄园从山谷的肥沃农田延伸至高沼地和山峰，提供了多样化的生态服务。历史上，庄园作为松鸡狩猎场，目前正逐步转型为自营农场，业务包括植物群管理、围栏升级、山路修缮、放牧模式优化和泥炭地恢复。氧气保护公司与朗霍尔姆社区合作，致力于保护濒危的白尾鹞，提升生物多样性[①]。

因弗盖尔迪庄园的收购则标志着苏格兰高地的生态转型。这里曾是松鸡狩猎区和小规模山地农场，现在则通过泥炭地修复和原生阔叶林种植，以及向有机和可持续农业体系的转变，展现了生态恢复的力量[②]。

氧气保护公司的保护措施具体包括：

- 植树造林：氧气保护公司与非营利组织Tree Story合作，确定种植地点和种植模式；

- 栖息地恢复：氧气保护公司收集当地现有的物种信息，与Tree Story以及外部伙伴合作，了解景观现状以及物种引进和泥炭地修复方法；

- 农业发展：氧气保护公司邀请房地产和农业管理公司Galbraith提供可持续养殖和再生耕作建议，以改变耕作模式，改善土壤质量以及栖息地多样性；

- 风能开发：氧气保护公司与可再生能源公司Low Carbon合作，与当地社区一同商讨项目风能开发落地方案。该项目仍处于开发早期阶段。

---

① Triodos Bank. Annual Report 2023[R/OL]. (2023-05-30) [2024-06-29]. https：//www.annual-report-triodos.com/2023/.
② 详见 Ibid。

为确保这些措施的有效性，氧气保护公司为两个庄园制订了长期战略管理计划，并聘请了全职庄园经理。特里多斯银行在贷款审查过程中对这些计划进行了深入分析，并聘请了独立土地顾问Strutt and Parker和John Clegg & Co，确保计划的适用性和环境适应性。

氧气保护公司的项目不仅展现了金融创新在生态保护领域的应用，也突出了该公司在土地管理、生态修复和生物多样性提升方面的专业能力。通过这些综合性措施，氧气保护公司致力于实现其宏伟目标，为英国乃至全球的自然保护贡献力量。

（2）资金模式

氧气保护公司与特里多斯银行英国分行的合作，展示了一种创新的资金模式和结构（见图4），专门用于支持环境修复和碳信用项目。2023年，双方共同开发了一种商业债务模式，特里多斯银行提供了2055万英镑的定期贷款，期限为25年，仅前五年设有利息。这种贷款结构的灵活性体现在与项目产出直接挂钩的偿还机制方面。氧气保护公司利用这笔贷款收购并改善了两个庄园，通过林地种植和泥炭地修复工作产生的碳信用偿还债务。偿还时间依据碳信用的销售情况而定，预计首批碳信用的单价约为10英镑。特里多斯银行还有权在贷款期内每年调整偿还金额，以适应自然资本市场的波动和潜在的自然灾害影响。

这种模式的一个关键特点是对不可预见事件的适应性。例如，在自然灾害（如火灾或风暴）后，特里多斯银行会相应减少回收金额，以便氧气保护公司能够进行灾后重建，并在未来增加回收金额以弥补差额。此外，如果出现树苗短缺，氧气保护公司可能需要建立现场树苗基地，这也需要特里多斯银行短期内释放更多贷款。

为了确保碳信用的准确性和透明度，氧气保护公司委托外部第三方进行了森林碳基线调查，采用无人机、卫星图像和人工智能技术综合估算每棵树的碳储存量。这种调查将周期性重复，以建立庄园碳储存的详细档案。此外，项目还将根据英国泥炭地和林地碳准则（Peatland and Woodland Carbon Code），由独立审计员验证庄园交付的碳信用，计算项目带来的林地和泥炭地修复过程中已经封存或未来应交付的二氧化碳。

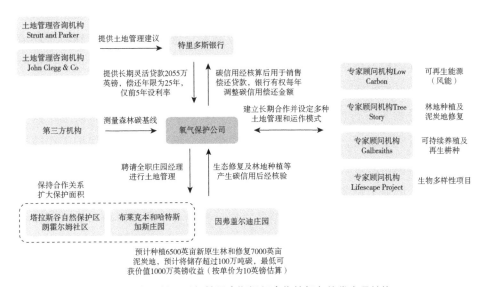

图4　氧气保护公司与特里多斯银行合作的绿色信贷产品结构

（资料来源：北京绿研公益发展中心）

　　氧气保护公司的宏伟目标是在这两个庄园新种植6500英亩本土树种和修复7000英亩泥炭地，预计这两项操作将储存超过100万吨碳，带来至少1000万英镑的收益。这一目标不仅会对环境产生积极影响，而且凸显了其资金模式和结构在推动可持续发展方面的潜力。通过这种将金融创新与环境保护相结合的方法，氧气保护公司的项目不仅为自然资本的增长提供了资金支持，也为其他寻求实现类似目标的组织提供了可借鉴的模式。

　　（3）创新特点

- 创新金融机制：专注于森林恢复、再生以及泥炭地的修复，致力于推动具有实质性环境效益的生态项目。项目在贷款申请阶段实施严格的环境影响评估，确保资金投向能够带来明确的环境改善，如增强二氧化碳封存、扩大再生林面积和提升生物多样性。此外，项目引入了绩效奖励机制，对于超额完成环境绩效目标的借款人，提供利率折扣或本金免除等激励。这种机制不仅提升了融资效率，也确保了项目执行的持续性和有效性。

- 搞活资金模式：项目的资金模式灵活多样，旨在满足不同项目需求，包括短期低息贷款、长期无息贷款和混合融资方案。为达到特定环境标准的项目提供优惠利率，有效降低融资成本，进一步促进了环境保护项目的实施。

- 提升财务可行性：氧气保护公司的贷款项目通过使用贷款偿还款项再投资于项目，建立了一个可持续的资金循环体系，为保护工作的持续性提供支持。项目还通过恢复和造林活动产生的碳信用创造额外收入，增强了财务可行性。在项目启动前，氧气保护公司会进行全面的环境基线评估，并由独立第三方审计机构核实环境影响和贷款条款的合规性，确保项目的环境效益和风险可控。

- 鼓励社区和多元参与：项目的透明度和问责性通过要求借款人定期提交进展报告得到加强，这些报告披露了项目在环境、社会和经济方面的具体影响，并公开了项目数据和绩效指标。此外，项目积极促进政府机构、私人投资者、非政府组织和当地社区之间的合作，邀请当地社区参与项目规划和实施，确保项目满足当地需求并获得社区支持。特里多斯银行在项目设计、实施和监测方面提供专业支持，并为当地社区和项目实施者提供培训，确保了项目的科学性、可行性和长期可持续性。

2. 绿色债券——按效付款的犀牛债[①]

全球首只野生动物保护债券——犀牛债由国际复兴开发银行（IBRD）发行，这对生物多样性保护融资具有里程碑意义。该债券的发行旨在为南非的阿多大象国家公园（Addo Elephant National Park）和大鱼河自然保护区（Great Fish River Nature Reserve）中的黑犀牛保护工作提供关键资金支持。黑犀牛

---

① Credit Suisse. Press Release: Credit Suisse acts as Sole Conservation Bond Structurer on World Bank's "Rhino Bond" [EB/OL]. (2022-03-24) [2024-06-29]. https://www.credit-suisse.com/about-us-news/en/articles/media-releases/rhino-bond-202203.html.

作为生态系统中的伞护种，对维持生态平衡和生物多样性具有不可替代的作用，同时也对当地旅游业的发展起到了重要的推动作用。

自1970年以来，由于偷猎行为的加剧和栖息地的丧失，野生黑犀牛的数量急剧下降。这一现状凸显了持续监测和长期资金投入的必要性，而传统的保护捐赠资金已无法满足这一需求。因此，犀牛债的发行不仅引入了私人投资，还为物种保护工作的可持续性提供了新的解决方案。

犀牛债的发行不仅是对传统保护资金来源的补充，更是对生物多样性保护融资模式的一次大胆创新。它以南非目标保护区内黑犀牛种群的增长作为关键指标，展示了以成果为导向的保护策略。这种模式有望成为实现"2020年后全球生物多样性框架"目标的重要工具，为全球物种保护工作提供新的思路和方法。

通过犀牛债，世界银行及其合作伙伴展示了如何通过金融创新筹集更广泛的资金，支持全球生物多样性保护工作。这一举措不仅对黑犀牛的保护具有重要意义，也为其他濒危物种的保护提供了可行的融资途径，为全球生态环境保护事业贡献了宝贵的经验和模式。

（1）项目背景

2022年3月，国际复兴开发银行宣布了这一创新的融资举措，目标是募集1.5亿美元，其中约1000万美元将专门用于黑犀牛和当地其他物种的保护工作。这一债券的发行以保护成果为导向，其票息收益将专门用于实现预定的保护目标，从而确保资金的有效利用。

犀牛债项目的资金来自致力于投资自然保护的多边信托基金——全球环境基金（Global Environment Facility），犀牛影响投资项目由伦敦动物学会（Zoological Society of London）主导，进行了为期三年的研究，主要探讨基于结果的融资在五个不同犀牛保护地点（包括南非、肯尼亚和尼泊尔）的可行性。这些研究地点的犀牛种群数量增加，开发了一种量化和验证犀牛保护融资结果的方法。这种融资还可以保护犀牛栖息地中的其他物种，并改善在这些地区工作和生活的人的生活水平。在瑞士信贷（Credit Suisse）的帮助下，项目开发了世界上首个"按效支付"（pay for success）的物种保护金融工具。该项目还得到了来自多个组织的法律、技术和金融支持。①

（2）资金模式

犀牛债的资金架构展现了一个多方利益相关者合作的模式，每个参与方都凭借其独特的资源和专长，为项目的成功贡献自己的力量（如图5所示）。这种合作模式不仅为黑犀牛的保护提供了坚实的资金基础，而且也为全球生态保护项目提供了一个创新的资金筹集和管理范例，具有重要的示范意义。通过这种多元化的合作，犀牛债项目有望实现其保护生物多样性、支持当地社区发展和推动可持续生态保护的宏伟目标。

犀牛债基于"按效支付"模式，由国际复兴开发银行负责发行，共计1.5亿美元，瑞士信贷协助开发这一金融手段，机构和私人投资者按照票值的94.48%购买，并承诺放弃债券利息。这一模式将原本应用于支付投资者的票息转而用于资助南非阿多大象国家公园和大鱼河自然保护区的黑犀牛物种保护工作，由发行方进行保护投资支付，共计约1000万美元。

若实现预期的物种保护成效，投资者在债券到期时将收到国际复兴开发银行（IBRD）支付的保护成效收益。这一收益的多少，将依据独立机构Conservation Alpha的计算结果和伦敦动物学会（Zoological Society of London）验证的黑犀牛增长率进行衡量。全球环境基金（GEF）提供的基于保护成效的赠款资助最高可达1376万美元，实际金额将根据五年债券期限内黑犀牛种群数量的增长率而定。

如果黑犀牛种群数量在这段时间内停滞不前或下降，全球环境基金将不会向世界银行支付赠款，导致投资者在债券到期时只能收回其本金。相对地，若黑犀牛种群数量增长率超过4%，投资者不仅能回收本金，还将获得额外的保护成效收益。黑犀牛种群数量增长率介于0到4%时，保护成效收益将按固定金额在债券期限内逐步增加。

这种创新的保护融资模式将项目风险转移至资本市场的投资者，同时允

---

① Green Finance Institute. The Rhino Bond[EB/OL].（2022-11-20）[2024-06-29]. https：//www.greenfinanceinstitute.com/gfihive/case-studies/the-wildlife-conservation-bond-the-rhino-bond/.

许捐助者根据保护成果支付费用。瑞士信贷作为此次债券的唯一结构设计方，与花旗银行（Citibank）共同担任账簿管理人，确保了债券发行的专业性和有效性。这一模式不仅为生物多样性保护提供了新的资金来源，也为投资者和捐助者提供了明确的回报机制，从而激励更多的私人资本投入全球环境保护事业。

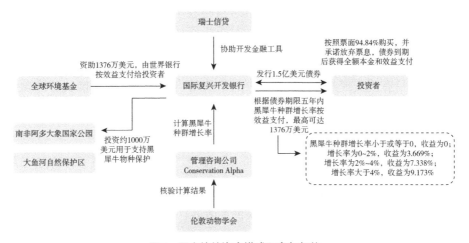

图5 犀牛债的资金模式和参与架构

（资料来源：北京绿研公益发展中心）

资金架构的角色和贡献：

- **全球环境基金**：作为犀牛债项目的主要资金来源，全球环境基金是一只多边信托基金，致力于投资自然保护项目。它为项目提供了必要的资金支持，确保了保护工作的顺利开展。

- **伦敦动物学会**：伦敦动物学会在项目中扮演了研究和主导角色，进行了为期三年的研究工作，探索基于结果的融资在不同犀牛保护地点的可行性。ZSL的研究不仅促进了犀牛种群数量的增加，还开发了量化和验证保护融资结果的方法。

- **瑞士信贷**：瑞士信贷在项目中提供了关键的金融工具开发支持，帮助设计了世界上首个"按效支付"的物种保护金融工具，为项目的成功实施提供了金融创新。

- 国际复兴开发银行：通过发行犀牛债，国际复兴开发银行为项目提供了一个以保护成果为导向的资金筹集平台。国际复兴开发银行的参与不仅增加了项目的信誉度，还确保了资金的有效利用和保护目标的实现。

犀牛债的资金架构体现了一个多方利益相关者合作的模式，每个参与方都以其独特的资源和专长为项目的成功贡献力量。这种合作模式不仅为黑犀牛的保护提供了坚实的资金基础，而且也为全球生态保护项目提供了一个创新的资金筹集和管理范例，具有重要的示范意义。通过这种多元化的合作，犀牛债项目有望实现其保护生物多样性、支持当地社区发展和推动可持续生态保护的宏伟目标。

（3）创新特点

犀牛债的发行代表了一种创新的融资模式。这一模式突破了传统融资方式，将投资者的回报与实际生态保护成效直接联系起来，激励私人资本参与生态保护，为中国的国家公园建设提供了诸多有益启示。

- 创新的资金机制：犀牛债的设计以保护成效为导向，将捐赠资金用于确保物种保护效益最大化。这种按效支付的模式将投资者的潜在回报与实际保护成效直接挂钩，从而激励市场投资者积极参与生物多样性保护项目。此外，其激励机制有效利用多边发展银行的高信用评级。即使保护目标未能完全实现，投资者仍可通过折价购买债券获得价差收益，这种方式既保护了投资者的本金，又为他们提供了额外的激励。与传统的纯赠款或纯债券不同，犀牛债采用了"债券+捐赠"的模式，降低了发行方的成本并分散了投资者的风险，同时确保了项目的保护目标得到资助。最后，这套资金机制中的设计实现了风险回报的平衡：犀牛债将项目无法实现保护目标的风险转移给资本市场投资者，同时捐助者为保护成果付费。这种机制使多个关键利益相关者能够在资本保护的前提下参与生物多样性保护。

- 多方参与机制：犀牛债的模式为私营部门投资全球公共财政提供了新的途径，可以复制和扩展到全球其他保护与气候行动等发展目标，引导更多资本投入这些领域。该模式鼓励当地社区参与保护项目，通过共享保护成果带来的利益，增强社区对保护工作的支持和参与度。同时，犀牛债引入了第三方独立核查机制，确保了生物多样性保护结果的真实性和资金使用的透明度，为投资者提供了客观公正的保护效果评估。

犀牛债的这些创新亮点不仅为生物多样性保护提供了新的资金来源，也为全球环境保护事业提供了新的思路和模式。这种模式可以更有效地动员各方资源，实现对自然资源的长期保护和可持续利用。

三、总结和建议

完善的资金机制是支持国家公园运营管理的基础，也是实现国家公园保护和公益性的重要前提。目前，我国国家公园的投融资机制仍处于探索与建设阶段，面临资金需求量较大、相关法律规范缺失、财政投入不稳定且未能实现统一管理与使用等多重挑战。由于多元化融资渠道尚未健全，民间资本与公益资金的进入面临较大困难。

总而言之，国家公园的建设任重道远。课题组从多元和创新融资机制的构建角度介绍了五条国际经验。本文中提到的五个案例各自展现了创新特点，这些创新特点为国家公园的资金机制和可持续管理提供了宝贵的经验和启示。以下是对这些案例创新特点的总结以及相应的政策建议。

一是建立以财政投入为主的多元化资金保障制度。这需要统筹各级和各部门的财政资金，并拓宽在财政和其他公共资金中的融资渠道。只有保持财政渠道资金稳定，并且有明确的资金渠道盘点和资金规划，打通划定不同来源的社会资金可以进入的领域和渠道，才能进一步撬动其他社会资本。建立健全财政部门和行业主管部门上下联动、横向互动的工作协同推进机制，从立法层面保障国家公园的基本资金制度，确保财政拨款的稳定性。国家公园管理部门应争取多个部门的政府资金和地方政府资金，用于生态保护和园区运营，将国家公园的发展与所在地社会经济发展进行深度融合，获取民众支持，减少保护阻力。

二是拓宽公益资本、民众资本和社会资本的进入渠道。优化资金管理，拓宽收入渠道，完善专项资金使用流程，不同发展阶段采用不同的资金结构，提高资金使用效率。尤其是来自社会资本的资金，需要有能够盈利的项目，如生态旅游和其他产业发展类的项目，同时，需要有相应的平台和资金作为配套基础，并将贷款偿还与碳信用销售挂钩。采用新型的投融资模式，可以通过有限的财政资金，引入规模较大、抗风险能力较强的企业，开拓融资渠道，完成项目的建设。因此，国家公园内的给排水设施、污水和垃圾处理设施、基层医疗设施、教育文体设施的建设可以采取引入社会资本的方式拓宽融资渠道，有效弥补财政预算的不足。

三是明确协同管理和参与的原则、平台和机制，建立健全多方参与的国家公园保护长效机制。国家公园管理部门应完善内部治理和外部信息披露制度，增强透明度；应确保所有利益相关方对资金流动、管理决策和项目进展有清晰的了解，应与当地社区建立更紧密的合作关系，确保他们的利益和需求得到充分考虑；应明确各利益相关方角色，结合科学保护、战略决策和政策落实，定期对管理计划和资金机制进行监测和评估，确保其适应性和有效性；应探索与更多利益相关方的合作机会，包括国际组织、研究机构和私营部门。

四是建立效果导向的资金机制。引入与保护成果挂钩的投资回报模式，有助于吸引私人和机构投资者参与，提升项目的融资能力。另外，捐赠款项的引入可以弥补国家公园建设中资金不足的问题。类似于犀牛债的模式，中国可以探索引入社会资本、环保组织、慈善机构等，通过捐赠资金填补国家公园建设的资金缺口，确保项目的可持续运行。最后，还可以通过效益支付机制，激励国家公园内部生态环境的改善。借鉴这一模式，中国的国家公园建设可以将投资者的回报与具体的生态恢复和保护目标联系起来，鼓励实际保护效果的实现，促进国家公园的可持续管理。按照国家公园的类型和实际情况，其相应的资金绩效目标体系和绩效评价指标体系也应有所差异，可制定共性指标和弹性（个性）指标，以共性指标为主。其中，不同类型国家公园、同类不同区域国家公园各主要支出项目的共性指标主要用于保证同类支出在不同国家公园之间的可比性，便于在共性横向比较过程中及时总结经验、发现问题；弹性（个性）指标主要考虑不同类型尤其是各个国家公园的特殊情况和具体需求。

灵活运用这些创新特点和政策建议，可以为国家公园的建设和管理提供更加稳定和可持续的资金支持，同时促进环境保护和社区发展。

致谢：

本报告编写过程中，我们要特别感谢以下专家（排名不分先后）分享的宝贵经验和提出的中肯建议：中国绿色碳汇基金会副理事长兼秘书长刘家顺、大自然保护协会（TNC）中国项目首席科学官张小全和首席保护官王会东。他们为课题顺利开展作出了很大贡献，在此我们表示衷心的谢意。

EOD模式案例分析及金融支持探索

编写单位：中国农业银行湖州分行

课题组成员：

周孟斌　中国农业银行湖州分行

姚海荣　中国农业银行湖州分行

方　燕　中国农业银行湖州分行

凌梅龙　中国农业银行湖州分行

费易钒　中国农业银行湖州分行

王战胜　中国农业银行湖州分行

编写单位简介：

中国农业银行湖州分行：

中国农业银行湖州分行是湖州市当地最早开始绿色金融改革创新试点的国有银行，始终坚持"绿色发展"的工作主线，持续开拓创新，以绿色金融改革撬动高质量发展。2022年12月经农总行批复成功升格为全国农行首家绿色金融改革创新示范行。

摘要：EOD模式（Ecological Environment Optimization and Development model）是一种创新的发展模式和项目组织实施方式，主要应用于生态环境治理项目。该模式结合了生态环境治理和相关项目的一体化实施，旨在根据当地条件因地制宜，促进生态环境资源的有效利用，同时拓宽生态环境治理项目的融资渠道。本文梳理了不同领域典型项目案例的模式和主要特征，深入分析EOD项目融资模式，并对当前发展现状面临的挑战和应对策略提出建议。

一、EOD 模式产生背景

党的十八大以来，以习近平同志为核心的党中央高度重视生态文明建设，提出"绿水青山就是金山银山"的重要理念，我国生态文明建设的重要性被提到了前所未有的高度，人民群众对生态环境的关注也随之增强。在这样的趋势下，催生了大批生态环境治理与修复类项目，对生态环境治理的资金需求越来越大。但是，大部分生态环境治理项目依赖政府投资，存在资金来源渠道狭窄、总体投入不能满足需求、环境效益难以转化为经济收益、环保产业自身"造血"功能不完善等瓶颈问题。随着化解地方政府债务等政策的颁布，政府支出的压力日益增大，生态环境治理项目也面临着资金紧张的问题。为促进生态产品价值的内部转化，减轻生态环境治理项目的资金压力，生态环境部于2018年提出了EOD模式的倡议。

二、EOD 模式的产生

（一）EOD 模式的由来

与起源于美国、发展于日本的TOD模式（公共交通导向的开发模式）类似，EOD模式源自美国学者霍纳蔡夫斯基提出的"生态优化"思想，目前在我国已得到相对完整的定义。它是生态环境导向的开发模式的简称，是当前环境治理的一种创新性发展模式和项目组织实施方式。这种模式以生态文明建设为引领，以可持续发展为目标，以生态保护和环境治理为基础，以特色产业运营为支撑，推动公益性强、收益差的生态环境治理项目与收益较好的关联产业项目有效融合一体化实施，从而实现关联产业反哺生态环境治理，既提升生态环境质量又促进项目建设和产业发展，将生态环境治理带来的经济价值内部化。

（二）政策导向

2018年，生态环境部《关于生态环境领域进一步深化"放管服"改革，推动经济高质量发展的指导意见》首次提到EOD模式，并同时在文件中提到了规范生态环境领域的PPP合作模式。2020年，国家发展改革委、科技部、工业和信息化部、财政部共同发文，对EOD模式提出指导意见。在此基础上，国家在2020年、2021年逐步开展了两批试点工作。2020年9月生态环境部、国家发展改革委及国开行联合发布《关于推荐生态环境导向的开发模式试点项目的通知》，开始向各地区征集EOD模式备选项目。2020年至2021年，中共中央办公厅、国务院办公厅先后印发4份文件完善顶层设计。《关于构建现代环境治理体系的指导意见》提出鼓励采用"环境修复＋开发建设"模式；《关于建立健全生态产品价值实现机制的意见》鼓励将生态环境保护修复与生态产品经营开发权益挂钩，允许其利用一定比例的土地发展生态农业、生态旅游来获取收益；《关于深化生态保护补偿制度改革的意见》提出鼓励地方将环境污染防治、生态系统保护修复等工程与生态产业发展有机融合；《关于鼓励和支持社会资本参与生态保护修复的意见》进一步明确社会资本的参与机制、参与领域等。国家发展改革委等部门2021年也出台《全国重要生态系统保护和修复重大工程总体规划（2021—2035年）》予以部署落实，提出允许利用1%~3%的治理面积从事相关产业开发。

2020年4月，生态环境部办公厅、国家发展改革委办公厅、国家开发银行办公室联合发布《关于同意开展生态环境导向的开发（EOD）模式试点的通知》，正式公布36个EOD模式试点项目的名单，标志着 EOD 模式试点工作从政策引导走向项目实践。2022年4月，生态环境部办公厅等部门发布《关于同意开展第二批生态环境导向的开发（EOD）模式试点的通知》，深入探索生态环境导向的开发（EOD）模式，根据《关于推荐第二批生态环境导向的开发模式试点项目的通知》，对推荐的EOD模式试点项目进行了审核，同意58个项目开展第二批生态环境导向的开发（EOD）模式试点工作，期限为2022—2024年。2022年4月，生态环境部办公厅印发《生态环保金融支持项目储备库入库指南（试行）》，明确了可以入库项目的范围、要求和所需材料，EOD项目开始实施入库管理制度，标志着EOD模式发展到了一个新的阶段。

（三）EOD 模式的重要意义

EOD模式以生态保护和环境治理为基础，以特色产业运营为支撑，推动公益性强、收益差的生态环境治理项目与收益较好的关联产业项目有效融合一体化实施。首先，组合开发，从而实现关联产业反哺生态环境治理，既提升生态环境质量又促进项目建设和产业发展，将生态环境治理带来的经济价值内部化。EOD模式能够在一定程度上解决生态环境治理融资难的问题，提升生态环境治理项目"造血"能力，实现环保产业潜在市场向现实市场的转化，推进环保产业持续发展。EOD模式最大优势在于支持项目总体进行打包开发，打包范围非常广，可以包括已建、在建或未建项目，公益、准公益性或经营性项目，又或者一二三产业项目，都可以进行总体打包，拼盘开发。其次，多元资金拼盘。从资金渠道来看，PPP、社会资本、中央预算内补助等均可用于EOD项目开发，更值得关注的是，不足部分还可以由政策性银行解决。最后，助力片区开发。推动由传统的"平台融资+土地财政"模式转向"EOD+片区开发"模式，筹划得当可形成内循环，规避政府信用背书和还款承诺。

三、不同类型 EOD 模式剖析

总体来看，国家的入库试点呈现出布局范围广、类型多样的特点，两批共94个EOD试点项目涵盖生态新城开发、流域综合开发、环境综合治理、田园综合体建设、矿山修复、固体废物整治、荒漠化治理等多种类型。将94个EOD项目分类统计（见图1），发现目前各省推荐的EOD项目集中在生态新城开发、流域综合开发、环境综合治理、田园综合体建设等方向，总占比达88%，矿山修复、固体废物整治、荒漠化治理类项目占比较小，而关于温室气体排放控制、减污降碳产业开发、生物多样性保护等方面的项目几乎没有。究其原因，占比较大类型的项目能够实现生态环境治理与关联产业的有效融合，经济效益可预见。比如流域综合开发类项目，可以与生态种植、生态养殖、文化旅游、片区开发，甚至水权林权、碳交易权等产业结合，产生较高的经济效益。涉及较少的方向，通常产生的生态产品较为单一，关联产业较少，需要深度挖掘其经济效益。对已建立的试点项目进行经验总结，可对后续项目的统筹申报以及领域拓展提供思路和支撑。下文对几个方向的试点项目进行简要分析。

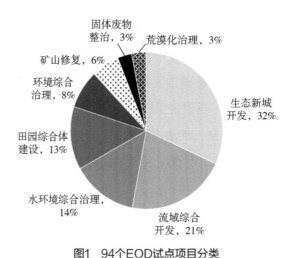

图1　94个EOD试点项目分类

（一）生态新城开发

◎ 案例一：长沙市望城区滨水新城核心区综合开发项目

长沙市望城区滨水新城核心区综合开发项目位于长沙市北翼望城东南部湘江西岸，是湘江新区的核心板块，规划目标为"生态创谷、幸福水城"，功能定位为国际级湖南湘江新区副中心、总部经济区[①]。试点生态环境治理项目包括岳麓污水处理厂尾水排放工程、黄金河水系河湖连通工程、黄金河水环境综合治理工程。产业开发项目包括大泽湖生态智慧城建设项目、浅层地热能开发利用。试点建设期3年，运营期17年。试点项目中生态环境综合治理与产业开发投资比例约为47：53。资金筹措为企业自筹资金占总投资的20%，贷款占总投资的80%。本项目收益主要为房屋租金、停车费、广告位租金、充电桩租金、地热开户接入费、供冷（热）营业收入、污水处理费等。项目投资税后财务内部收益率为4.32%，税后投资回收期为11.26年。

◎ 案例二：浙江海山茅埏岛EOD项目

海山茅埏岛所在的浙江玉环市，是浙江省传统的工业强市。而茅埏岛位于玉环市西侧，其滩涂与浅海养殖业尤为发达，是一个以渔、盐、种植业发展为主的农业岛屿。基于生态主导优先的理念，浙江海山茅埏岛EOD项目将全岛整体划分为湿地生态空间、傍山生态空间、城区生态空间、休闲生态空间四个交错区域，项目内容包括蓝色海湾整治、海岸带修复、直饮水工程建设、海绵城市等[②]。尤其对于岛屿西侧的湿地生态空间实施生态修复，种植红树林、恢复植被和土壤，增加生物多样性。在产业发展方面，在周边多处岛屿开展文旅、智能、康养产业，目前已开发海岛观光、海钓、渔村体验等项目。以工业基础较强的玉环市为依托，当地制造业可与研发设计、大数据

[①] 苏艳蓉，张伏中，尤翔宇．生态环境导向的开发（EOD）模式探索与实践——以湖南省试点项目为例[J]．环境生态学，2023，5（4）：107-113.

[②] 樊建伟．基于城市开发视角的EOD生态引领发展模式研究——以浙江海山茅埏岛开发和保护为例[J]．中国物价，2021（11）：12-15.

处理等产业融合发展智能制造业，为区域可持续发展奠基。而玉环市虽然康养产业起步较晚，但市场需求巨大，与文旅产业引领相结合，有较大的发展潜力。该项目以招商奖励方式支付投资成本及其收益，包括公益性投资奖励、土地整理投资奖励、产业发展服务奖励等。策划投资回收资金来源包括土地出让收入、其他非税收入、专项资金、政府性经营收入等。这种支付及回收资金的方式重视区域生态资源和土地资源、产业资源的融合协同，让参与各方都能受益。

（二）流域综合开发

◎ **案例一：湖南城陵矶临港产业新区水系综合整治（二期）项目**

湖南城陵矶临港产业新区水系综合整治（二期）项目位于位于岳阳市东北部，城陵矶港区是国家首批开放的外贸港口，湖南唯一通江达海港口、长江八大深水良港之一。规划控制面积100平方千米，规划建设面积69平方千米，累计签约和注册企业321家，2021年岳阳城陵矶口岸集装箱吞吐量60万标箱。试点以构建环白杨湖景城融合、城湖共生新城区为日标，生态环境治理项目包括环白杨湖综合环境整治与生态修复、污水管网建设、西干渠疏浚及擂鼓台区域水系综合治理；产业开发项目包括松阳湖铁路专用线工程、物流园、华为新金宝高端制造基地、临港高新产业园、110kV输变电工程、集成电路及先进半导体功率器产业园；配套工程项目为行政综合办公系统。项目建设期3年，运营期17年。试点项目中，生态环境综合治理与产业开发投资比例约为14.5：85.5。资金筹措为企业自筹资金占总投资的20%，贷款占总投资的80%，贷款期限20年。本项目收益主要包括铁路运输收费、物流仓库租金、厂房租金、电费、物业管理费等。项目投资税前财务内部收益率为7.93%，税前投资回收期为11.85年。

◎ **案例二：天津蓟运河全域水系治理——国内首个流域环境治理EOD项目**

天津蓟运河全域水系治理项目以生态修复、提升地区环境承载力、产业综合开发为总体需求,内容包括水污染防治、水资源配置、蓄滞洪区综合整治等七大工程[①]。在产业综合开发方面,导入中国疏浚博物馆、国际会议中心等经济、社会型项目平台,并建设国匠城、大型文旅及康养基地等特色文化产业开发项目,重视"环境+社会+经济"效益,以期通过全域规划,促进资源与资本结合,为流域生态治理后的区域产业综合开发创造条件。在项目融资方面,蓟运河治理EOD项目采取PPP商业模式,30%资本金来自政府与社会资本组建的平台公司,70%为外部融资。其中,政府方负责项目的宏观策划与审核实施方案、选择社会资本方,并对全流域治理进行定期或不定期的绩效评估,社会资本方负责为其提整体的项目实施方案,具体推进项目的外部融资、运营。与此同时,该项目采用土地增值收益分成的模式,使社会资本在开展生态修复后可按比例分享土地增值收益,激发各方在项目生态修复及产业开发工作中的活力。

◎ **案例三:浙江省衢州市柯城区"两溪"流域生态环境导向的开发项目**

项目位于浙江省衢州市柯城区的庙源溪全流域、石梁溪(荞麦坞—衢江口),周边村庄养殖废水、生活垃圾直排入溪,导致河水黑臭,水质甚至达到劣Ⅴ类;早年采砂导致河床破坏严重;水系不通导致部分河流干枯;河道功能单一,亲水设施缺乏[②]。因此,在生态环境治理方面,开展水生态修复工程、水系连通工程、亲水便民工程、水文化工程。在生态环境治理基础上,根据流域特点和居民需求,采用"生态+N"产业导入方式,发展生态、旅游、健康运动、休闲、文化等特色产业。资金投入来源主要包括政府投资资金、衢州市乡村振兴发展有限公司自筹资金、银行贷款资金、柯城"两山银行"资金等。经济效益包括旅游产业开发收益、农特产品销售收入、耕地资源入股"两山银行"利润分红、运动赛事收益等;社会效益包括解决居民

---

① 范彦波,崔莹,赵芳. EOD 项目生态价值实现的路径与实践——以天津蓟运河项目为例 [J]. 中国土地,2021(10):40-41.

② 衢州市柯城区人民政府.柯城区创新发展模式,点亮绿色发展新路径 [EB/OL].[2024-05-30].https://www.kecheng.gov.cn/art/2021/12/24/art_1229451337_59035209.html.

就业，带动当地富裕，促进乡村振兴；生态效益包括生态环境改善，自然生态景观形成。

（三）生态环境治理

◎ **案例一：娄底经济技术开发区生态环境导向的开发项目**

娄底经济技术开发区生态环境导向开发项目位于娄底市城区北部，主导产业为精品钢材深加工产业、先进装备制造产业和电子信息及电子设备制造产业，为"一园三片区"格局，总用地面积72平方千米，规模以上工业企业达到147家，世界500强企业12家。试点生态环境治理项目包括涟水北岸岸线及生态环境修复项目、娄底市第三污水处理厂及配套管网工程、娄底经开区污水处理及管网工程、娄底经开区太和工业园雨污分流改造项目。产业开发及配套基础设施包括"双创"（新材料孵化器）标准厂房（二期）、娄底市生态电力科技谷A区（二期）建设项目以及娄底经开区生活配套设施。项目由娄底经济技术开发区管委会和娄底市娄开实业发展有限公司联合实施。项目建设期3年，运营期17年。试点项目中，生态环境综合治理与产业开发投资比例约为62：38。资金筹措为项目自筹资金占总投资的23%，主要包括社会资本金、土地折资和已建工程折资，贷款资金占77%。项目收益来源于厂房出租出售收入、物业管理费、综合楼等租金、停车费、充电桩租金等。经测算，税后财务内部收益率为7.58%，税后投资回收期13.29年。

◎ **案例二：安徽马鞍山向山地区EOD试点项目**

马鞍山向山地区是马鞍山铁矿资源的集中地，素有"马钢粮仓"之称。长期的矿产资源开采造成向山地区环境破坏严重，山体千疮百孔，水体、空气环境污染等问题突出。根据生态环境状况，向山地区确定生态环境治理项目类型包括矿山生态修复工程、水务环保治理工程、土地整治工程[①]。

---

① 谢向向，杨沛，景方圆，等. 生态环境导向的开发模式下长江经济带生态价值捕获路径研究 [J]. 环境保护，2022，50（17）：19-23.

2020年8月19日,习近平总书记亲临马鞍山考察,实地察看长江岸线综合整治和生态环境保护修复等情况,对马鞍山提出打造安徽的"杭嘉湖"、长三角的"白菜心"的新发展定位。因此,马鞍山向山地区在矿山生态修复基础上,改造提升传统产业,发展现代物流、智能制造、节能环保、现代农业、文旅开发等绿色新兴产业,推进生态矿山建设和尾矿、排土场等资源综合利用,建设新材料产业园。资金投入来源主要包括政府投资资金、社会资本方投资资金、银行贷款资金、专项债、安徽省长江经济带专项引导资金、山水林田湖草项目基金等。经济效益包括废弃矿山资源利用收入、固体废物填埋收入、碳汇交易收入、经济林种植收入、停车场运营收入、文旅项目开发与运营等经营性收入、土地复垦与整治新增土地指标交易收入、土地出让收入等;社会效益包括改善居民生产生活环境,提高交通便利度,为当地居民创造更多工作机会,吸引社会资本投资;生态效益包括山水林田湖草生态环境质量共同提升。

(四)田园综合体建设

◎ **案例一:湘西州花垣县十八洞紫霞湖美乡村振兴生态环境导向的开发项目**

湘西州花垣县十八洞紫霞湖美乡村振兴生态环境导向的开发项目位于大十八洞景区、空港新区—麻栗场片区、三产融合园片区、古苗河大峡谷景区、龙潭矿场等地,涉及面积总计约70平方千米,目标定位为"全国脱贫地区乡村振兴示范区"和"大湘西三产融合发展先行区"。花垣县位于湖南省湘西土家族苗族自治州的西部,地处湘、黔、渝三省市交界处,铅锌矿、锰矿是花垣县优势矿产,素有"一脚踏三省"和"东方锰都"之称,也是全国减贫重要地标和新时代红色地标。试点生态环境治理项目包括矿场污染综合整治、兄弟河流域水生态环境保护、尾矿库闭库及环境综合整治。产业开发项目包括十八洞景区建设、空港新区—麻栗场片区乡村振兴产业、三产融合园片区示范产业、古苗河大峡谷景区建设、花垣龙潭矿场生态治理片区新兴产业。项目建设期3年,运营期12年。试点项目中,生态环境综合治理与产业开发投资比例约为4：6。试点项目自筹资金占总投资的20%，其他资金占80%，包括商业银行贷款、申请上级补助资金及争取政策性银行贷款。项目收益来源于大十八洞景区产业、空港新区——麻栗场片区乡村振兴产业、三产融合片区示范产业、古苗河大峡谷景区经营收入、花垣龙潭矿场生态治理片区新兴产业、商业开发产品销售、商业开发产品租赁收入等。项目税后财务内部收益率为6.23%，税后投资回收期为12.89年。

◎ **案例二：朱家林田园综合体EOD模式**

朱家林田园综合体地处山东省临沂市沂南县，区域内人居环境问题显著：污水处理困难、水库水质超标，居民生活水平受到严重影响。为解决该地人居环境问题，也为实现当地贫困户脱贫、村民增收，基于EOD模式的田园综合体规划提出并确立了其"以水资源为核心，以水定人、以水定产、以水定园"的开发原则[①]。园区内整体被划分为以青山为屏障的绿色生态区；以高湖水库为核心的生态保护区；以田园式生态农业为依托、平衡资源与发展过渡的田园经济带以及将历史、文化、资源相结合的特色产业圈。在产业布局上，划定观光产业带、林果经济带、节水农业带、创意产业带以及产业聚集带。与此同时，在园区内设立经济补偿机制，将下游开发区缴纳的生态补偿金用于对上游及过渡地区的居民进行经济补偿，促进实现生态发展与经济发展并驾齐驱。目前，田园综合体内的生态环境质量得到明显改善、水环境质量不断提升，居民的生活水平也相应提高。

四、EOD 项目融资模式

由于生态环境类项目自身的公益性，项目资金来源主要依靠财政拨款，给地方政府带来较大压力。EOD项目提出以产业的导入为运营方式，实现产业反哺生态环境治理，为EOD项目探索出更多的融资模式。

---

① 彭岩波，宋卫红，杨晓燕，等. 基于 EOD 模式的朱家林田园综合体规划研究［J］. 北京师范大学学报（自然科学版），2020，56（3）：462–466.

（一）"PPP+EOD"模式

PPP作为传统的政府与社会资本合作模式，经历多年发展和近年的波折后，与EOD项目重新融合，实现了又一次创新，重新焕发活力。生态环境类项目公益属性较强，直接经济收益水平不高，需要依靠政府支出，给财政带来较大压力。"PPP+EOD"两种模式结合，将生态环境类项目与收益较好的关联产业一体化实施，"肥瘦搭配"组合开发，可以实现关联产业收益补贴环境治理投入，进而减轻财政支出压力，促进更多项目的实施。江苏省泰兴高新技术产业开发区生态环境导向开发的国家示范项目采取EOD模式合作方式，高新区鼓励吸引外来社会资本与国有公司联合经营、组合开发，高新区生态环境治理项目与土地资源开发利用、特色产业运营三者有效融合，促进生态环境高水平保护和区域经济高质量发展。

（二）政府专项债引导模式

政府本身承担着区域生态治理的职责，因此在推进EOD项目时，地方政府以专项债资金作为投入，引导企业和社会资金参与实施，也是一种可行的模式。云南滇中新区小哨国际新城水生态环境建设及综合开发利用EOD项目及配套基础设施建设项目，项目总投资为83亿元。项目资金来源即为政府投资（含专项债）+企业自筹+市场化融资。

（三）"PPP+ 投资人 +EPC"模式

"PPP+投资人+EPC"模式，助力实现生态治理与生态产业一体化发展。中交天津蓟运河EOD项目是首批EOD试点项目，该项目采用"PPP+投资人+EPC"模式，项目总工期为20年，项目金额约为65亿元。由政府部门——蓟州区水务局作为项目牵头方，通过政府招标选择社会投资人"中交联合体"，并由政府指定的出资代表蓟州区国资委控股公司——天津蓟州新城建设投资有限公司与中交联合体合资组建项目公司，具体负责EOD项目的一体化实施。

（四）"特许经营＋投资人＋EPC"模式

"马鞍山市向山地区生态环境综合治理EOD项目"是首批试点项目之一，项目采用"特许经营+投资人+EPC"模式，总投资约82.65亿元。项目合作期（特许经营期）为30年，其中整体建设期为3年，整体运营期为27年。马鞍山市人民政府授权马鞍山市雨山区人民政府为项目实施机构，主要采取两阶段招标方式操作。项目第一阶段，由雨山区人民政府通过竞争性程序选择本项目的特许经营者。雨山区人民政府和中标特许经营者签署特许经营协议，由特许经营者负责本项目的整体投资、建设、运营、产业发展、移交等各项工作，并享有相应的收益权，通过项目经营性收入方式获得投资回报。项目第二阶段，由特许经营者作为招标人以EPC+产业导入方式确定项目的总承包单位。其中项目范围内产业导入标准、内容、考核机制等，另行签订产业服务协议。社会资本方通过特许经营协议收取服务费，以项目经营性收入方式获得投资回报。政府作为实施机构，负责牵头对特许经营者进行监督和考核。合作期满后，特许经营者将本项目设施及其权益无偿移交给市政府指定机构。

五、湖州 EOD 模式分享

目前，湖州市获批的EOD项目有两个，分别是"绿色智造·水美吴兴"EOD项目、安吉"两山"未来科技城（一期）EOD项目。

（一）"绿色智造·水美吴兴"EOD 项目

"绿色智造·水美吴兴"EOD项目是首个以生态廊道为主题的EOD项目。吴兴东部绿廊是连接太湖与天目山的生态廊道之一，蓝绿空间占比80%以上，是湖州市"三区三廊"生态空间的重要组成部分。由于东部绿廊的北段有近1179亩的建设用地，因此导致绿廊生态功能结构不完整。该项目包含东部绿廊（北段）生态环境提升、园区污水零直排工程、大河漾环境整治提升、绿色低碳数字化产业园建设和东部绿廊（北段）区域开发5个子项目，统筹生态环境治理与产业发展，建立经济发展与生态环境保护之间的平衡点，把环境资源转化为发展资源，把生态优势转化为经济优势[①]。

"绿色智造·水美吴兴"EOD项目实施面积37.4平方千米，主要区域为湖州现代物流装备高新技术产业园区沪渝高速以南部分，总投资为29.8亿元，生态环境治理类项目占比达到30.39%。

（二）安吉"两山"未来科技城（一期）EOD 项目

安吉"两山"未来科技城（一期）EOD项目属于"两山"未来科技城的核心建设项目之一，共计包含两大类3个子项目，其中生态环境治理项目包括"浒溪沿岸生态修复及环境基础设施提升项目"和"浒溪东侧地下管网建设项目"，产业开发类项目包括"安吉县科创孵化园建设项目"[②]。生态治理类项目和产业开发类项目在空间上互相交叉重叠，生态环境质量与产业发展既相互制约又相互促进。

通过本项目的实施，达到生态环境改善、产业发展、科创共富三大目标。其中，对于生态环境改善目标，一是区域内涉VOCs企业搬迁腾退或集聚入园，可以带来直接减排效益，本项目总体VOCs减排目标为390吨；二是通过浒溪沿岸以及灵峰南路两侧区块地下管网工程项目的实施，可实现污水收集率达98%；三是通过浒溪沿岸的生态治理，构建多功能生态驳岸，项目建成后，可打造生态驳岸7.8千米，提升绿地面积超过38万平方米。

安吉"两山"未来科技城（一期）EOD项目总投为25亿元，生态环境治理类项目投资为77161.52万元，占比30.76%；产业开发类项目为安吉科创孵化园建设，项目投资为173709.55万元，占比69.24%。还款来源主要为科创孵化园办公楼出租收入、科创孵化园停车位出租收入、科创孵化园物业费收入、地下食堂出租收入、充电桩收入及污水管网收入等收入。

---

① 资料来源于《"绿色智造·水美吴兴"EOD 项目可行性研究报告》。
② 资料来源于《安吉"两山"未来科技城（一期）EOD 项目可行性研究报告》。

六、EOD 模式面临的挑战

（一）行业跨度大、专业要求高，需加强统筹规划

EOD项目本质是关联产业有效融合、统筹推进、一体化实施。项目设计过程中遇到的第一个挑战就是涉及的行业众多，行业间跨度较大，产业间的有效融合需要极高的专业性，需要多行业的专家共同参与谋划。在项目规划初期，科学地对项目进行综合开发的可行性研究十分必要。

（二）培育周期长、投入大，经济效益显现时间长

EOD项目一般落地于相对偏远的地区，生态基底构建、交通路网形成、产业导入培育都需要较长的时间周期，生态环境的优良性以及土地的增值效应才可以显现出来。因此，对项目的评价考核机制需要选择更长的时间周期。

（三）社会资本参与度不高

EOD项目具有项目投资规模大、时间跨度长、融资收益不确定性等特点。我国生态产品价值实现主要依赖政府主导的生态补偿途径。随着未来生态补偿规模的进一步扩大，单靠政府主导的生态补偿方式不足以解决经济发展与生态建设日益尖锐的矛盾。EOD模式的项目常通过"存量资源经营"吸引社会资本参与，而社会融资主要以间接融资为主，"短贷长投"现象普遍，融资成本高、短期收益低是社会资本参与的主要顾虑，最终导致社会资本参与度不高。

七、应对策略研究

（一）因地制宜

根据区域自身特点发展特色优势绿色产业是国内外生态产品价值实现的重要经验。坚持区域发展与自身天赋相得益彰，做好特色产品的资源开发与文化挖掘，深入挖掘区域经济产业优势，因地制宜地谋划具有区域特色的EOD模式，建立符合地方实际和发展基础的产业体系。

（二）政府主导

EOD项目需要政府长时间支持、资源持续导入、补贴进入项目、特许经营权、特殊优惠，地方政府或其所属企业作为发起方，需强化主体责任，充分发挥引导作用，全面做好项目统筹、部门协同，促进关联产业有效融合、统筹推进、一体化实施，保障项目顺利、平稳落地。

（三）多元融资

可通过地方政府授权、成立合资子公司、股份制改革等方式确立项目主体，采用市场化运作方式，以国有资本、社会资本投资、政府债券、金融贷款的多元组合投融资模式，充分发挥市场配置资源的决定性作用。同时，也可采用PPP、EPC等多种项目运作模式，吸引社会资本投入，充分调动市场主体的能动性，鼓励延伸产业链，拓展EOD项目覆盖的产业面，建立生态环境持续改善和产业经营开发互生动能的良性循环。通过一定的模式创新来实现外部效益内部化，将环境治理的公共价值内化为项目层面的商业价值，从而提高对社会资本和金融机构的吸引力。

（四）试点探索

试点探索是示范和推广的基础，重在不同EOD模式的探索，各试点区域、试点项目总结分享经验。EOD模式在全国具有丰富的应用场景和广阔的适用空间。建议开展多领域EOD模式探索，深化研究实施的适用条件、制约瓶颈、化解途径、关键政策，通过实践获得可复制、可推广的制度经验。

八、产业延伸建议

（一）工业园区减污降碳与生态新城建设相结合

实现减污降碳协同增效是促进经济社会发展全面绿色转型的总抓手。工业园区具有产业集中、能源消耗大、排污量大等特点，以工业园区为载体，开展减污降碳，可在短期内看到成效。将减污降碳与生态新城建设相结合，既满足EOD项目以生态治理为主导，解决突出的生态环境问题，也满足产业深度融合的目标。安吉"两山"未来科技城（一期）EOD项目在这方面进行探索，对VOCs类污染物进行集中处理和减排。除此之外，还可以对园区废水、废气处理等项目进行升级改造，如加大中水回用比例，减少温室气体的排放，进行碳汇测算，利用水权、碳交易权创造经济效益。

（二）生物多样性保护与田园综合体建设相结合

生物多样性保护不仅限于珍稀动植物的保护，也包括当地特色动植物和完整生物圈的保护。除文旅康养关联产业外，针对当地特色动植物，开发农业、养殖业副产品，如湖州特色的鱼、虾、蟹、笋类，也可拓展高营养价值产品，如中药材、淡水藻类。

（三）固体废物资源化利用

"无废城市"、固体废物资源化关联产业涉及面广，可与清洁生产、减污降碳、新材料研发、土壤修复、垃圾分类处置、资源再生等各方面结合，固体废弃物处理处置也是生态环境急需解决的问题。目前EOD试点项目中，固体废物整治类型的较少，现有的几个试点项目与产业的结合也比较单一。

固体废物资源化方向项目，可以与农村人居环境整治、流域生态治理等方向结合，开发可降解塑料、农业固体废弃物再生利用、温室气体减排等产业。

九、总结

EOD模式项目目前仍处于试点探索阶段，全国各地都结合当地情况和特色，开展了有益探索，取得了初步成效。但在实施过程中，还存在环境治理与产业融合度不够、项目执行监管不足、社会资本参与较少等问题，此外，从全国层面来看，项目关联产业出现同质化，没有进一步挖掘当地特色。建议在后续实践过程中，结合之前项目经验，深度调研，引入全周期监督管理机制、政策保障机制，推动EOD项目扎实落地并取得更好成效。

致谢：

在本课题编写过程中，我们要特别感谢中国金融学会绿色金融专业委员会的马骏主任，北京绿色金融与可持续发展研究院的白韫雯副院长、姚靖然和殷昕媛老师，湖州生态环境科学研究院有限公司的邵一如老师。他们为课题顺利开展作出了很大贡献，在此我们表示衷心的谢意。

助力黄河流域生态保护和高质量发展：国际流域湿地保护修复融资机制及案例研究

编写单位：保尔森基金会

课题组成员：

Eric Swanson	保尔森基金会高级顾问
牛红卫	保尔森基金会生态保护项目总监
石建斌	保尔森基金会顾问（湿地项目）
干晓静	保尔森基金会生态保护项目副主任（湿地项目）
朱　力	保尔森基金会生态保护项目主任

编写单位简介：

保尔森基金会：

保尔森基金会是一家无党派、独立的、"知行合一"的智库，致力于在快速演变的世界格局下培育有助于维护全球秩序的美中关系，在具有共同利益的领域探寻中美两国的合作机会。保尔森基金会的各类项目立足于经济、金融市场、环境保护的交叉领域，推动基于市场的解决方案，促进经济可持续发展和关键生态系统的保护。保尔森基金会由美国前财长亨利·保尔森于2011年创建，总部设在芝加哥，并在华盛顿和北京设有办事处。

一、背景及概述

中国作为主席国成功举办了《生物多样性公约》第十五次缔约方大会（COP15），大会通过了《昆明—蒙特利尔全球生物多样性框架》（以下简称《昆蒙框架》）。该框架分别制定了到2050年的四大长期目标和23项以行动为导向的具体目标，为未来八年乃至更长一段时间的全球生物多样性治理擘画了新的蓝图。要推动实现《昆蒙框架》的各项目标，资金保障至关重要。由保尔森基金会、大自然保护协会和康奈尔大学联合发布的报告表明，到2030年，全球生物多样性保护的资金缺口每年约为5980亿至8240亿美元。2024年1月发布的《中国生物多样性保护战略与行动计划（2023—2030年）》已经将建立多元化生物多样性保护投融资机制作为优先行动之一，提出探索在绿色金融体系建设中考虑生物多样性因素，并动员更多社会资本支持生物多样性保护。

中国目前正在实施包括黄河流域湿地在内的各类生态保护修复工程，需要大量的资金投入。与世界其他许多国家一样，中国对生态系统保护修复的资金投入绝大部分来自政府财政，但其远不足以满足资金需求，仍需要拓宽资金来源和渠道，并提高资金使用效率。

本文①介绍了国际上广泛应用于河流、水质、流域湿地保护和修复的融资机制，包括基于政府财政的湿地保护修复资金和融资机制、赋能生态保护或避免生态损害的政府政策、支持生态系统保护修复的市场化融资机制、私营企业或个人资助湿地保护修复的慈善捐款和营利性投资等。

在此基础上，选取了与黄河流域在生态、生物和水文方面具有相似特征的三个流域的国际案例，包括澳大利亚墨累—达令河流域、秘鲁里马克河—奇利翁河—卢林河流域和美国密西西比河流域，介绍这些流域的管理机构在运用上述融资机制和政策方面的经验得失。

---

① 本文基于保尔森基金会、中国科学院地理科学与资源研究所、内蒙古老牛慈善基金会合作开展的"黄河流域湿地保护战略与优先行动研究"项目之子课题研究成果编辑而成。

基于黄河流域湿地的特点和面临的威胁，本文还分析了上述融资机制和政策应用于黄河流域湿地生态系统保护修复的前景，具体如下。

一是根据天气和水资源情况调整年度黄河分水方案，建立黄河水分配基金，并将生态用水纳入水权交易体系，利用自然湿地对水资源的储存和补给功能，统筹流域内生活、生产和生态用水配置。

二是利用自然生态系统作为绿色基础设施，发挥其吸纳污染物、收集和截留水资源、减少水土流失的功能。并通过创新性融资机制，加大对流域内绿色基础设施建设的支持力度；推广可持续农业生产最佳实践，提高水资源的利用效率，减少耕作区水土流失。

三是通过开展林业碳汇、湿地缓解银行、绿色债券及贷款、按绩效付款合同、水质和水权交易等市场化融资机制，为流域的湿地保护和修复拓展融资渠道。

二、流域湿地保护修复的融资机制

在全球范围内，目前已有许多在流域湿地或其他自然生态系统中得以应用且对黄河流域具有潜在适用性的融资机制（financing mechanisms）和市场化的资金机制（market-based systems）。根据其性质不同，这些机制可以分为以下四大类：

一是基于政府财政的生态保护资金和融资机制。

二是赋能生态保护或避免生态损害的政府政策。

三是为生态保护修复提供资金或支持的市场机制。

四是以营利为目的的私营部门的投资和其他生态保护举措。

（一）基于政府财政的生态保护资金和融资机制

1. 已应用于部分流域的融资机制

（1）政府预算收入及税费政策

利用财政预算和税收政策是传统的筹集湿地和生物多样性保护修复资金

的办法，其起源可以追溯到100多年前。过去，美国的政府预算资金被广泛用于支持国家公园和自然保护地的建设和运营，但近年来，越来越多的预算拨款投向了重要河流和海湾的修复、湿地和水资源的保护领域。

政府直接预算支出通常由一般税收支撑，但其往往难以满足公园、河流和其他生态保护修复领域的资金需求。因此，政府开始运用创新的税收和收费政策筹集资金，并在预算中将其"指定"用于支持湿地和生物多样性保护。这些创新的融资机制包括：

第一，门票及各类游憩活动的收费，包括钓鱼、狩猎、徒步、野营、登山或洞穴探险、潜水、摄影以及船只停靠和锚泊。

第二，针对机场、酒店和游轮等场所的消费者的入场费和使用费。

第三，与特定自然资源使用相关的税、费、许可证和特许权使用费，如水费、水电开发税、石油或矿产开采特许权使用费。

第四，对非生物多样性产品和服务收取的、专用于保护用途的其他税费，如对体育用品销售、房地产交易以及使用石油产品征收的专项税费。

（2）通过"专项基金"管理使用环境保护修复资金

在美国和全球其他地区，设立了许多由地方、州、国家政府甚至多边平台出资的资金平台，旨在为保护土地和水资源（包括湿地）提供资金。这些融资项目被称为"专项基金""基金会""贷款"或"信托"，尽管名称不同，但它们本质相似。这些基金向地方政府、企业和非政府组织提供赠款、贷款或投资，以支持其开展生态保护项目，促进水源地和包括湿地在内的其他物种栖息地的保护和修复。此外，还有一些非政府组织设立的专项基金，在宗旨和操作模式上与政府主导的基金类似。

对许多政府而言，此类基金的资金来源于一般性税收；但一些政府也用其他来源的收入创建基金，包括执法罚款，以及上文提到的专项税收、收费、特许权使用费和其他融资手段。

例如，作为保护墨西哥湾湿地和提高该区域气候韧性战略的一部分，美国设立了数只规模可观的专项基金来支持修复该区域的滨海湿地。其中一项基金的资金来自对沿海油气开发（租赁）征收的长期特许权使用费；另一项基金的资金来自对石油泄漏污染的罚款及和解赔偿金。这些专项基金将在密西西比河案例中详细讨论。

（3）政府为优化农业生产实践和保护农业用地提供资金支持

多国政府开展了数十个创新项目，直接向农场主或其他土地所有者提供资金支持，以改变其农业生产实践，实现更高的生物多样性效益。例如，美国许多州通过向农场主提供资金支持，引导其改善耕作方式，以减少土壤流失，控制流入溪流的化肥、杀虫剂和除草剂等污染物。该机制被称作"为最佳管理措施付费"（payment for best management practices）。

此外，许多政府向农场主和其他土地所有者支付资金，以获取其土地的开发权或将该权益让渡给第三方。这可以通过两种方式实现，一是政府直接向农场主购买开发权，二是农场主通过捐赠开发权以换取财产税或企业所得税抵免。事实证明，这两种方式对保护水质、湿地和其他水生生态系统行之有效。由于该机制是建立在土地所有权和开发权归属于农场主或其他土地所有者的产权制度之上的，在中国是否可行尚无定论。

关于开展最佳管理措施、削减农场污染物对河流径流影响的各类文献数量众多，在此仅举一例，见专栏1。

专栏1　最佳管理措施（BMPs）

最佳管理措施是指使流域的水文过程、土壤侵蚀、生态过程及养分循环等自然过程有利于提升环境质量、保护流域水环境免受农业生产活动污染的一系列措施。美国切萨皮克湾流域开展了大量由政府资助的保护土地、水质和湿地的最佳管理措施。切萨皮克湾是美国面积最大、生产力最高的河口，在其166万公顷的流域内，大大小小的河流数以百计。为了保护这些河流和海湾的水质，各级政府开展了许多不同的"最佳管理措施"，包括种植覆被作物、修建围栏使家畜远离水体、改善粪肥管理以及养殖牡蛎等。

资料来源：Chesapeake Bay Program, 2022。

（4）政府为生态系统服务提供者付费

政府还可以通过生态补偿机制为保护和恢复生物多样性提供资金。通过该机制，湿地或其他类型土地的所有者会因保护这些区域，为公众提供重要的生态系统服务而得到政府的补偿。这类补偿也被称作"为生态系统服务付费"（PES）或"生态补偿"，可以提供保护饮用水源地和渔业资源、提升气候韧性（如防洪）等公共效益。

中国在应用生态补偿机制方面处于世界领先地位，实施了世界上最大规模的退耕还林工程。进一步完善该工程的实施并提升其成效，对控制好黄土高原陡坡的土壤侵蚀意义重大。

（5）为保护湿地和河流提供资金的土地保护政策

一些特定的政策（法律、法规和财政政策）通过提供激励机制也能推动保护土地、湿地和水质。例如，美国联邦政府采取了多项税收抵免优惠措施，鼓励农场主改善农业生产方式，保护湿地、野生动物栖息地和水源地。这些措施包括：土地休耕储备计划（Conservation Reserve Program）[1]，即农场主与政府签订多年合同，为保护湿地、河流和森林而对其土地实行休耕，并因此获得政府的经济补偿；防止破坏沼泽地计划（Swampbuster Program），通过税收上的奖惩，引导农场主减少或避免将湿地转变为农田；防止开垦草原计划（Sodbuster Program）[2]，通过税收优惠和罚款，减少或避免将极脆弱和易受侵蚀的草原开垦为农田。

2. 尚在部分流域进行试点的融资机制

（1）基于财政资金的"为成功付费"合同机制或赠款

该机制亦称作"按绩效付款"，是政府采购与合同付款的一种形式，有助于完成更具成本效益、及时和有效的环境修复，特别是湿地保护和水质改善。与传统的政府合同不同，按绩效付款合同以实现的生态环境成效作为合

---

[1] 资料来源于 https://sustainableagriculture.net/publications/grassrootsguide/conservation-environment/conservation-reserve-program/。

[2] 资料来源于 https://nationalaglawcenter.org/in-the-dirt-introduction-to-sodbuster/。

同款拨付的条件，因此有助于催生新的水质改善和湿地修复企业。这些企业开展水质改善项目，实现特定的生态和水质成效，并为此获得合同付款。该机制极大地改善了政府在生态修复和水质改善方面的工作范围和成效。政府在推动实现水质、生态恢复及其他环境和社会目标时，都可以考虑采用该机制或类似的模式[①]。

"按绩效付款"在中国也有多种应用前景，能为黄河流域的保护作出贡献。例如，已经在生态补偿或最佳管理措施中采用的"以奖代补"和"先建后补"等机制，发挥了"四两拨千斤"的作用，可以有针对性地强化对特定水质或物种栖息地恢复的要求，从而取得更好的成效。

（2）为保质保量供水而直接购买或租赁土地

某些情况下，政府会购买大片土地来保障当地的供水。现有的案例表明，通过购买水源区和水道周边大面积的土地来保障供水的成本往往要低于建造大型滤水厂或修建大坝、运河和管道等主要供水基础设施的费用。例如，在20世纪90年代，由于大规模的农业和商业开发，纽约市北部和西部的主要水库面临水质下降的问题。该市没有新建费用高昂的滤水厂，而是用财政资金购买水库周围的土地，并对该流域的农牧业等人类开发活动加以管控来达到改善水质的目的[②]，该方案多年实施下来的效果显著，投入产出比非常高。

（3）善用绿色基础设施

秘鲁利马市每年旱季都面临着供水短缺的问题。为此，该市利用收取的附加水费支付绿色基础设施建设费用，包括在高海拔地区植树造林、改变农业生产实践、修复山坡上古印加集水系统（ancient Incan water capture systems）等[③]。

---

① 资料来源于 https：//socialfinance.org/what-is-pay-for-success/。

② 资料来源于 https：//www.ncbi.nlm.nih.gov/books/NBK566278/。

③ 资料来源于 https：//www.bbc.com/future/article/20210510-perus-urgent-search-for-slow-water。

3. 针对其他生态系统和保护目标的融资机制

产品押金返还机制。在许多国家，会对瓶罐等容器收取少量费用（通常每个瓶罐收取0.05~0.20美元，包含在商品价格中），当消费者将其返回给商店或指定的回收中心时，会收到相应的押金退款。该机制市场化特征明显，能有效增加对空容器的回收，减少废品和垃圾的产生。

（二）赋能生态保护或避免生态损害的政府政策

1. 已在部分流域实施的政府政策

（1）补偿性缓解和缓解银行（Mitigation Banking）

全球有40多个国家制定实施了相关政策，要求对采矿、油气开采、水电开发及商业和住宅开发等可能对生态环境产生负面影响的开发活动采取缓解（补偿）措施，具体如下。

第一，在开发项目区就地开展的缓解措施，由开发方支付费用，通常称为"开发商自行缓解措施"（permittee-required mitigation, PRM）。

第二，损害责任方或土地开发方向政府交纳赔偿费或罚款，也称为"补偿替代费"（in-lieu fees）。

第三，造成损害的开发方向在同一区域修复和保护了相同类型生态系统的生态修复公司购买缓解抵消信用，称为"缓解银行"机制（见专栏2）。此处的"银行"是指得以修复和受到保护的特定类型的土地或生态系统，一旦达到规定的保护或修复标准，就可以被认定为"土地银行"，获准出售其产生的缓解抵消信用。因此，这些土地银行与传统的商业银行或投资银行并无任何关系。

专栏2　缓解银行

缓解银行是一种市场化机制，旨在协助各国政府提升环境保护相关法律的执行效率，让受监管的公司能够以更低的成本和更高的效率满足减轻和抵消其环境损害的合规要求。

缓解银行的概念是在过去40年中发展起来的，旨在确保在建设新的基础设施的同时，也能满足保护生物多样性的要求。这些缓解方法通常被称为"补偿性缓解"，由政府部门强制执行，要求在给开发商发放许可证的审批过程中考虑建设项目对生物多样性的影响。

一般而言，补偿性缓解实践遵循缓解梯次原则，即要求开发商避免、尽量减小或修复其对建设场地的生态影响，如果造成的负面影响不可避免，则要求开发商购买"抵消信用"以满足法律规定的缓解要求。"抵消"影响的概念是缓解银行机制的核心，在这一机制中，对一处地块造成损害的责任方可以通过交易或购买，获取另一地块上通过保护生物多样性或自然资源所产生的等额抵消信用。

缓解银行的监管基础是强有力的、与保护湿地相关的联邦或地方法律。法律应该有严格的生态保护要求，规定任何公司、政府机构或其他实体在规划会影响受保护的湿地、水体或物种栖息地的开发项目时，必须事先获得许可。严格执行这一许可程序是缓解抵消信用以及缓解银行存续的基础。

根据美国联邦《清洁水法》，缓解银行在美国被广泛用于保护湿地、河流和水生生物栖息地（湿地缓解银行）。此外，基于联邦《濒危物种法》和部分州的《森林保护法》，还设立了物种缓解银行和森林银行。

中国政府正在考虑采纳和应用缓解银行机制，并在部分省份开展了湿地缓解银行的试点。

资料来源：美国国家环境保护局。

缓解银行机制的运转虽依赖于政府的规定，但其市场化的特征显著。缓解银行的市场化因素使受监管公司能够以更低的成本有效地满足政府对其在环境影响缓解方面的合规要求。

（2）用于生态修复的和解赔偿金和罚款

许多国家制定了相关法律，向非法开发或破坏土地造成生态损害的责任方收取罚款或和解赔偿金。这些罚款可以由法院或政府裁定，并由责任方直接支付给政府或政府设立的专项基金。在美国，根据联邦《清洁水法》，向水污染事件责任方收缴的罚款纳入名为"国家鱼类和野生动物基金会"（National Fish and Wildlife Foundation）的联邦基金，然后以赠款形式发放给非政府组织和其他实体，用于实施湿地修复、物种栖息地保护和水质改善项目。

在墨西哥湾"深水地平线"油井的石油泄漏事件中，英国石油公司被处以约100亿美元的罚款，该罚款用于修复和保护路易斯安那州新奥尔良南部沿海重要的障壁岛和湿地，以提高气候韧性，抵御飓风发生期间洪水的冲击①。

黄河沿岸工业区的发展，以及黄河下游、河口及其附近区域的油气开发，都可以为黄河流域湿地和栖息地保护提供融资渠道。目前，中国已经建立起"环境保护税"（原排污收费）和生态环境损害赔偿制度，但是这些税费及赔偿资金纳入一般公共预算管理，而非作为定向的专项生态保护资金。如果政府愿意考虑调整政策，这些税费或罚款可以定向用于黄河流域湿地及水鸟栖息地的保护和修复。

（3）土地利用转变相关的影响费或罚款

在美国等地，该机制被用来减缓或阻止将农业或林业用地转化为商业或其他开发用地。作为获得开发许可的条件，政府按转变用途的土地面积对开发商征收费用或罚款。这些费用会变相提升林地等土地的价值，增加土地利用转化的成本，减少开发商获得暴利的可能，从而降低其开发意愿。此外，土地影响费还能增加地方财政收入，支持各类公共服务和公益事业，如新公园和绿地的建设和维护②。因此，该机制在多国得到了广泛的应用。

中国已经建立起土地利用转化收费制度。随着黄河沿岸人口增长和城市面积的扩大，政府通过该收费制度获得的部分资金可以定向用于支持沿黄湿

---

① 资料来源于 https://theconversation.com/bp-paid-a-steep-price-for-the-gulf-oil-spill-but-for-the-us-a-decade-later-its-business-as-usual-136905。

② 资料来源于 https://www.nahb.org/-/media/NAHB/advocacy/docs/industry-issues/land-use-101/infrastructure/impact-fee-handbook.pdf。

地和水鸟栖息地的修复，为流域湿地生态系统的保护拓展融资金渠道，缓解城市、商业和工业发展对流域生态的影响。

2. 尚在部分流域进行试点的政府政策

（1）雨洪管理许可和抵偿交易

在美国，联邦《清洁水法》要求城市及郊区减少和消除街道、停车场和其他建成区的雨水径流及其对流域内河流的污染。因此，城市管理者要求开发商通过建造停车场雨水花园、绿色屋顶和透水路面等设施，滞留和净化雨水径流。此外，华盛顿特区等城市已实施雨洪缓解计划[①]，开发商可以从城市其他地区的雨洪管理项目中购买雨洪抵消信用，而不必在自己的地块上采取雨洪截留措施。这种抵偿交易与前述的湿地和河流缓解银行非常类似。

使用雨洪许可证和收费机制有助于在黄河流域的城市地区保护和修复湿地。雨洪收集点可以包括简单的集水花园和更为复杂的人工湿地，如中国许多城市已经采用的城市湿地复合体（类似于海绵城市建设）。

（2）针对自然或绿色基础设施的公共投资

一些国家和州政府制订了专门的计划，投资于自然或绿色基础设施，或者与森林保护和气候效益相关的领域。例如，美国联邦政府资助设立了州饮用水循环基金（Drinking Water State Revolving Fund），通过其为每个州分配资金。这些资金以赠款或贷款形式发放，支持传统的供水基础设施建设，但现在越来越多地用于为保障供水和饮用水质量实施的自然或绿色基础设施项目[②]。

美国的部分州还设立了州级投资基金，为能够减少土地利用变化对水质影响的项目提供资金。例如，宾夕法尼亚州设立了名为"宾州投资"（Pennvest）的投资基金[③]，负责管理该州循环贷款基金，也发行债券，并为在私人土地上开展的环保项目提供资助，如在河岸带种植树木、改善粪肥

---

① 资料来源于 https://doee.dc.gov/src。

② 资料来源于 https://www.epa.gov/infrastructure/water-infrastructure-investments。

③ 资料来源于 https://www.pennvest.pa.gov/Information/Funding-Programs/Pages/default.aspx。

管理和减少农药化肥对河流的污染。

（3）吸引私人投资、用于改善水质和防洪的政府债券

政府还可以通过发行绿色债券来吸引私人投资。例如，自2013年以来，美国马萨诸塞州已经为五个领域发行了近7亿美元的绿色债券，包括河流和湿地的修复及重建、物种栖息地修复、清洁饮用水、土地征用和保护、能源效率和节能。在2014年至2018年期间，华盛顿特区发行了6.5亿美元的水质保护绿色债券，用于减轻洪水对城市的冲击，缓解"下水道雨污溢流"问题，并加强对当地生物多样性的保护。

包括华盛顿特区在内的多个美国城市也开始发行"环境影响力债券"，这些特别债券包含按绩效付款和投资人分担风险的条款。债券附有一份对应的"基于绩效的偿还协议"，将偿债义务与实现的环境成效挂钩。就债券所募集的资金在其使用过程中取得的效益，投资者同意共享收益、共担风险。

在美国，许多州都为保护土地发行过债券。这些土地保护债券是另一种形式的绿色债券，有时参与方会涉及非政府组织，如大自然保护协会（TNC）。债券所募集的资金用于购买生态功能重要性突出、未遭破坏的土地，并将其置于民间机构的保护之下。

近年来，中国的一些地方政府开始探索为改善水质和保护湿地发行绿色债券。例如，2018年，中国天津市发行了"宁河区生态保护专项债券"，用于七里海湿地修复和生态保护。多样化的公共和私营部门相结合的融资"组合拳"有望成为黄河流域湿地和水质保护修复的驱动力。

3. 针对其他生态系统和保护目标的政府政策

（1）吸引私营部门投资的政府绿色银行

绿色银行也被称为绿色投资银行，作为公共（政府）银行或融资机构，旨在降低与应对气候变化相关项目的投资壁垒。一些绿色银行也开始承担额外的生态修复的职责，包括投资绿色基础设施建设、雨洪或其他污染控制、

气候适应能力提升等①。

在全球范围内，英国、澳大利亚、日本、马来西亚、美国等国家已经建立了国家层面的绿色银行。绿色银行可以采取政府所有但相对独立的银行机构和公司的形式，也可以采取政府管理的基金和融资机构的形式，通常下设在财政部或类似部门中。尽管形式不同，但所有绿色银行都旨在利用低成本的公共资本，消除金融或结构性障碍，降低投资风险，以吸引更多私营部门的投资。这些银行的资金部分来自政府预算（税收）资金，部分来自投资回报。这些银行与商业银行类似，可以放贷和发行债券。

（2）税收优惠政策和税收激励

在许多国家，政府通过税收抵免或其他财政激励措施，引导农民、商业项目开发商等个人或企业改变其行为，或鼓励其对有利于湿地和生物多样性的项目进行投入。例如，美国的一些地方政府为建造雨水花园等绿色基础设施的房主和企业提供财产税抵免，为能创造经济、社会、生态多重效益的公司提供税收减免②。

（三）为生态保护修复提供资金或支持的市场机制

1. 已应用于部分流域的市场机制

（1）碳市场和基于自然的碳信用

植树造林和保护森林的项目在强制（合规）和自愿碳市场都很常见，涉及植树造林、改善森林经营管理和避免森林退化等类型。中国全国和地方层面的碳排放权交易系统（ETS，以下简称"碳市场"）、美国的加利福尼亚州总量控制与交易计划（California's Cap-and-Trade Program，CCTP）和美国区域温室气体减排计划（RGGI）都允许使用森林碳信用。此外，中国生态环境部于 2023 年 10 月批准了两种新的基于植树造林的国家核证自愿减排

---

① 资料来源于 Green Investment Banks: Scaling up Private Investment in Low-carbon, Climate-resilient Infrastructure。

② 资料来源于 https://www.aacounty.org/departments/public-works/wprp/watershed-protection-restoration-fee/stormwater-property-tax/。

量（CCER）方法学（造林碳汇和红树林营造），在全国碳排放权交易市场中，控排企业可使用CCER抵消碳排放配额的清缴。

近年来，在自愿碳市场（VCM）中，已开发了可用于保护红树林、滨海湿地、草原、泥炭地和农田的项目。除碳效益和气候效益之外，这些基于自然的碳信用通常还有助于保护水质和生物多样性（通常被称为"协同效益"）①。

中国的碳汇项目发展迅速，目前有千余个碳汇项目进入了自愿碳市场，还有数十个项目加入了省级碳市场。这些自愿碳市场中的项目中至少有一半是针对基于自然的解决方案（NbS），尤其是森林碳汇项目。随着时间的推移，中国可能会出现以下三个不同的碳市场。

一是自愿市场的自然碳信用（voluntary NbS credits），在自愿碳市场（VCM）签发和销售。

二是合规市场的自然碳信用（compliance market NbS credits），即国家核证自愿减排量（CCER），在全国和地方试点碳排放权交易系统中出售。

三是国际交易中的自然碳信用（international NbS credits），即"国际转让的缓解成果"（ITMO），在国际市场上交易。

（2）水资源的分配和使用权交易

为了应对全球诸多河流的用水矛盾，一些利益相关方已经开始尝试河水"使用权"分配和交易的试点项目。在这些项目中，河流水资源的用户各自分得一定的用水配额，政府鼓励他们交易或出售其部分或全部用水配额给其他愿意付费的用水户，以鼓励节约用水。中国已经把黄河用水权按配额分配给沿岸的农村、城市、工业和生态系统，因此建立水权配额交易机制有助于基于不同时段更有效地分配水资源。

水权交易有助于提高水资源的使用效率，保障生态用水，使黄河流域的湿地和物种受益。此外，还可以开展"用水限额与交易"机制下的用水信用交易。这些信用可以从节约用水的项目中产生，政府或公司可以购买这些信

① 资料来源于 https://vcmprimer.org/。

用额度，从而满足其用水上限以外的用水需求（见图1）①。

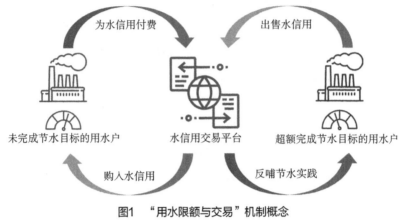

图1　"用水限额与交易"机制概念

（资料来源：改自Gonzales，2019）

2. 尚在部分流域进行试点的市场机制

（1）水质交易

在美国和其他许多国家，最大的水污染源之一是富含化肥等营养物（如氮和磷）的农田径流。美国的一些流域已经开始试点新的交易机制，用于减少河流中的氮和磷污染。该交易体系部分参考了气候领域的"限额与交易"机制，以当地水体中氮和磷的科学限额为基础。在大多数情况下，信用提供方是开展有利于去除营养物活动的农民、公司或项目开发商，而信用购买方则是根据《清洁水法》的要求，必须降低营养物含量的受监管企业或政府。例如，政府可以为污水处理厂购买信用，作为对购置造价高昂的营养污染物去除设备的替代，或为满足减少雨洪营养物的合规要求而购买信用②。

在美国，切萨皮克湾涉及的弗吉尼亚州和马里兰州，俄亥俄河流域涉及的俄亥俄州、印第安纳州和肯塔基州，以及其他几个州正在开展营养物交易

---

① 资料来源于 https：//waterinthewest.stanford.edu/news-events/news-insights/share-wealth-cap-and-trade-system-water-conservation-and-resiliency。

② 资料来源于 https：//www.epa.gov/npdes/water-quality-trading。

试点。澳大利亚、新西兰和加拿大也正在开展营养物交易试点[1]。

湿地具有截留营养物、净化水质的功能。因此，通过保护和修复湿地以及创建人工湿地来产生和销售营养物信用的前景被广泛看好[2]。在某些情况下，已修复或创建的湿地可同时用于营养物交易和缓解银行交易。除营养物交易外，其他水质污染类型的试点项目还包括化学需氧量（COD）、生化需氧量（BOD）和热污染排放（发电厂）交易。

（2）地表水和地下水蓄水交易市场

通过蓄水来改善水资源的分配有助于保护湿地，并为生物多样性提供水资源保障。其典型的运作模式为在水充足的年份截留和蓄水，而在缺水的年份供应水。在美国，蓄水交易的购买方目前主要为政府，利用财政资金购买蓄积的水，以保护生物多样性[3]，保障生态系统发挥其功能。

蓄水交易也可以延伸到地下水储存。在美国加利福尼亚州，美国环保协会（EDF）与罗斯代尔镇（Rosedale）共同参与建立了地下水水权交易平台，但能否实现预期的生物多样性保护效益目前还言之过早[4]。

（3）水基金和水信托

水基金的做法通常是设立一个非政府组织或其他法律实体（如信托基金），从下游用户那里收取水费，再以赠款的形式将这些资金用于资助上游地区保护水质和供水的项目。目前，美国大自然保护协会在杭州市余杭区和千岛湖等地开展了水基金试点项目。

水信托（或水银行）也是一个法人实体，可以由政府创建并管理，也可以独立运作（如由非政府组织创建和管理），通过采取各类措施保护地表水

---

① 资料来源于 https：//www.wri.org/research/Water-quality-trading-programs-international-overview。

② 资料来源于 http：//www.wetlands-initiative.org/nutrient-credit-trading。

③ 资料来源于 https：//www.ppic.org/blog/the-environmental-benefits-of-the-water-storage-investment-program/。

④ 资料来源于 https：//www.edf.org/media/edf-and-rosedale-rio-bravo-water-storage-district-build-new-water-trading-market。

和地下水，并保障生态环境用水①。

3. 针对其他生态系统和保护目标的市场机制

逆向拍卖。逆向拍卖是一种拍卖过程，中标者是为拍卖标的（商品或服务）提供最低报价的个人或实体。逆向拍卖越来越多地用于为生态补偿或为其他生态保护服务付费。例如，美国农业部开展的土地休耕储备计划中，合同的议定使用了逆向拍卖。在加拿大和美国，逆向拍卖也用于湿地和其他河岸生态系统修复工程的合同招标②。

（四）私营部门的投资机制和其他生态保护举措

1. 已应用于部分流域的机制

（1）以盈利为目的的私营部门投资

在全球范围内，现有数百家私募股权基金（private equity funds）和相关的私人投资计划正在将数十亿美元的资金投向气候和自然友好型项目。这些投资实体被称为"绿色股权投资基金"或"环境股权投资基金"，投资于从事生态修复、湿地和河流缓解银行、替代能源或可再生能源、能源效率、碳排放和碳抵消信用交易、水净化、废物管理、可持续森林管理、可持续有机农业等业务的公司或项目。

此类基金的投资回报率因行业而异，例如，森林管理等相对稳定的投资项目的回报率为4%~5%，而湿地缓解银行和碳汇项目等高风险领域的回报率为15%~20%。

生态系统投资伙伴（EIP）③是私人绿色投资基金的成功实例。该基金于2006年建立，目前已经从个人、家族基金和机构投资者那里筹集到了近10亿美元的投资资本。该基金将这些资金投资于生态修复和缓解银行项目，现

---

① 资料来源于 http：//www.cooperativeconservation.org/viewproject.aspx?id=64； https：//www.twdb.texas.gov/waterplanning/waterbank/trust/index.asp。

② 资料来源于 http：//www.envtn.org/water-quality-trading/publications/WRI_PolicyNote_EnvMkts3_ReverseAuction.pdf。

③ 资料来源于 https：//ecosystempartners.com/。

已发展成美国最大的水资源保护和缓解银行投资方之一。

（2）生态修复和保护企业

在美国和欧洲，生态修复公司一般为私营公司，其业务范围包括咨询、修复、建设等多个环节。

生态修复公司也向私人投资者筹集资本，类似于绿色股权基金。通常，这些公司从绿色股权基金那里承揽合同或获得直接投资，开展生态修复业务。环境修复学会为参与生态修复的公司和个人提供完整的认证计划。

生态修复行业的市场规模在2021年已达360亿美元。由于湿地常可开展观鸟、垂钓、远足、摄影等休闲活动，因此湿地修复行业的经济回报更被看好。

2. 尚在部分流域进行试点的机制

（1）保险产品

气候变化正导致日益频繁和严重的风暴、洪水、火灾、寒流等自然灾害。面对由此造成的高额理赔成本，保险业不得不大幅调整其在城市和其他高风险地区的业务模式，并改进保险产品设计和开发，以更有效地减轻气候损害、增强气候韧性。例如，瑞士再保险公司（Swiss-RE）等大型再保险公司开始探索通过保险产品创新，支持基于自然的解决方案以增强气候韧性[①]。

保险公司不应只考虑在承保范围方面作出调整，而更应考虑生态系统（如红树林、沙丘和障壁岛）所发挥的减灾功能，并相应调整相关地区的保费定价。

尽管部分保险公司开始主动投资有助于缓解自然灾害的项目，但总体而言，整个行业的转变迟缓，通过保险产品创新支持基于自然的解决方案还任重道远。

（2）生态旅游和可持续旅游业

可持续旅游业是使旅游业和旅游活动更具可持续性，让旅游业服务于湿

---

① 资料来源于 https://www.swissre.com/risk-knowledge/risk-perspectives-blog/climate-resilience-partnerships.html。

地和生物多样性保护。生态旅游是可持续旅游的分支，指的是游客通过到自然区域旅游，获得接触和欣赏自然的机会，并推动对环境的保护。

在黄河流域，开展生态旅游和可持续旅游有助于流域内的湿地和生物多样性保护。首先，基于对旅游设施的直接所有权或控制权而产生的收益，以及向游客收取的各项费用，能为保护和管理当地的湿地提供资金支持。其次，旅游业可以为当地民众提供相关的培训和就业机会，增加收入，提供替代生计。

3. 针对其他生态系统和保护目标的举措

（1）企业自愿缓解其环境损害

全球约40个国家制定了某种形式的缓解生物多样性危机的法律或政策，但其中大多数只要求最基本的"商业开发者自行缓解"。由于许多国家缺乏执法和监测能力，这些政策的实际效果不佳。

鉴于此，一些政府和非政府组织努力推动企业自愿采取行动，以缓解其环境损害。通过这些努力，一些公司（尤其是在资源开采行业）同意接受某些实践标准，并自愿评估和采取措施缓解其项目的环境影响。

（2）认证机制

在过去的20年里，国际社会已经制定了一系列自愿认证机制，涉及包括大宗商品在内的多个行业。部分公司作出承诺并设定目标来推动其供应链的绿色转型，降低其碳足迹，提升其在环境、社会和公司治理（ESG）方面的绩效。

目前，商品认证机制已经涵盖多类大宗商品（如海洋鱼类、养殖水产品、棕榈油、木材、大豆、棉花、蔗糖、咖啡、可可等），认证类型涉及有机农业、公平贸易、能源效率等多个层面[1]。

商品认证通常会增加公司的成本。此外，认证机制的推广还面临其他一些挑战，如监管链的健全度、供应链的透明度、经认证的供应商数量的多

---

[1] 资料来源于 https://en.wikipedia.org/wiki/Sustainability_standards_and_certification。

寡，以及当地的技术支持和融资水平等。

三、流域湿地保护修复融资机制的国际案例研究

本文所选案例的流域在生态、生物、水文特征及所面临的挑战等方面与黄河流域皆具有可比性和相似性。根据黄河流域不同区域所面临的最为紧迫的挑战和生态环境问题（如泥沙淤积严重、用水矛盾突出、水质污染严重等），在筛选相关国际案例时，重点考虑的因素包括：

第一，具有与黄河流域相似的生态、水文属性和土地利用情况。

第二，位于主要候鸟迁徙路线上，分布有对迁徙水鸟有重要意义的湿地和栖息地。

第三，具有与黄河流域相似的挑战，包括水资源的过度利用、泥沙淤积和土地污染，以及与气候变化相关的风险。

第四，应用过一种或多种能恢复受损生态系统、保障长期保护成效的融资机制。

基于此，本部分介绍的三个国际案例包括：

第一，澳大利亚墨累—达令河（Murray Darling）流域。

第二，秘鲁利马的里马克河（Rimac River）、奇利翁河（Chillon River）和卢林河（Lurin River）流域。

第三，美国密西西比河（Mississippi River）流域。

（一）澳大利亚墨累—达令河流域

1. 流域现状及挑战

墨累—达令河流域是澳大利亚最大的农业区之一，其水源来自该国最长的河流墨累河和它最大的支流达令河（澳大利亚第三长河）。墨累—达令河流域面积为110万平方千米，约占澳大利亚陆地总面积的1/7，大部分为平坦低洼的农业用地（见图2）。流域总人口约230万人。

该流域降雨量相对较少，尤其是在流域的上游地区。此外，几十年的工程建设、过度用水（尤其是农业用水）和气候变化的干旱效应已经显著减少了流域内河流、小溪和湿地的径流。因此，墨累—达令河流域面临周期性干旱、低流量甚至支流干涸等挑战。河流中的水资源绝大部分被分配给农业、城市、居民区，余下的部分才提供给野生动物及其栖息地，这导致沿河的3万处湿地和许多鱼类及野生动物缺水。

该流域的湿地是多种野生动物和候鸟的重要栖息地。为了在水资源稀缺条件下实现更公平的水资源分配，环保非政府组织、当地企业和私人投资者之间的合作助推形成了基于市场的创新机制。

图2　墨累河—达令河流域

（资料来源：《自然》期刊）

2. 应对挑战：市场化机制和基于自然的解决方案

为应对该流域长期缺水的挑战，澳大利亚政府通过了若干法律和政策，其中一些明确了水的使用权，从而构成了墨累—达令河流域及其南北次流域水资源管理系统和创新性的市场化水资源分配体系的基础。

这些基础的法律、政策和体系包括：

一是完善国家立法，将用水权与土地使用权分开，并允许不同用水户之间进行水权交易。

二是建立了由国家控制的水资源分配方案和系统，政府每年都会根据天气和水资源情况调整不同用户间的分配比例，包括分配给湿地生态系统和物种栖息地的生态用水。

三是建立了由国家管理的交易和拍卖平台，允许用水户出售或购买水权，按对应额度用水。

早在1994年，澳大利亚国家水利委员会（National Water Commission）正式将土地权属与水权分开，以提高水资源分配的效率。在大多数国家，土地所有者拥有使用土地的所有权利（包括地表水和地下水）。在美国等国家，土地权和水权的界定随着时间的推移而改变，但总体而言，在大多数情况下，土地所有者也拥有水权。

通过立法将土地所有权和水权分开，澳大利亚政府为土地所有者保留或出售其水权提供了法律基础。一旦水权被交易或出售，购买方（个人或实体）就可以控制这些水的获取和使用。截至2010年，澳大利亚的水权市场规模高达28亿澳大利亚元。水权交易可以在买卖双方之间直接进行，也可以通过水权交易市场（水交易所）和中介（水经纪人）完成。

墨累—达令河案例中另一个值得关注的要点是政府最初分配水使用权的方式。根据国家法律，澳大利亚政府每年根据天气和水资源情况制定和调整水权分配比例，向农户、城镇和包括自然保护机构在内的其他用户分配水权。分配完成后，水权就可以在上述各方之间进行买卖。水权可分为三个层级：

一是优先保障水权：饮用水和其他高优先级别的用水需求。

二是永久水权：由政府每年授予，主要用于农业生产和其他政府用途。

三是临时水权：在紧急情况下使用。

尽管澳大利亚政府每年调整水权的分配比例，但仍然难以为湿地和受威胁物种的栖息地提供充足的水。因此，在农业和其他用户获得更多水权的区域，留给自然的水严重不足。为了填补生态用水缺口，大自然保护协会澳大利亚项目设立了墨累—达令河流域平衡水基金（Murray-Darling Basin Balanced Water Fund）（见专栏3）。

专栏3　墨累—达令河流域平衡水基金

墨累—达令河流域平衡水基金于2014年由大自然保护协会澳大利亚项目设立，并得到当地非政府组织（墨累—达令河湿地工作组）和私人投资基金管理公司（Kilter Rural）的支持。

该基金向私人投资者筹集资金，用于购买水权。在大自然保护协会澳大利亚项目初始投入的500万澳大利亚元之外，该基金筹集到了总额为9200万澳大利亚元的私人投资。投资期限通常为10年，但也可以提前撤资。

由于当地自然生态系统存在干湿循环周期，而农业生产用水也按季变化，二者之间存在一定的互补性。该基金购买了墨累—达令河流域南部的永久水权，并将其分配给流域内其他需要生态用水的地区。水权的可购买额度受限于当年拍卖平台上可供交易的水权量，也受限于该基金可动用的资金。该基金持有这些水权，可选择将其用于湿地补水，或将其出售给存在用水缺口的农户或其他土地所有者。后者可以为该基金带来收益，并以投资收益的形式返还给基金的投资者。自成立以来，该基金的年均投资收益率为12.22%。

墨累—达令河流域平衡水基金的主要成效包括：

第一，2016年以来，已向墨累—达令河流域南部的24处湿地提供了1600万立方米的水，惠及近1000公顷湿地。

第二，额外提供的生态用水为水鸟创建了重要的栖息地。监测数据显示，在湿地得到补水后，其鸟类多样性增加了212%，鸟类丰度增加了282%，还记录到了125种本土湿地植物。

第三，给湿地补水使一种已经区域性灭绝的鱼类重新出现。

资料来源：https://kilterrural.com/bwf/。

3. 与黄河流域的相关性和借鉴意义

墨累—达令河流域案例提供了一种具有创新性的水资源分配方式，在满足农业生产和城市用水之外，还能使自然受益。该体系充分发挥了现代水权法律、健全的交易机制和私人投资基金的功效，更好地保障了湿地和水生物种栖息地的用水需求。

在水权交易方面，澳大利亚的基本法律体系和框架不同于中国和美国，后者采用配额常年固定的分水方案，除非出现极端干旱或其他重大水资源变化的情况，否则水分配方案保持不变。

在澳大利亚，每年都会根据天气预报和其他因素调整水配额比例，从而使农业用水、城市用水和生态用水在一定程度上达到平衡。此外，澳大利亚的土地所有权和用水权在法律上有本质区别，后者在法律上不依附于前者，因此各方都可以使用、出售和购买用水权。

4. 针对黄河流域的建议

根据澳大利亚墨累—达令河流域的经验和教训，针对黄河流域提出如下建议。

第一，研究每年根据气候、水量变化等因素调整黄河分水方案的可行性，制订能更好地平衡城市、农业和生态用水需求的年度分配方案。

第二，评估设立黄河水资源分配基金的可行性和前景，通过筹集公共和私人资金，支持黄河流域内生态用水权的购买和交易。公共资金部分可来自政府拨款、收取的水费，或水资源使用费等；私人资金部分可来自慈善赠款或私人投资。

第三，完善水权交易市场。中国早在2000年就完成了首例水权交易，此后还在黄河流域的内蒙古和宁夏开展了水权交易试点工作，并逐步建立了各级水权交易管理规则和交易平台。但是，这些交易的主体都是农业、工业、养殖业和城镇用水户，尚无涉及生态用水的水权交易案例。建议借鉴墨累—达令河案例的经验和教训，将生态用水纳入水权交易市场，结合建立黄河水资源分配基金，在重要的湿地和物种栖息地开展试点项目，以维持黄河流域生态系统的健康和稳定。

（二）秘鲁利马的里马克河—奇利翁河—卢林河流域

1. 流域现状及挑战

秘鲁首都利马市的人口数约为1000万，是地球上第二大沙漠城市。在每年的旱季，利马市的三条河流——里马克河、奇利翁河和卢林河都会出现供水不足的问题。这三条河流都发源于利马以东150千米处海拔5000米的安第斯山脉，在雨季由冰川、融雪和雨水补水，但在旱季很快就会干涸（见图3）。

由于存在多个竞争性的用水需求，三条河流的可用水量不断减少。农业和小型社区从海拔较高的河流中取水，而较高海拔地区土地利用的变化导致雨季截留的径流减少，因此旱季可利用的水量也随之降低。在下游地区，规模较大的社区和一些商业开发项目在低海拔地区取用更多的水。此外，坡地上严重的水土流失及沿河的工业开发还导致泥沙淤积和水污染增加。

近几十年来，气候变化进一步加剧了水资源短缺的问题。在旱季，冰川融水对维持水流量至关重要，但在过去的40年里，这些河流源头的冰川已经消退了40%。此外，近年来年降雨量也有所减少。

山区的湿地和泥炭地对野生动物栖息地以及地表水和地下水补给具有重要作用。但越来越多的湿地被排干用于放牧和农业生产，而泥炭地中的泥炭藓被非法开采，用作景观和园艺的材料，这进一步加剧了旱季的极度缺水状况。

受此影响，利马每年旱季的饮用水都会告罄。在每年长达5~6个月的时间里，利马市居民每天的用水时间不超过21小时。

因此，秘鲁政府和利马市政府已经开始转变其水利投资策略，统筹考虑传统的"灰色基础设施"（如新水坝、运河和输水管道）和新的绿色"自然基础设施"的建设。

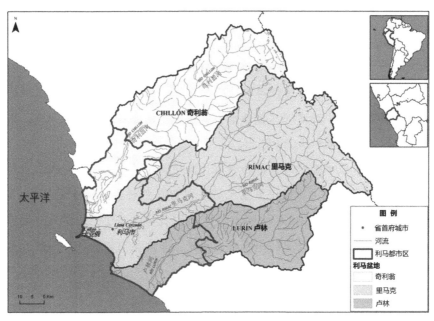

图3　秘鲁利马里马克河—奇利翁河—卢林河流域

（资料来源：Weebly）

2. 应对挑战：市场化机制和基于自然的解决方案

秘鲁政府和利马市政府采取了创新性的融资机制和绿色基础设施相结合的方式提高流域气候韧性，并更好地捕获和储存水资源，以保障农业、城市和生态系统用水，具体包括以下措施。

一是向用水户征收附加水费，以支持流域内的集水项目。

二是成立一家水基金（Aquafondo），吸引私人投资资金。

三是实施包括改变农业生产实践在内的各类有利于保护水资源的项目。

四是重建和使用古印加文明前建造的被称为Amunas的集水渠（见专栏4）。

五是保护和修复湿地及泥炭地，增加地表水和地下水的储存与涵养。

专栏4　秘鲁古印加文明前的集水渠及生态效应

印加人和前印加人在该地区活动的几个世纪里修建了集水渠。集水渠是沿山坡修建的梯田结构，沿着山坡轮廓延伸，可达数千米。集水渠只有约一米宽和一米高，由石头和早期的砖石材料建造，能阻挡顺着陡坡流下的雨水，并将其引向坡地上可缓慢渗入地下的区域。之后，水会缓慢地流过地下含水层。研究表明，雨水一旦被集水渠截留，平均会在地下滞留45天，然后从海拔较低处的泉水和溪流中流出。

因此，集水渠对雨水的截留和滞留作用增加了旱季向河流和利马市的供水量。相关研究表明，通过修复集水渠来截留每年顺坡下泄的雨水中的35%（剩余部分留给当地河流和生态系统），可以提供两倍于利马市目前供水缺口的水量。《自然》期刊上的一项研究估计，集水渠可以使旱季河流流量增加约7.5%。

资料来源：Boris, 2019；Gies，2021。

利马市政府曾采用传统的"灰色"基础设施，如水坝、运河和输水管道等，但其建设成本昂贵，且不能完全解决水资源短缺的问题。成本分析表明，绿色基础设施可以更低的成本供水。鉴于此，利马市在2018年启动了创新性的绿色基础设施系统，以缓解缺水状况。

市政府希望通过出资修复和保护流域内的土地，增加在雨季的集水量，从而增加旱季的可用水量。

为此，政府提供资金支持以下四个方面的流域生态修复和集水实践。

第一，改变农业和牧业生产方式，如建立网围栏以阻止牲畜进入溪流和湿地。

第二，在对供水以及地表水和地下水补给都很重要的地区，完全禁止放牧牲畜。

第三，修复和保护山谷中正在被排干和采挖的湿地及泥炭地，以增加截留水量和地下水的补给。

第四，恢复传统的集水渠。

该案例涉及两种市场化的融资机制，对黄河流域具有参考价值：一是征收特殊水费来资助绿色基础设施建设；二是非政府组织建立水基金。

（1）征收特殊水费以资助绿色基础设施建设

利马市水务公司（Sedapal）在对其1000万用水户进行水价评估的基础上，每年按水费加收约1%的金额，这相当于每年额外筹集500万美元的资金，用于支持绿色基础设施建设。在一些年份，Sedapal还额外加收一笔小额费用，用于资助在流域内开展与气候适应相关的工作（见专栏5）。

专栏5　利马市绿色基础设施建设的融资机制及利弊

绿色基础设施又称自然基础设施，是与水坝、水库、沟渠、管道等"灰色基础设施"相较而言的，在中国更多地被称为"生态工程"。例如，通过植树造林、建造雨水花园来收集雨水都是利用绿色基础设施的例子；修复受损和已开采的泥炭地来增加湿地对水资源的调蓄功能，也属于绿色基础设施。

为解决利马市和该国其他地方日益严重的水危机，秘鲁国家政府颁布实施了一项法律，允许加收1%的水费以支持绿色基础设施建设。

该收费机制产生了立竿见影的效果。首先，传统的"灰色"水务公司开始理解并接受"绿色基础设施"这一理念。事实上，资助绿色基础设施建设一度被认为是滥用公共资金，但是自从上述法律付诸实施以来，考虑投资绿色基础设施已成为水务公司的一项内在要求。

但是，Sedapal公司在使用该笔资金时也遇到了挑战，原因是此类支出尚属新生事物，且新冠疫情造成了相关工作的延误。此外，Sedapal公司对公共资金的支出有着复杂而严格的要求。这些要求通常更适用于常规的"灰色"基础设施项目，但在应用到利马市所在流域的绿色基础设施项目时，却造成了不必要的繁文缛节和延误。

资料来源：Groves，2019。

（2）非政府组织建立水基金

由非政府组织建立的水基金在支持Sedapal公司开展流域保护的过程中扮演了两个角色：一是管理流域的生态保护修复项目；二是与利马市和当地合作伙伴一起筹集额外的资金，包括来自德国、美国和加拿大的赠款。此外，该基金还向大型瓶装水公司等私营用水企业筹集慈善捐款。

秘鲁还设有一项灾害恢复基金，能为每一个流域的供水系统一次性提供约1500万美元，用于加强流域的绿色基础设施建设。

为了评估绿色基础设施项目在增加供水量和缓解缺水方面的效果，利马市未来需加强对这些项目在截水和输水方面的监测，从而争取更多的政治支持。

3. 与黄河流域的相关性及借鉴意义

如果能将利马市案例中的融资机制应用于黄河流域，保护其上游和中游的湿地和泥炭地，在中游和下游采取更多的最佳管理实践，将有助于增加黄河上游的供水量，减少黄河中游（特别是黄土高原）的土壤侵蚀。

集水渠的应用或有助于更好地控制黄土高原的水土流失。中国在建造梯田、利用稻田和其他形式的农田截留雨水方面有着丰富的经验。在黄土高原地区陡峭、侵蚀严重的坡地上，沿山体轮廓建造类似集水渠的梯田结构，或有助于截留原本会快速冲入河道的雨水，减少水土流失和对黄河的泥沙输入。

数十年来，中国政府为减少黄土高原水土流失制定了多项政策，并提供了大量资金，实施的项目包括植被恢复和植树造林（如退耕还林工程），在黄河及其支流上建设淤地坝等，以截留泥沙沉积物并为沿岸提供更多耕地。

近年来，这些做法已经从需水量巨大的大规模植树转变为更多样化的林草套种，减缓了水土流失，也为河流提供了更多的水量。目前，黄土高原上严重侵蚀的土地面积减少了近50%。

相关资料显示，目前黄河流域水资源利用方式较为粗放，农业用水效率不高。水资源开发利用率高达80%，远超一般流域40%的生态警戒线。因此，建议在黄河流域高度农业化地区推广最佳管理理念和实践，以更有效地利用水资源、减少水资源的浪费，并改善给流域湿地的生态供水。

4. 针对黄河流域的建议

基于秘鲁利马案例的经验和教训，针对黄河流域提出如下建议。

第一，研究在流域中上游开展绿色基础设施项目的可行性，包括湿地和泥炭地保护项目，以更好地管理黄河的雨水、雪融水和冰川融水，增加河水水量，并在一定程度上提升流域的气候韧性。

第二，考虑建立新的公共融资机制，如向下游用水户征收特殊水费，或对河流下游的油气开采项目收取少量租赁特许权使用费，用于支持流域的绿色基础设施建设。

第三，考虑建立基金或类似的融资平台来吸引私营部门的资金，以支持黄河流域的湿地保护和修复项目。该基金的资金来源可以采取公共资金、慈善资金和私人资本混合融资的模式。

第四，在黄河中下游继续推广农业生产最佳实践，提高黄河沿岸水资源的利用效率，减少坡地耕作区的水土流失。

第五，研究在遭受严重侵蚀的陡坡地区（如黄土高原）修建类似集水渠的设施，以减少水土流失和增加"集水"量。在黄河中游地区，可以借鉴利马市的经验，建造淤地坝以截留侵蚀土壤和增加储水量。

（三）美国密西西比河流域

1. 流域现状及挑战

密西西比河（连同其最大的支流密苏里河）全长约5970千米，是美国最长的河流、世界第四长河，仅次于尼罗河、亚马逊河和长江。密西西比河发源于与加拿大接壤的明尼苏达州最北部，流向美国最南部，在路易斯安那州新奥尔良市以南汇入墨西哥湾（见图4）。

密西西比河流域面积约320万平方千米，覆盖了约40%的美国大陆面积，横跨位于阿巴拉契亚山脉东部和落基山脉西部之间的美国的32个州和加拿大的2个省。该流域是美国农业主产区，占美国农产品出口量的90%以上。50多个城市和众多的小城镇从密西西比干流和支流取水。下游的大部分地区以工业用水为主，包括石油和化工生产以及其他的重污染工业。

密西西比河是美国最重要的航运河流，受到联邦政府的严格管理。因此，该河被高度疏浚和水渠化，河流的中下游修建了许多船闸、水坝、堤坝和防洪设施。尽管有广泛的水渠化和河岸防洪堤，但该河流仍然水患严重，对沿河及三角洲地区的生态系统和人类居住区带来严重破坏。

密西西比河流域所支撑的生态系统和物种多样性非常丰富。它位于美国最重要的候鸟迁徙路线之一——密西西比迁飞路线上，支持了北美60%的鸟类（326种），美国40%的迁徙水鸟在春秋迁徙季都会沿这条河流形成的生态走廊迁徙。该流域还是50多种哺乳动物、145种爬行动物和两栖动物以及大约260种鱼类（占北美鱼类物种总数的25%）的栖息地。

密西西比河也面临着许多问题和挑战。自200年前流域内的农业开发以来，尤其是自20世纪40年代大规模的商业化农业出现后，河流吸纳了大量的泥沙沉积物。该流域的农业开发也造成了流域内近百万公顷湿地和鸟类栖息地的丧失，而河流中下游低地洪泛区中硬木森林的砍伐对此更是雪上加霜。

受城市生活污水、雨洪径流污染、工业污染（尤其是靠近路易斯安那州海岸的下游）以及河流高泥沙含量的影响，部分河段污染严重。泥沙淤积进一步加剧了沿河湿地和栖息地的丧失。与黄河类似，大量泥沙淤积对路易斯安那州南部墨西哥湾三角洲滨海湿地面积的增长起到了一定的促进作用。

图4 美国密西西比河流域水系

（资料来源：美国地质调查局）

2. 应对挑战：市场化机制和基于自然的解决方案

密西西比河的上游、下游、河口三角洲地区生态系统所面临的挑战与黄河流域非常相似，在利用市场化的解决方案来应对这些挑战的需求上也非常相近。近30年来，密西西比河一直是生态保护融资和市场化机制的试验场，从试点项目到机制创新，不一而足。这些机制和试点项目包括以下几个。

第一，在密西西比河下游河滩地开展再造林项目，增加森林碳汇。

第二，建立支持修复湿地、河流生境及三角洲的湿地缓解银行。

第三，收取油气特许权使用费以及和解赔偿金，用于支持海岸湿地修复。

第四，采用"按绩效付款"合同机制和赠款来使用和解赔偿金和生态修复资金。

第五，通过绿色股权基金调动私营部门的投资，支持湿地修复。

第六，发行环境影响力（绿色）债券。

第七，开展湿地保险试点项目。

第八，进行水质（氮和磷营养物）交易。

第九，采用其他减少农业营养物污染的市场化举措。

（1）密西西比河下游河滩地开展的森林碳汇造林

"植树造林"是指在曾有森林分布的地区种植本土特有树种，营造多样性丰富的混交林生态系统。植树造林有别于为商业目的而种植单一树种的人工纯林（如用于木材生产的桉树或松树），也不同于在历史上无森林分布的地区（如开阔的草地）人工种植树木。

密西西比河下游的洪泛平原曾是近1000万公顷的森林湿地、落羽杉沼泽、灌丛和新生湿地，也是美国大陆越冬水鸟最集中的分布地之一。在过去的200年里，该河谷中的大部分湿地被排干后用于农业开发和其他用途。如今，该区域只有不到20%的原始森林和湿地被保留下来。

美国一些非政府环保组织和公司正在努力修复密西西比冲积河谷的森林、湿地与河岸生境，并获得由此产生的木材收入和碳收益，其中绿树公司（GreenTrees）发起的植树造林碳汇项目具有代表性（见专栏6）。

专栏6　美国绿树公司发起的植树造林碳汇项目

绿树公司是ACRE投资公司的子公司，发起了在密西西比河下游种植约40万公顷树木的项目。

绿树公司在密西西比河下游的漫滩地（洪泛区森林）种植多种本土硬木，并由此获得碳信用，然后通过加利福尼亚州的碳市场或自愿碳市场出售。该公司称已为该项目筹集并投入了1亿多美元，20多年来已为600多个植树造林项目提供了资金。

除产生森林碳汇外，该公司还称植树造林项目已经将部分农田转化为滩地森林湿地，除提供了高价值的木材外，还产生了生态、社会和经济效益，例如：

七年内，绿树公司的森林所庇护的候鸟数量达传统植树造林项目的两倍。

每增加0.4公顷的植树造林面积，就能减少密西西比河中近7千克的氮和磷。

每投资100万美元用于森林管理和植树造林项目，就能创造39.7个就业机会。

资料来源：绿树公司（GreenTrees）网站。

该案例对黄河流域的生态保护有一定的参考价值。在黄河流域的上游、中游实施植树造林项目，可减少水土流失，并有助于在流域内截留降雨和冰雪融水，还可以产生森林碳汇。目前，植树造林产生的碳信用可以在全球自愿碳市场上出售。

中国生态环境部于2023年10月批准了基于造林的国家核证自愿减排量（CCER）方法学，产生的碳信用可以在全国碳市场中用于抵消碳排放权配额的清缴，这为在黄河流域开展林业碳汇项目提供了良机。

黄河流域的植树造林碳汇项目也可以支持中国的国家碳市场建设，并有助于实现国家植树造林目标及2030年和2060年的"双碳"目标。

（2）建立支持修复河流湿地生境及三角洲的湿地缓解银行

此外，许多国家为减少开发项目对生态环境的影响，采用了"无净损失"或"净收益"的监管原则，即要求受保护的新增湿地面积等于或大于因开发而损失的湿地面积。中国若考虑采用缓解银行机制来开展生态修复和土地保护，应采用类似的要求。

针对湿地、溪流和濒危物种栖息地的缓解银行已经建立了市场化的抵消信用交易体系，其交易金额每年超过50亿美元。湿地和河流缓解银行在整个密西西比河流域都较常见，在北部广泛应用于草原"洼地"和水鸟栖息地的保护，在南部应用于河岸森林和滨海湿地的保护。在路易斯安那州新奥尔良以南的沿海地区，作为修复密西西比河三角洲洪泛区和野生动物栖息地整体战略的一部分，湿地缓解银行已经成为一项重要的工具。

在过去的90年里，路易斯安那州丧失了逾5000平方千米的沿海土地。据估计，如不采取行动，未来50年内该州将失去相当于天津市面积的土地。因此，该州将通过投入数十亿美元资金来修复滨海湿地和障壁岛，以防止情况恶化。

修复湿地所需的资金有多种来源，但仍不能满足湿地和海岸修复的资金需求。因此，私营部门增加了对湿地缓解银行的资金投入，显著扩大了湿地修复的规模，而这是单纯依靠政府资金无法完成的。

在路易斯安那州海岸，大部分湿地缓解银行的面积相对较小，通常为80~240公顷。最大的一家缓解银行和生态修复公司已经保护和修复了新奥尔良大约6677公顷的湿地。

新奥尔良湿地中有一处6.4千米宽、被称为东奥尔良陆桥的天然湿地带，可以缓冲飓风和来自墨西哥湾南部的大风暴潮的冲击。一家湿地缓解银行公司和一家绿色投资基金利用缓解银行保护了该区域2/3的面积（约6475公顷）。

（3）收取油气特许权使用费及和解赔偿金，用于海岸湿地修复

在油气开采业、采矿和化学制造业等重污染行业，产生了两种成功的生态保护融资机制，一种是针对石油泄漏和其他类型污染的和解赔偿金，另一种是对涉及采掘业土地用途转化所收取的费用（特许权使用费）。这两种融资机制在美国都得到了成功的应用。

在密西西比河和整个美国，湿地修复的大量资金来自和解赔偿金。在密西西比河三角洲地区和路易斯安那州海岸，英国石油公司（BP）因"深水地平线钻井"的重大漏油事故支付了巨额的和解赔偿金，为湿地和海岸带修复提供了100亿美元的资金。通常，这些和解赔偿金通过政府基金进行管理和使用，包括国家级基金（如美国联邦鱼类和野生动物基金会），以及地方政府或非政府组织管理的地方基金。

密西西比河三角洲湿地修复的另一个重要资金来源是向沿海和近海油气开发公司收取的年费（特许权使用费）。该费用由政府设立的专门基金负责管理和使用。其中，由美国联邦政府创建的水土保持基金（Land and Water Conservation Fund）规模最大，负责从沿海和近海油气资源开采中收取特许权使用费，用于支持当地的自然保护工作和户外游憩项目。在区域层面，《墨

西哥湾能源安全法》（GOMESA）规定每年向墨西哥湾的能源生产设施收取总额约为1亿美元的油气特许权使用费。相关资金由根据该法成立的地区基金负责管理，用于支持路易斯安那州和其他三个海湾州的雨洪管理和湿地修复项目。

中国可以考虑更多地利用和解赔偿金以及石油、天然气和矿产开发特许权使用费，为保护和修复黄河流域湿地及河岸生境，尤其是为下游河口和三角洲生境提供资金。这笔资金可以由管理和保护河流的政府机构（如黄河水利委员会）直接管理，也可以放入专项基金或金融机构，以赠款或合同的方式为流域湿地修复提供资金。

（4）"按绩效付款"合同机制和赠款，用于分配法律罚款和生态修复资金

与传统合同不同，"按绩效付款"合同机制只在项目达到预定的可量化成效，实现生态修复目标后，政府才向服务提供商付款。在某些情况下，政府还聘请独立的评估方来衡量和核实项目成效。"按绩效付款"机制的核心要义在于，政府首先设定科学性强、可实现的生态绩效指标，然后只为实现的生态绩效付款。美国路易斯安那州制订了"按绩效付款"方案，但实施进展并不顺利（见专栏7）。

专栏7　美国路易斯安那州的"按绩效付款"方案及其利弊

美国路易斯安那州制订了一项"按绩效付款"方案，旨在应对其滨海湿地严重丧失的紧急状况。州政府为滨海湿地修复安排了多种来源的长期资金，包括和解赔偿金和特许权使用费，但还不足以满足滨海湿地修复在进度和规模上的资金需求。

为了加快实施超出政府财力的大型湿地修复项目，州政府需要私营湿地修复公司的协助。因此，为了利用有限的资金加快海岸修复工作，该州的立法机构于2017年通过了美国首部环保类《按绩效付款法》，允许私营公司竞标最高金额可达2.5亿美元的滨海湿地修复合同。

新的法律规定，在生态修复公司实现预定的生态修复目标（如修复的湿地面积）之前，州政府无须向其支付合同款。合同的中标方先以自有资金垫付，费用涉及选址、规划、设计、许可、施工和生态修复、监测、长期维护和财务担保等多个环节。如果公司未能实现合同所规定的各项修复指标，就不会收到合同款。

但该机制在刚启动时也遇到了政治上的阻力。例如，路易斯安那州政府的一些官员反对将政府预算资金付给私营生态修复公司。

资料来源：Edinger, 2023。

（5）通过绿色股权基金调动私营部门投资，支持湿地修复

在过去30年里，旨在吸引私营部门资本投资于可以产生社会和环境效益的项目的创新性证券和相关融资机制层出不穷，为缓解银行、碳汇项目、"按绩效付款"合同等提供了资金。

这些新的证券和机制通常被归入"影响力投资"（impact investing），为投资者提供了从债务到股权等多种投资选择，其中大部分可为投资者带来具有市场竞争力的回报率（本金加利息或收益）以及可衡量的社会与环境效益。

这些投资机会可分为以下三类。

一是私募环境（绿色）投资基金，即投资于生态保护和修复项目的私募股权基金。

二是由政府或公司发行的绿色债券和环境影响力债券（Environmental Impact Bonds）。

三是政府和准政府金融机构（绿色银行、信用担保或风险降低机制，以及专项公共基金或机制）。

在这些类型的投资中，环境或绿色投资基金尤其具有借鉴意义，生态系统投资伙伴是其中较有代表性的例子（见专栏8）。

专栏8　私募环境投资基金：生态系统投资伙伴

生态系统投资伙伴（Ecosystem Investment Partnership，EIP）创立于2007年，是一家私募股权投资基金，从私营部门和公共来源筹集投资资金，用于对生态修复和缓解银行项目的投资。EIP现已成长为美国最大的生态修复和缓解银行投资者之一，其缓解银行业务占到其项目投资总额的70%~80%。

EIP在运营之初困难重重，因为当时缓解银行业务尚无先例可循，相关的经济收益数据匮乏。如今，情况已经大为改观，EIP从国家养老基金、外国政府养老基金和大学捐赠基金筹集了超过10亿美元的资本。包括EIP在内的许多此类股权基金能够给投资者带来高达15%~20%的年回报率。

投资者以资金入股EIP，投资的期限通常为十年或更长时间。这使EIP能够从长计议，投资长线项目并持有土地等资产。相较之下，私营生态修复公司必须通过贷款和短期借款来筹集运营资金，而这些资金偿还周期短，如果公司不能按期偿还贷款，贷款协议将面临被银行终止的风险。因此，生态修复公司缺乏财务动力承接周期长、修复要求高的项目。

EIP根据项目的经济和生态价值以及政府的行动来作出投资项目组合决策，政府的政策可以预示修复项目的经济回报是否具有可预见性和确定性。这是中国政府在鼓励社会资本支持生态修复时需要考虑的一个重要问题。对于计划投资长线项目的私人投资者来说，政府在执法和为生态修复提供资金方面的政策连贯性尤为重要。如果政府在生态修复的决策方面朝令夕改，没有投资者愿意冒险对生态修复项目进行投资。

资料来源：https://ecosystempartners.com/。

（6）环境影响力（绿色）债券

环境影响力债券是一种为环境目的而发行的市政（城市）债券，其目的是改善水质或增强气候韧性，该债券会明确界定对应的环境成效，并与投资回报挂钩。这些债券重在实现可衡量的环境成效，有助于强化成效的透明度和问责要求。

美国田纳西州孟菲斯市正在密西西比河流域进行环境影响力债券的试点。拟定发行的孟菲斯环境影响力债券总值为2000万美元，将用于河岸修复、城市绿色基础设施建设和雨水收集项目，从而减少孟菲斯市排入密西西比河的污染物。该债券的发行机制参考了华盛顿特区、佐治亚州亚特兰大市和美国其他城市旨在改善水质的类似债券的发行。

与绿色债券不同，环境影响力债券是一种更有针对性的绿色债券形式，对发行债券的政府和投资者来说，它对环境成效、共担的风险和经济回报作了明确的界定。

（7）湿地保险试点项目

气候变化加剧了风暴、洪水和火灾风险，迫使保险公司重新评估和调整其承保范围。绿色基础设施作为能更全面地缓解气候变化风险的重要战略，一些保险公司已经开始对其进行投资。

在密西西比河流域，这方面的例子还较少，但流域以北的加拿大温莎市的案例，较好地展示了创新保险产品如何支持草甸湿地保护并减轻洪灾的影响（见专栏9）。

专栏9　加拿大温莎市减轻洪水灾害的湿地保险试点项目

安大略省温莎市因其上游的湿地都已被排干用于农业开发，在春季和暴雨期间会遭受洪涝灾害。市政府现正在考虑启动一个试点项目，在建设水坝和防洪堤等传统的"灰色"基础设施之外，还将修复自然或"绿色"基础设施（即上游的湿地）。

传统的保单保护资产所有者和政府免受洪水等自然灾害的损失，能降低风险并提高公司和社区的财务韧性。本试点项目中，保险公司调低客户的保费，作为交换，客户将节省下来的保费投资于可以降低风险的项目，如保护湿地和其他可以降低洪水风险的基于自然的解决方案。

具体来说，该市将购买一份保险合同，继续为公共基础设施投保，保险公司也将按灾情理赔。不同之处在于，该市将同时设立一只信托基金来支持流域上游的湿地修复。随着时间的推移，上游绿色基础设施的增加有利于降低洪水风险，在续保时，城市需为公共基础设施支付的保费将降低，因此节省下来的资金将用于修复上游更多的湿地。

资料来源：Bechauf, 2020。

由于黄河和密西西比河都存在周期性的洪灾，因此，有理由相信，温莎市案例中的创新保险产品在黄河流域有着一定的应用空间。

（8）水质（氮和磷营养物）交易

水质交易包括一系列基于市场的机制，旨在控制和减少各种来源的水污染，包括农田的营养物（如氮和磷）、城市和道路的雨水径流以及动力设备和工厂的热污染。这些机制的发展和运用以美国为主，推动力来自地方、州或联邦法律（如《清洁水法》）对水污染源的管控。

水质交易本质上是"抵消信用"机制，其基础是设立标准化的交易单位，如水的体积单位、氮或磷的重量单位，以及使买卖双方能够议价和开展信用交易的市场体系。

2016年的一项研究记录了全球19个水质交易项目，其中大多数在美国，其他则分散在英国、新西兰和澳大利亚。这些项目在2015年共交易了总价值为3200万美元的水质信用，从水体中去除了1360万千克影响水质的营养物（氮和磷）。

碳抵消交易市场采用的是可在全球范围内交易的标准化单位（吨二氧化碳当量），而水质交易在很大程度上仅限于单个水体和子流域，这限制了交易量和市场规模。根据美国《清洁水法》，各州根据 "总最大日负荷"（TMDL）要求对营养性污染物进行监控，每一流域和河流都设定了氮、磷营养污染物的排放总量和限制。

大多数水质交易针对营养物（氮和磷），但也适用于对城市雨水径流的控制。雨水形成的径流将土壤、石油、动物粪便、垃圾和其他污染物从街道及不透水表面带入水道。雨洪信用交易系统已在华盛顿特区、费城和美国其他城市付诸实施。

理论上，这些新兴的水质交易能阻止营养物和其他污染物进入水体，有助于《清洁水法》和总最大日负荷政策的落实。然而，水质交易在大多数州仍处于试点阶段，在相关标准、监管要求、批准程序以及监测和核验要求方面，不同州和不同项目之间存在差异，因此效果参差不齐。

一些州为信用交易设定价格（而不是通过市场上议价）。一些州将可以产生信用的行业或来源限定在工业或市政行业，如受监管的污水处理厂；而另一些州则允许对土壤和营养物径流采取最佳管理实践的农场产生信用。

如果考虑为黄河流域开发营养物或泥沙沉积物交易试点项目，建议优先制定总体法规和规则，从而为省市层面的营养物交易设定总体标准。

（9）其他减少农业营养物污染的市场化举措

在密西西比河上游，总最大日负荷政策还催生了其他市场化的新举措，为农民提供市场激励，以减少氮和磷的施用，从而减少进入河流的营养性污染物。在此方面，土壤和水成效基金效果显著（见专栏10）。

专栏10 密西西比河流域土壤和水成效基金

土壤和水成效基金（Soil and Water Outcome Fund）项目最初在爱荷华州启动，现在已经扩展到密西西比河流域的十二个州，以及美国东部的三个州。该基金是由量化投资企业（Quantified Venture）和爱荷华州大豆种植者协会设立的。

该基金是一只资本金为5亿美元的循环基金，由公共和私人投资者共同出资。该基金在五年期内为可再生农业实践提供资助，其产生的营养物减排信用在出售后所获取的收入将回补到基金的资金池里。因此，该基金的资金理论上可以持续地循环。

从运作方式看，该基金在冬春季（非种植季）向农户提供支持开展最佳管理措施（BMPs）的资金，以减少径流和营养物流失，促进土壤健康。在第一阶段，该基金向农户提供在其农场开展最佳管理实践所需资金的80%。在第二阶段，如果监测结果显示相关指标改善程度达到预定要求，该基金将向农户提供余下的20%资金。

上述的营养物减排成效在经核验之后，就可以注册成可交易的减排成效信用，再出售给公司和政府，用于实现其减少营养物和污染的目标。公司类的买方主要是大型农产品公司或大型食品和饮料供应商，通过购买信用以实现其制定的减少污染或环境足迹的目标。政府也是信用的购买方，在某些情况下，政府可以利用这些信用作为升级当地污水处理厂的替代方案，从而满足美国《清洁水法》的相关要求。

资料来源：https://theoutcomesfund.com/。

鉴于黄河的泥沙含量非常大，而其中一部分是由黄河中下游的农田输入的，因此，上述的市场化机制或可提供一些可供借鉴的创新思路。

3. 与黄河流域的相关性及借鉴意义

密西西比河与黄河有许多相似的特征，上述的一些创新融资机制在黄河流域的应用前景尤为突出，具体如下。

一是森林碳汇。黄河流域的部分地区可以从植树造林和植被重建中受益良多。例如，提高黄河上游的森林覆盖和水土保持能力，有助于减轻气候变化的影响；在黄河中游和黄土高原植树造林，有助于控制土壤流失和改善水土保持能力。中国目前可以使用Verra、Gold Standard和Plan Viv等现有的碳汇标准和方法，将植树造林设计为森林碳汇项目，由此产生的碳汇信用可以在自愿碳市场上交易。此外，中国生态环境部于2023年10月批准了基于造林的国家核证自愿减排量（CCER）方法学，森林碳汇项目产生的信用可在全国碳市场中卖给控排企业，抵消其碳排放配额的清缴。在未来，国内还可能会出现其他针对植树造林的自愿减排体系，如绿色自愿减排体系（GVER）。此外，此类项目应采用有助于修复生物多样性的本地树种，而不是种植单一、非本地树种的人工纯林，并且造林地应选择历史上有天然林分布的区域，而不是在草原等非森林地带进行"人工造林"，以避免对鸟类和野生动物产生负面影响。

二是油气特许权使用费和污染罚款。中国已制定和实施了针对环境损害的法律，可以对污染排放处以罚款。在此基础上，若能通过政策调整将征收的污染罚款直接用于环境修复，无疑将有利于推动黄河流域的湿地修复。此外，黄河下游和河口油气开发活动活跃，可以考虑对油气开发征收合理的特许权使用费，用于河流和三角洲湿地的修复和保护。这些政策变化可能会引发争议，各利益相关方对此的态度也可能褒贬不一。

三是缓解银行。根据中国的现行法律，如《中华人民共和国湿地保护法》，通过创建湿地缓解银行机制以修复和保护黄河沿岸的湿地生态系统已具备了一定的基础。政府可以进一步制定细则，要求开发方为受影响的湿地购买补偿信用，而不是仅要求其缴纳费用或罚款。缓解银行业务也有可能扩展到保护流域的森林、草地和其他重要物种的栖息地。尽管江西省和江苏省盐城市正在开展湿地缓解银行的试点，但目前中国还没有建立起真正意义上的湿地缓解银行机制。

四是绿色债券和贷款。近年来，中国已开展了针对湿地修复、水质和栖息地改善的绿色债券和绿色贷款业务，但其相对较短的偿还周期一定程度限制了其应用空间，这对负债率较高的省份而言尤其如此。对于黄河流域的湿地保护和修复工作，若从加快项目实施进度、扩大项目规模的角度看，绿色贷款或绿色债券仍不失为一个值得考虑的选项。

五是"按绩效付款"合同机制和赠款。在使用财政资金或其他来源的资金（如罚款或收费）来开展湿地修复时，都可以采用"按绩效付款"机制来管理资金的拨付和合同成果的验收。因此，"按绩效付款"合同机制在黄河流域有着巨大的应用空间。

以下几类来自密西西比河的实例，视其成效，也可能对黄河流域具有一定的借鉴意义。

一是股权投资。随着森林碳汇、湿地缓解银行和其他盈利机会的增加，环境股权投资基金或其他私募股权基金投资于生态修复项目的前景被看好。

二是保险产品创新。保险业历史上应对变革的行动迟缓，但面对气候变化日益严峻的现状，他们别无选择，只能通过改变来适应。从长远来看，这能为政府和企业提供新的示范和机会，有助于催生能减轻洪灾或火灾风险的创新性保险产品。

三是水质交易。抵消信用交易在减少营养物氮和磷对径流的污染、控制农业土壤流失和城市雨洪污染方面独具优势。前文中的实践案例或能为黄河流域湿地修复项目提供借鉴，为改善黄河水质助一臂之力。

4. 针对黄河流域的建议

一是拓展植树造林（或重建植被）碳汇项目的空间和规模，使用本地树种修复区域内高质量的本土森林或植被，在控制水土流失的同时生成碳信用，用于在全球自愿碳市场或中国碳市场中交易，带来碳汇收入，为更多的植树造林或流域内的其他生态保护项目提供资金支持。

二是启动相关研究，评估在黄河流域开发压力大的地区开展湿地缓解银行建设的前景和方案。

三是推动国家和省级政府的政策调整，完善油气租赁和特许权收费制度，通过向下游和河口的油气生产商征收适量费用，为流域湿地和其他栖息地的修复和保护提供更多的资金支持。

四是推动政府设立专门的基金，用于管理、使用征收的油气特许权使用费及环境污染罚款。该基金可通过赠款或合同形式资助流域湿地修复和保护项目。研究现有的公募基金（如中国保护黄河基金会）扮演这一角色的可行性。

五是在新资金的管理和使用中，采用基于"按绩效付款"的合同机制或赠款协议，实现资金使用效率的最大化。

六是在受农业生产影响的地区，通过推广农业生产最佳管理实践、水质（营养物）交易等措施，减少进入水体的营养物。

四、结语

本文系统全面介绍了国际上广泛应用于河流、水质、流域湿地保护和修复的融资机制，包括基于政府财政的湿地保护修复资金和融资机制、赋能生态系统保护或避免对生态系统造成损害的政府政策、支持生态系统保护修复的市场化融资机制，以及私营企业或个人投资湿地保护修复的资金机制等。这些机制根据其发展现状以及对黄河流域保护的适用性还可以分为三类：目前已在部分流域得以应用推广的融资机制；尚在部分流域进行试点的融资机制；针对其他生态系统和保护目标的、将来或能应用于黄河流域的融资机制。

在此基础上，选取了与黄河流域在生态、生物、水文等方面具有相似特征的三条河流流域（澳大利亚墨累—达令河流域、秘鲁里马克河—奇利翁河—卢林河流域、美国密西西比河流域），分别介绍了各个流域的现状、面临的主要威胁和挑战，以及如何利用上述的融资机制和相关政策来支持流域生态保护和修复目标的实现。

基于对诸多融资机制、相关政策的介绍和对三个流域国际案例的分析，并结合黄河流域与三个国际流域在流域特征和所面临的挑战方面的相似性，特提出以下建议。

一是优化水量分配。水量分配对湿地、水鸟和其他野生动物有着至关重要的影响。为应对黄河流域湿地和流域内野生动物所面临的挑战，可以借鉴墨累—达令河案例和利马案例的经验，根据天气和可获得的水量来调整每年的分水方案；明确界定并区分水资源的所有权和使用权，鼓励水使用权的交易，并将生态用水纳入水权交易体系；建立黄河水分配基金，以调动公共和私营部门的资金用于保护湿地及其水资源；利用自然湿地对水资源的储存和补给功能，统筹流域内生活、生产和生态用水配置。此外，通过政策调整，推动参与流域管理的各方就优化大坝运营和开闸泄洪的时间安排达成一致，以改善对湿地的补水，并避免因放水时间不当对湿地和水鸟栖息地造成负面影响。

二是进一步减少土壤流失。黄土高原多陡峭的斜坡，因此，在毗邻的陡坡上因地制宜地进行植树造林，可以缓冲和减少降雨对陡峭山坡的冲刷。秘鲁利马案例中的集水渠系统有助于减少地表径流对山体的冲刷，并可有效补给地下水。秘鲁利马与美国密西西比河案例中涉及的集水渠系统、森林碳汇、农业生产最佳管理措施、泥沙沉积物交易机制等都有助于解决土壤流失的问题。

三是强化生境保护。为应对流域资源开发所导致的湿地和野生动植物生境的丧失，需在关键目标区域开展湿地修复，其资金可来自传统收费、油气租赁费（特许权使用费）、碳汇融资、缓解银行、支持湿地修复的创新性保险产品等。而"按绩效付款"合同机制又能进一步提高资金使用的效率。在此方面，美国密西西比河和澳大利亚墨累—达令河的案例提供了许多可供借鉴的经验。

四是提升流域的气候韧性。应对和减缓气候变化是全球性的挑战，黄河源头和上游地区受气候变化的影响尤甚。因此，可以考虑在这一区域因地制宜地开展林业和草原碳汇项目，增加森林和草原的植被覆盖，提高水土保持能力，减少中下游的洪灾风险。减缓因降雨和冰川融化而造成水流速度的增加，不仅可以减少中下游的泥沙淤积，还能提供更均衡的水流量，有利于湿地和野生动物栖息地的恢复。在此方面，秘鲁利马和美国密西西比河案例都有许多可取之处。

推动黄河流域生态保护和高质量发展意义重大，而保护好流域内的湿地是缓解水资源供需矛盾、促进人水和谐的关键一环。本文梳理和介绍的国际上应用于流域湿地保护的各类融资机制和案例与中国政府目前倡导的生态产品价值实现机制、生态补偿机制、生态环境损害赔偿机制、排污权交易机制等存在一定的异曲同工之处。因此，若能根据黄河流域湿地和生态保护的实际需求，因地制宜地借鉴和应用国际上行之有效的各类资金机制，因势利导，扬长避短，黄河流域的生态保护和高质量发展将行稳致远。

致谢：

本文作者对保尔森基金会主席亨利·保尔森先生和戴青丽总裁对本研究项目及其报告所给予的关注和指导表示衷心的感谢。中国生态补偿政策研究中心执行主任靳乐山教授、中国科学院地理科学与资源研究所于秀波研究员为本文的修改和完善提出了宝贵的意见和建议，老牛慈善基金会为本研究项目提供了部分资助。谨此向他们表示感谢。

欧盟生物多样性金融监管、同业经验及前沿策略建议

编写单位：中国银行巴黎分行

中国银行创新研发基地（新加坡）

课题组成员：

郭　伟　　中国银行巴黎分行风险部总经理

刘　扬　　中国银行巴黎分行风险经理

邹陈晗倩　中国银行创新研发基地（新加坡）项目经理

编写单位简介：

中国银行巴黎分行：

中国银行巴黎分行是改革开放后中国银行在海外设立的首批分行之一。经过30余年的发展，中国银行巴黎分行已具备一定资产规模，业务辐射欧洲周边国家和非洲大陆31个国家，客群覆盖当地主要大企业集团及在法在非大型中资企业，成为一家立足法国、充分融入中法经贸往来、经营稳健、高质量发展的优秀外资银行。

中国银行创新研发基地（新加坡）：

中国银行于2018年选址新加坡设立了全球首家创新研发基地，功能包括创新孵化基地、品牌传播窗口、营销体验中心及合作共赢空间等，创新研发基地依托集团坚实的科技力量，立足于新加坡特有业务优势，力求成为金融创新的赋能者、传播者和先驱者，为建设全球一流现代银行集团贡献力量。

一、研究背景

我们并非从父辈那里继承这片土地，而是从未来子孙处暂借。

——圣埃克苏佩里

危机来去汹涌，记忆仍清澈如潮水，人性的贪婪、金融的投机以及监管的缺位导致2008年发生国际金融危机。自此，金融被贴上了贪婪与阴谋的标签。在此背景下，西方不同的经济思想流派都试图解释危机原因并提出解决方案，其中William Ossipow提出了将道德与金融的关系放在所谓"人类文明"视角下的观点，给金融监管引入了伦理指导与道德批判。近几十年来，随着人类对自然资源不可持续利用的加剧，地球第六次生物大灭绝也正在前所未有地加速，地球支持复杂生命的能力正在逐步丧失，严重影响并危及人类生存文明的延续，世界经济论坛也将生物多样性威胁列为与气候不作为和极端天气事件并列的三大风险之一。在经济领域，生物多样性经济学领域权威著作也指出，全球一半以上的GDP高度依赖于生物多样性，因此生物多样性丧失对经济和金融体系造成的风险可能是灾难性的，这使金融的价值和道德性再度被摆在了人类文明的十字路口，生物多样性议题也引发了全球央行、监管与金融机构的高度关注。如何科学合理地评估和管理与生物多样性相关的金融风险，避免和降低经济活动对生物多样性造成的负面影响，开展积极举措以增强对生物多样性的正向保护，成为全球监管和金融机构不可回避的问题。

在政策治理层面，党的十八大以来，在习近平生态文明思想科学指引下，中国积极推动并深度参与全球生物多样性治理进程，不断健全生物多样性保护体制机制，完善政策体系，并取得了明显的成效。在参与全球环境治理方面，中国积极推动并深度参与全球生物多样性治理进程，作为联合国《生物多样性公约》第十五次缔约方大会（COP15）的主席国，中国积极发挥领导力和协调作用，推动框架谈判进程，习近平还以视频方式分别向COP15两个阶段的高级别会议开幕式致辞，为推动全球形成生物多样性保护的政治共识起到了关键作用。鉴于环境、气候以及生物多样性相关风险已经成为金融风险的重大来源之一，中国人民银行也参与设立了央行与监管机构绿色金融网络（NGFS），并将生物多样性议题纳入工作重心。此外，生物多样性也是中法中欧合作领域的重要议题，在2024年中法建交60周年之际，习近平主席对法国进行了国事访问并签署了《中法关于就生物多样性与海洋加强合作的联合声明：昆明—蒙特利尔到尼斯》，生物多样性再次成为双方积极推动的重点核心议题之一。

虽然生物多样性问题已在全球金融领域引起了一定程度的重视，但对生物多样性丧失引发的金融风险的认识与管理尚处于初期阶段。与此同时，作为涵盖微观基因到宏观生态系统的复杂前沿课题，生物多样性丧失本身具有较强的复杂性、长期性和科学性，特别是由于生态系统服务丧失所引发的风险和影响是非线性的，如果达到某个临界点，对经济及金融稳定性的影响将迅速以非线性模式上升，因此计量与管理的难度和成本很高，相关理论研究与实践也仍处于探索与发展阶段，尚未形成统一的方法论、模型和工具，因此给监管和金融机构的相关实践带来巨大的挑战。

在绿色及可持续转型方面，欧盟是全球公认的先行者和引领者，不仅在国际气候变化应对方面发挥主导作用，在生物多样性保护领域，其监管实践也为全球央行提供了颇有价值的顶层设计参考，在实践成果层面，欧盟银行业也为金融机构探索应对生物多样性风险提供了优秀范式和有益借鉴。

二、欧盟生物多样性相关战略和监管框架

欧盟早在20世纪90年代就开始构建内部综合性气候策略，直至目前，仍旧是其政治议程最核心的战略之一。在可持续发展领域，欧盟也始终处于全球改革的最前沿，不仅形成了"世界上最全面、最雄心勃勃的可持续发展路线图"，出台的政策与措施也涵盖了社会经济活动的几乎全部价值链，对欧

洲及全球金融体系的影响深远。2019年12月11日，欧盟委员会还发布了包容性增长战略文件《欧洲绿色新政》（*European Great Deal*），提出了阻止气候变化，恢复丧失的生物多样性，摒弃刀耕火种的碳经济，向可持续、创新与包容的循环经济转型，同时创造增长、就业和繁荣，并且使欧盟在2050年成为全球首个碳中和大洲的宏大目标。绿色新政涵盖了欧盟几乎所有的经济领域，并提出了切实的政策路线图，欧盟还通过《气候法》给这些目标赋予了法律约束力。

欧盟委员会也在欧洲大陆的生态转型方面表现出强烈的政治抱负，作为欧洲绿色新政的核心部分之一，2020年5月欧盟发布了旨在保护自然和扭转生态系统退化的《2030生物多样性战略—自然恢复计划》（*EU Biodiversity Strategy for* 2030），设定了阻止生物多样性的进一步丧失、在2030年恢复欧洲的生物多样性、使欧盟在可持续发展目标的国际行动中持续发挥引领作用等一系列明确目标。2021年7月，欧洲委员会还通过了生物多样性战略的另一个旗舰倡议《2030年欧盟新森林战略》，旨在保护欧盟森林的多功能性，并为欧盟履行《气候法》中关于通过自然碳汇进行碳移除的承诺助力。2021年，欧洲议会和理事会还就新的欧盟共同农业政策（CAP）达成临时政治协议，引入了更公平、更环保、对动物更友好和灵活的政策，以支持向更可持续的农业过渡，并在气候、环境和动物福利方面提出更高的目标。

在欧盟可持续分类标准层面，欧盟在2020年颁布了《分类法条例》，为其雄心勃勃的绿色金融战略奠定了统一的衡量标准和实施建议。根据该条例，保护和恢复生物多样性及自然资本被视为可持续分类法的六大环境目标之一，也就是说，一项活动如果被认定为可持续经济活动，必须满足有实质性贡献、无重大损害和最低社会标准三项基本原则。具体而言，该活动需要对气候保护、适应气候变化、水和海洋资源的可持续利用与保护、向循环经济过渡、污染预防和控制，以及保护和恢复生物多样性及生态系统六项环境目标之一作出实质性贡献，且不对其他目标造成重大伤害，并要遵守最低限度的社会标准，该条例确立了欧盟分类法的法律基础，也奠定了整个欧盟可持续监管架构的基石。《分类法条例》也将与多项欧盟重要法规在未来几年形成交叉,并对整个欧盟乃至全球经济活动和生态保护产生重大影响。

2022年上半年,欧盟持续金融平台还发布了一份文件,对分类标准的气候目标进行了监管层面的讨论,这些目标涵盖了多个领域,包括推动修订《可再生能源指令》施行,减少生物质和生物燃料生产对生物多样性的影响,在2030年前使水体和海洋水域达到良好状态,以及全面查明人类活动的污染源及污染途径等,并且计划到2050年,通过循环经济的环境设计,使经济活动与资源开采基本脱钩,消除浪费和污染,使生态系统恢复到良好的状态。

在金融监管层面,欧洲央行于2020年发布了《气候和环境风险指南》,提出了欧洲央行对于气候与环境风险管理的监管预期。该指南中明确提到了生物多样性丧失造成的风险,并呼吁金融机构在决策和风险评估中纳入生物多样性因素,并承诺继续监测和评估生物多样性影响。在环境与气候风险的具体监管要求方面,欧洲央行已经明确表示将通过与成员国监管的密切互动关注银行取得的进展,并于2021年发布了关于气候与环境风险管理的最终指南,提出了涵盖战略、组织架构、风险管理及披露等领域的具体要求,要求金融机构了解气候与环境风险对其经营环境的短期、中期、长期影响,将相关风险整合到业务战略、风险偏好、组织及报告框架中,并将其纳入现有风险类别的驱动因素,进行识别、量化、管理、监测及缓释等,并要求各欧盟成员国监管当局根据被监管机构的性质、规模及业务的复杂程度予以适用。就欧洲央行而言,希望监管下的所有银行最终在2024年底前满足其对所有重大气候与环境相关风险管理的所有预期。

在可持续发展义务和公众参与度方面,欧盟法律框架在金融实体与产品层面进行了衔接,提出关于可持续金融披露的一揽子要求,欧盟制定了《可持续金融披露条例(SFDR)》,强制金融市场参与者披露其环境和生物多样性相关的信息,提高了信息透明度,使公众能够更好地了解和参与,还发布了《企业可持续发展报告指令(CSRD)》,逐步要求在适用范围内的公司定期披露其对环境、社会等的影响,其中一些强制性指标与自然资本直接相关,如对生物多样性敏感地区产生不利影响的活动、排放及危险废物率等。

欧盟金融机构也被要求更多地考虑生物多样性和自然资本相关风险，并根据欧洲标准的指标和透明度模型公布相关影响。欧盟通过公众咨询和开放对话的方式，邀请利益相关者和公众参与政策制定过程，确保各方意见和建议得到充分考量。

在生物多样性金融风险量化研究方面，欧盟国家的央行率先进行。其中，荷兰中央银行（DNB）是生物多样性研究的开创先河者之一，它通过研究金融机构的风险敞口，对生物多样性侵蚀风险进行了量化分析，并确定了相关风险对经济活动以及金融部门的传播路径。该研究结果表明，荷兰金融机构的资产组合中"依赖"或"非常依赖"生态系统服务的敞口为5100亿欧元，占投资组合样本的36%。

2021年，法兰西央行（Banque de France）、法国开发署（AFD）、法国生物多样性局（OFB）、巴黎十三大经济学院等机构联合对金融机构的生物多样性依赖性和足迹进行了研究，这也是迄今为止欧洲该领域最前沿的试点研究之一，并引发了全球范围的关注，2022年，该重量级研究还被北京绿金院生物多样性研究团队完成中文译文并在网站进行发布。该研究对法国金融机构"投资组合"（债券和上市股票）对应的生态系统依赖性和生物多样性影响进行了量化分析，其中，依赖性分数通过ENCORE数据库获得，结论发现法国金融机构持有证券市值的42%来自高度或非常高度依赖至少一种生态系统服务的发行人，如果考虑到对生态系统服务价值链的依赖性，则投资组合中所有证券发行人都通过其价值链或多或少地依赖于所有生态系统服务。该研究结果的生物多样性足迹通过BIA-GBS方法获得，它评估了与生物多样性相关的过渡风险，根据该研究作出的初步定量估计，法国金融机构持有的投资组合随时间累积的陆地生物多样性足迹相当于损失至少130000平方千米的"原始"自然，法国金融机构投资组合每年对陆地生物多样性产生的额外（或动态）影响，相当于损失4800平方千米的"原始"自然。此外，该研究还提出了对未来研究途径的建议：一是开发适合金融风险评估的多样性相关情景；二是使用能够更好捕捉生态系统服务可替代性及其可能破坏的非线性模式的具体方法；三是开发新工具用于评估金融机构与生物多样性相关目标的一致性。

总体来看，在新冠疫情之后，可持续发展为欧盟重新调整战略方向提供了独特的契机，它不仅符合欧盟一贯秉承的发展及安全的政治愿景，还提供了促进欧盟增长与就业，以及出口可持续金融产品、服务与平台的机遇，这个双重意义也为欧盟提供了重塑整个金融系统以及实现经济繁荣、社会包容及环境再生的有力工具。如果说1951年建立的欧洲煤钢共同体是欧洲发展的第一次战略转型，在半个多世纪后的今天，关于气候变化和可持续发展的议程将为欧洲下一次经济转型提供更广阔的空间和前景。然而，欧盟由于涉及地缘政治的复杂性、大规模投资的重新分配以及可持续发展领域巨大的资金缺口等阻碍因素，落实这项宏大计划并引导经济向可持续模式转变仍任重道远，不仅将需要数年时间，还需要更清晰的规划、更完备的法规、更好的治理模式以及更多的资金支持。此外，欧盟监管机构也深知仅凭自身力量无法对抗全球环境退化，也在不断努力在全球层面致力于推动央行和监管机构的一致行动，展开"绿色新政外交"，鼓励并联合各大经济体为促进可持续发展承担责任，共同对抗气候变化和与自然相关的重大风险。

三、 欧洲同业的良好实践

作为金融支持的提供者，实体经济的血脉，金融机构在生物多样性领域也发挥着重要的作用，它们不仅具备在整个经济体系中持续分配资本的影响力，其立场、战略、承诺及限制措施也会影响企业、投资者的态度与行动。在欧盟，很多大型金融机构都在生物多样性保护方面采取了积极的行动，其中不乏可借鉴之处。

一是在生物多样性保护承诺领域，欧盟很多大型金融机构都加入了致力于促进生物多样性的承诺与组织。法国巴黎银行（BNP PARISBAS）早在2018年就签署了由科研机构、环保组织、公共机构及大企业组成的，致力支持生物多样性的知名倡议Act4nature联盟，承诺在业务运营中采取积极行动，应对生态系统退化和物种的丧失。法国兴业银行（Société Générale）也是生物多样性保护承诺领域的积极参与者之一，该集团不仅是Act4Nature联盟的签署方，还参与了与"自然相关金融信息披露工作组"（TNFD）和基于科学方法论管理整个价值链对自然影响和依赖的全球网络（SBTN）。德意志银行（Deutsche Bank）也声明承诺遵守如《联合国全球契约十项原则》和《经合组织多国企业准则》等多项国际公认的标准和原则，该银行还于2015年签署了《巴黎行动承诺》，2023年，Deutsche Bank的私人银行还与世界自然基金会签署协议，在抵押贷款领域设计融资解决方案，推进银行在可持续金融战略领域作出贡献。此外，欧盟大型保险集团也在生物多样性承诺领域颇有建树，欧洲保险巨头安盛（AXA）签署了Act4Nature承诺，并于2020年9月在联合国大会宣布上支持"Finance for Biodiversity"倡议，在2019年G7峰会上，AXA还与世界自然基金会（WWF）共同发布了《走进野外——将自然融入投资战略》报告，并成为TNFD的创始成员之一。

二是在业务领域，欧盟很多大型金融机构都提供了与保护生物多样性相关的产品和服务。BNP PARISBAS提供了可持续发展相关贷款（SLL）、生物多样性保护基金、基于自然解决方案Solutions Fondées sur la Nature（SFN）的自愿碳信用额度等产品和服务等，以确保资金流向为可持续发展目标作出更大贡献的公司和活动。2021年，其资产管理子公司推出了关于生态系统修复的主题基金，支持提供生态系统环境解决方案的上市公司，这是一个由40~60只股票组成的高预测性投资组合，结合了环境、社会和公司治理等标准并在地域、规模及行业等方面实现了一定程度的多样化。该集团还推出了名为"生态智库"的服务，为客户提供有关环境风险和生态系统保护的专业咨询。此外，BNP PARISBAS努力开发创新融资工具，它与联合国环境规划署（UNEP）、非政府组织及公私金融机构合作，支持保护生物多样性、减缓气候变化以及新兴国家生态农业和林业保护等方面的项目。该集团还于2021年承诺到2025年为保护陆地生物多样性领域提供30亿欧元的融资。

Société Générale为大型企业客户和投资者提供了包括绿色债券、可持续发展贷款在内的多种生物多样性战略服务和融资解决方案，其房地产开发子公司Sogeprom还在开发绿色房地产项目。该集团比较重视依靠初创企业生态系统进行投资，旗下初创公司EcoTree开发了允许个人和公司投资森林、生态系统和生物多样性保护的相关项目。

作为大宗森林资产的持有者，AXA的投资管理公司（AXA IM）在可持续森林管理方面一直扮演着积极的角色，它投资了15亿欧元支持相关行动，其中5亿欧元用于新兴国家的再造林项目。AXA IM还于2021年在BNP Paribas手中收购了初创公司ClimateSeed，该平台将需要抵消碳排放的公司与碳减排项目开发商建立联系，目前投资组合已包括20个国家的多个项目，累计超过400万个经过验证的碳信用额度。此外，荷兰合作银行（Rabobank）与比利时联合银行（KBC Group）在支持可持续农业和生态保护项目，在鼓励农业生产方式向环保友好转型方面颇有建树。

三是在风险管理和工具使用领域，欧盟大型金融机构普遍将生物多样性保护纳入其核心价值观和战略目标，同时不断优化与环境和社会责任相关的制度与管理工具。早在2014年，荷兰ASN Bank就为其生物多样性目标制订了长期方案，为了从影响角度理解银行的责任，它与两家咨询公司（CREM、PRé Sustainability）合作开发了生物多样性足迹工具BFFI，通过该工具，该银行不仅可以确定投资组合中的生物多样性影响热点，还可以计算生物多样性的总体潜在影响足迹。尽管当时计算的准确性还有待商榷，但至少使该银行了解了生物多样性对其不同资产类别的主要影响驱动因素。作为最早使用生物多样性足迹策略工具的银行之一，该实验还使ASN Bank与其他金融机构、数据和工具开发商进行交流，从而建立起生物多样性领域的建设性伙伴关系。

德国保险巨头安联（Allianz）也是欧盟较早使用相关工具进行风险管理的金融机构之一，当承销商或投资经理根据可持续发展准则识别出潜在的风险时，该交易将被提交可持续发展能力中心运用相关风险数据源评估潜在风险。其中，IBAT是重要的数据与信息来源之一，Allianz运用其中的关键生物多样性区域数据及IUCN红色名录等信息评估客户或潜在投资目标的生物多样性影响，如果不存在缓解方案，交易可能会被叫停。2021年，Allianz在其可持续投资报告中公布了投资组合的生物多样性风险评估结果。

在生物多样性管理领域，Deutsche Bank将生物多样性保护纳入了其核心价值观和战略目标之中，该银行采用了基于风险的方法，重点关注对环境和社会负面影响较高的行业，如在金属、采矿、石油、天然气、水电、核电、工业、农业和林业及化学品等重点关注行业出台了详细的指南，并尽最大努力进行相关尽职调查。对生态系统和栖息地产生重大影响的项目，Deutsche Bank希望客户通过应用权威的国际指南和良好的国际行业实践来识别、评估和减轻风险，并采取分级缓解措施来避免影响；在无法避免影响的情况下，则会要求客户通过控制持续时间、强度和范围来最大限度地减少影响，或通过实施可衡量的保护成果来抵消重大残余影响。具体来说，在融资活动地点审查方面，Deutsche Bank要求不为靠近世界遗产地的新项目和活动提供资金，除非事先与政府和联合国教科文组织达成共识，认为这些活动不会对遗产地价值产生不利影响，对于在具有国际或国家生物多样性价值区域及高敏感生态系统及栖息地产生影响的交易，则需要强化对环境、社会和生态评估的审查。

BNP PARISBAS则是在对集团数据进行深入分析的基础上，借助生物多样性和生态系统服务政府间科学政策平台（IPBES），对全球范围影响最大的五个领域（土地和海洋利用的变化、直接利用某些生物资源、气候变化、污染及外来入侵物种）进行分析，并转化成温室气体（GHG）排放的总体指标，或用森林砍伐、土地占用等子类别指标进行衡量和管理，并由此整合保护生物多样性所需的各种行动。BNP Paribas还采用了赤道原则中与生物多样性相关的投融资标准，分析业务活动、客户以及与生物多样性相关的风险、机遇以及可能存在的争议等。该集团还加强了与农、林、牧、渔业（特别是棕榈油、大豆、牛肉养殖行业）及采掘业等敏感行业客户的对话与互动，支持和鼓励客户在生物多样性保护领域的行动和努力。

在工具方面比较有代表性的还有法国外贸银行（Natixis），该银行与外部机构合作开发了绿色加权因子机制（Green Weighting Factor）。该机制考量了与气候相关的主要环境外部因素（水、污染、废物、生物多样性等），将公司业务划分为由深棕色（污染）到深绿（环保）代表的7个等级，并根据每笔贷款对气候的影响，采用奖金/积分制分配资本，引导资金流向，从而实现资产的绿色及可持续转型。对于棕色业务，Natixis还开发了转型融资产品及服务，帮助客户实现绿色转型。

此外，欧盟金融机构通过设立专项基金、支持研究项目和成立研究所等方式，积极推动生物多样性保护领域的科学研究和实践，努力使自己在生物多样性前沿领域保持优势地位。荷兰国际集团银行（ING Group）成立了ING Sustainable Finance基金，资助的研究项目涵盖了生物多样性保护、生态系统服务价值评估以及气候变化对生态系统的影响等方面。AXA的研究基金自2019年起已投入2.5亿欧元，资助了600多个研究项目，还发布了名为《濒危生物多样性》的研究报告，论证自然、气候变化与经济和安全之间的相互关系。Deutsche Bank则通过Deutsche Bank Climate Change Advisors团队，为环保和生物多样性研究提供资助，支持了多项生物多样性保护和生态恢复的研究计划。意大利联合信贷银行（UniCredit）也在多个国家设立了UniCredit Foundation，为相关领域的研究者和科学家提供资金支持。

四、策略建议

就目前来看，生物多样性丧失对经济和金融稳定构成重大威胁已经成为全球央行和监管机构的共识，多个经济体央行也将生物多样性风险问题纳入议事日程。从中国来看，生物多样性保护也在一定程度上被纳入了气候与环境相关的金融监管要求。从目前来看，中国已初步将生物多样性保护纳入现有绿色金融分类标准，如《绿色信贷指引》《绿色产业指导目录》《绿色债券支持项目目录》都纳入了生物多样性相关内容；人民银行和银保监会对银行业的相关披露要求也在逐步完善，2016年，人民银行等七部门联合发布了《关于构建绿色金融体系的指导意见》，明确提出了逐步建立和完善上市公司和发债企业强制性环境信息的披露制度，以解决信息不对称对绿色投资构成的制约。2020年12月，生态环境部等五部门又联合发布了《关于促进应对气候变化投融资的指导意见》，提出了完善气候投融资信息的披露标准，进一步强化了信息披露制度的"气候属性"。2021年，人民银行发布了《金融机构环境信息披露指南》，从战略目标、治理结构、政策制度、环境风险管理、经营活动环境影响、投融资活动环境影响、能力建设、创新研究、数据质量管理九个维度明确了金融机构的环境披露要求。此外，其他生物多样性风险相关的政策也在研究与酝酿之中。

近几年，中资金融机构在生物多样性领域开展了相关研究，中国银行作为全球系统重要性银行和银保监会指定的生物多样性金融试点机构，在生物多样性领域也不乏先行先试：在COP15第二阶段会议期间，作为主办方之一，中国银行与中国银行业协会、工商银行、农业银行、建设银行以及世界自然基金会（WWF）共同举行了"中国角"活动，介绍中行在支持生物多样性方面的做法和实践。2022年11月16日，中国银行巴黎分行成功发行了全球金融机构首笔以美元计价生物多样性主题绿色债券，用于珍稀植物保护、自然景观生态修复、国家森林保护区、水域环境治理、生态水域环境修复、生态水网建设、湖泊生态环境保护等多个具有生物多样性保护项目，并获评The Asset "AAA可持续资本市场奖"（Triple A Sustainable Capital Markets Awards）的年度最佳生物多样性绿色债券奖。

然而，生物多样性风险与气候风险虽然在资源配置、风险管理、产品开发等方面具有一定共性，但其供求变化和物种消失，却无法像气候、水以及环境变化一样可以相对直观地测量其稀缺性，与客户之间存在更为复杂的关系和反馈机制，与生物多样性相关的物理风险与转型风险的测算难度也更大，且全球理论与实践领域尚未形成统一方法论、模型和工具，因此无论是监管机构还是金融机构，在践行生物多样性保护实践方面均面临着较大的挑战，因此我们基于对欧盟生物多样性领域实践经验，结合自己的实证研究，在监管和金融机构实践层面提出了生物多样性领域的策略建议。

在监管机构层面，一是采取各种举措增强整个金融体系对生物多样性的正向影响。包括用长期主义愿景推动相关法律法规的进一步完善，为生物多样性保护持续提供更完善的制度保障；强化整个金融体系层面的实证研究，根据量化结果制定整体策略，并通过激励措施，鼓励金融机构和学术机构加强生物多样性相关方法论、工具、风险管理机制及产品等方面的研究，推动金融机构与科研机构、环保组织等的合作，共同推进生物多样性保护。此外，还需要进一步加强跟央行与监管机构绿色金融网络（NGFS）、国际可持续金融政策研究与交流网络（INSPIRE）以及其他经济体央行和监管机构在生物多样性领域的交流、对话与合作，促进经验交流并呼吁共同应对风险。二是逐步完善相关审慎监管政策和工具。逐步将生物多样性要求纳入金融机构现有战略、制度、治理与产品层面的监管期待，不断完善相关基础设施来鼓励和保障金融机构的良好实践；进一步完善生物多样性活动相关目录和评价标准，开发生物多样性足迹和影响评估工具，帮助金融机构评估和管理其投资项目的环境影响以及与生物多样性相关目标的一致性，在合适的时机基于生物多样性丧失的不同情景设置，组织金融机构进行压力测试。三是努力提升环境信息披露和公众参与度。进一步完善环境信息披露框架，丰富生物多样性信息的披露要求；通过公开征求意见、公众咨询等方式，进一步提高利益相关者对生物多样性保护的参与度，鼓励和支持利益相关者参与金融机构的环境决策。

在金融机构层面，我们基于欧盟同业的实践经验和前期研究，提出了金融机构系统性提升生物多样性治理的策略和建议，包括战略与商业模式、治理与风险偏好、风险管理、产品与披露四个层面。

一是在战略与商业模式层面，金融机构首先需要对其商业环境面临的生物多样性风险和机遇进行评估和影响分析（包括关键行业、地区、产品及服务等），并制定本机构可持续发展及生物多样性目标、规划与愿景，以及本机构关于生物多样性保护和恢复自然资本方面的承诺；其次需要确定本机构应对生物多样性问题的优先事项，如优先管理相关风险还是帮助客户生态过渡等；最后还需要考量本机构与何种国际条约、特定地理区域的环境政策目标、情景及评估结果对齐，如《巴黎协定》、联合国可持续发展议程、联合国永续发展目标，还有IPBES评估结果、《生物多样性融资承诺》（*Finance for Biodiversity Pledge*）等。此外，金融机构还需要与其他经济参与者，包括研究机构、公共当局、企业或非政府组织进行合作，在必要时引入有价值的外部机构给予知识补充和技术支持，还可以加入绿色及可持续发展领域的知名组织，提升机构在生物多样性领域的知名度，并努力参与监管咨询讨论等。

二是在治理与风险偏好层面，金融机构需要拟定与生物多样性相关的短期、中期、长期KRI或KPI，用于衡量自然资本治理绩效并进行监控，同时将生物多样性作为气候和环境风险的一部分纳入风险偏好，进行明确描述并定期审查；金融机构还需要将生物多样性及自然资本风险纳入现有风险政策流程及管理架构，一般来说可以作为气候与环境风险的组成部分，与现有组织架构和治理体系进行整合，还要明确董事会及高级管理层在生物多样性风险管理中的作用、机制以及职权范围，并确保相关管理职拥有与之相匹配的人力与财务资源，同时要加强绩效在薪酬方面的倾斜力度，并对员工进行生物多样方面知识和技能的专业培训。

三是在风险管理层面，首先需要将生物多样性及自然资本风险思维纳入机构整体气候与环境风险管理框架，分析生物多样性风险对于不同风险领域的驱动方式，并进行有效识别、评估、监测与缓释。一方面，需要关注机构本身经济活动对生物多样性的影响，包括投资组合对生物多样性的影响及敏感性，防范因投资项目导致的环境风险；另一方面，还需要关注生物多样性丧失所导致的水污染、过度捕捞、授粉昆虫丧失等物理风险，以及为强化生物多样性保护而采取更严格管制措施所带来的转型风险。

在数据收集与风险计量方面，金融机构需要逐步积累与投融资组合相关的生物多样性信息，加强与生物多样性相关数据的收集和存储，探索与相关数据库和工具的对接；需要建立与现有业务互相影响的分析框架，在此建议金融机构优先尝试相对成熟的数据库与工具，如计算企业与资产组合的生物多样性足迹评分（BIA-GBS），提供有关生物多样性保护区、关键生物多样性区域及IUCN红色名录物种等地理定位数据和保护信息的IBAT，提供生物多样性影响和依赖分析的ENCORE，汇集全球保护区信息的Protected Planet，NGFS的分析方法以及Principles for Responsible Banking推荐的工具和方法等。

金融机构识别生物多样性敏感地域、行业和经济活动，动态监测其投资组合的生物多样性足迹，也可以从不同生态系统角度进行评估，目前推荐的是根据Principles for Responsible Banking发布的Biodiversity Target-setting，对不同生态系统运用有针对性的工具和方法论设定目标或进行对齐分析，比如在海洋影响评估方面，可以参考SBE Finance Principles、 EU Taxonomy on Sustainable Finance、IUCN Red list of Ecosystems 或者The UNEP FI Blue Economy Guidance 等标准；在陆地影响评估方面，可以参考绿色金融目录、斯德哥尔摩公约、ENCORE、IBAT数据库、Biodiversity Impact Metric（BIM）、Agrobiodiversity Index、Biodiversity module、Biodiversity Footprint Financial Institutions（BFFI）、Biodiversity Guidance Navigation Tool 等多种信息和工具。

关于相关工具的具体应用，我们以ENCORE和IBAT为例进一步进行阐释：ENCORE 是自然资本金融联盟与联合国环境规划署世界保护监测中心（UNEP-WCMC）共同开发的一个数据库，该数据库可以评估86类生产过程与涉及8种自然资产的21种生态系统服务之间的相互依赖性，也是法兰西央行衡量生物多样性依赖的工具。金融机构可以将自己的资产组合与该数据库的自然资本影响和依赖建立联系，以确定资产组合样本可能依赖于哪些生态系统服务，哪些行业对生态系统服务的依赖最为严重，以及自己的投资组合样本对哪些生态相关因素产生重要影响。在对特定行业的分析中，ENCORE数据库提供了采矿和农业两个行业分析工具，并提供了与全球生物多样性目标对齐的重点问题、方法论或行动建议，我们也对相关问题、方法论和行动建议进行了归纳和补充（见附表1和附表2），其中某些建议可以作为金融机构相关投融资活动风险评估、帮助客户生态过渡，甚至资本配置的决策参考。当然，其中涉及的的方法论和工具也不仅仅拘泥于采矿和农业，金融机构可以尝试在其他行业中酌情使用。

同时，基于我们前期对ENCORE工具的实践研究，并结合BIA GBS方法论的研究结果，我们对目前生物多样性依赖和足迹较高的行业进行了归纳，其中最高的是农业领域（含乳制品加工），该领域涉及的行业都或多或少地依赖几乎所有生态系统服务，因此也更容易产生相关物理风险。而食品加工、房地产活动（包括建造业）、汽车及机械制造、航空、电力、与化石燃料开采和制造相关的行业（原油开采、天然气制造、炼油厂等）以及化学行业对生物多样性的影响也较大，也更易形成生物多样性转型风险，因此对于金融机构来说，可以首先从这些行业入手制定相应的政策与指引。

IBAT工具是一个由国际自然保护联盟、联合国环境规划署世界保护监测中心等机构在2021年开发的，可以提供覆盖173个国家和地区法定保护区及全球生物多样性重要区域的重要信息的工具，它包含濒危物种红色名录（IUCN）、世界保护区数据库（WDPA）和世界关键生物多样地区数据库（WDKBA）等多个全球生物多样性数据集。如果已知实物资产、公司、项目或其供应链的位置，金融机构可以上传相关信息与IBAT生物多样性地图重叠，以实现早期生物多样性的风险筛查和尽职调查，IBAT还可以提供对物种威胁消除和恢复指标的相关信息，帮助金融机构针对生物多样性风险（如位于保护区附近的生产地点）和机会采取行动，它还可以确定哪些IUCN红色名录物种出现在受运营影响的地区附近，有助于遵守国际金融公司（IFC）有关生物多样性保护和生物自然资源可持续管理的绩效标准和赤道原则。

在这里需要说明的是，就目前来看，不同方法论和工具的优势和侧重不同，很多工具还需要高额付费，因此，金融机构可以根据自己实际情况和业务诉求，选择适合自己的工具进行评估与分析，也可以自己开发新的评估、对齐工具，由浅入深地分析和管理相关的生物多样性足迹和影响，当然，整个过程也需要秉承长期主义，有长期的愿景、规划和投入，不能追求一蹴而就。

在管理与缓释方面，金融机构需要根据不同工具的分析结果，指导和管理其投融资活动，制定适用于本机构的生物多样性风险识别与管理流程和指引，将生物多样性风险暴露较高的行业作为重点关注行业，制定行业指引、政策及项目审核要点，并根据重点影响/依赖的行业/地区的具体经济活动，对不符合要求或敏感的业务、客户和服务进行限制，或通过风险识别和风险管理增加正向效益；金融机构可以考虑将自然资本风险因素纳入内部评级和信用风险模型，进一步研究生物多样性风险对PD和LGD以及抵押品估值的影响，或根据不同的转型情景设置，开展生物多样性领域的物理风险与转型风险压力测试。此外，金融机构还需要了解相关的国际公约与措施，如《巴黎协定》《湿地公约》《联合国海洋公约》等国际公约，以及FSC、RSPO、RTRS、ISCC等国际行业标准或认证，并密切监控由于环境、气候及生物多样性丧失引发的公众争议记录，梳理相关风险与争议的排除清单，确保生物多样性风险引起的诉讼及声誉风险得到有效的规避。最后，可以考虑利用科技手段赋能生物多样性治理，尝试与Fin Tech企业合作，研究基于大数据和AI技术的生物多样性智能管理工具，集成业务和管理系统，对机构生物多样性风险进行自动监控和筛查。

四是在产品与披露方面，金融机构需要对同业先进经验以及客户需求进行深入调研，在参考国内外良好实践的基础上为企业客户和投资者的生物多样性战略提供更多的创新解决方案，比如可以将已有的绿色金融产品与生物多样性因素相结合，可以在可持续发展挂钩贷款、可持续发展挂钩债券业务中纳入生物多样性指标；可以参考当前国内外绿色金融与生物多样性金融分类标准，梳理本机构现有促进生物多样性和生态系统保护与修复的投融资活动边界及生物多样性主题债券的投向和绩效，构建适合本机构的生物多样性友好型投融资活动目录；还可以与同业及FinTech建立合作关系，寻求业务方面的机遇与突破。在披露方法层面，需要金融机构具备一定的前瞻性，定期跟踪研究国企业内外相关披露框架及要求进展，预先考量与自然相关的财务信息披露方案，以及用于评估和管理的风险、机遇指标等，并通过信息披露工作的开展，推动机构的生物多样性风险治理的不断深入。

五、后记

人类的可持续发展是一个宏大的命题，扭转气候变化也是漫长而艰难的过程，如果给金融冠以抗击全球变暖、拯救地球命运的卫士称号未免太过夸大，但可以预见的是，在不久的将来，可持续发展将在全球范围进行有史以来最伟大的资本再分配，而金融的道德救赎或许将不再是一种乌托邦，而成为推动价值回归、应对生态僵局的动力，它既蕴含了激励微观实体对经济、社会和环境作出贡献的美好理想，也符合价值创造、价值传递和价值变现的市场规律重新构建。

但我们需要看到的是，目前相关的贷款和投资及其管理虽然有助于保护生态环境，提高银行的声誉，但也会付出巨大的管理和经营成本，因此，为了避免市场中出现劣币驱逐良币现象，还需要政府、监管机构持续完善法律规范，出台具有力度的激励政策和机制，动员整个金融系统的力量共同面对承载巨大风险又充满了希望的未来，共同守护茫茫宇宙中人类独一无二、生机蓬勃的家园。

如果未来10~50年将决定人类的未来，那么金融机构注定无法缺席，历史曾描绘过一幅工业革命以来人类驱使不同物种走向灭绝的阴郁画卷，但未来或许可以不重蹈覆辙，因为减缓、阻止甚至扭转这种趋势的钥匙也在我们手中……

附录

附表1　ENCORE在矿业领域与全球生物多样性目标保持一致的行动建议整理

问题	与生物多样性目标保持一致的标准、方法或建议	相关文件、研究文献链接
在项目设计中是否考虑了减少/减轻/限制损害的可行替代方案？（如是否有破坏性较小的替代方案？）是否设定了与环境问题相关的目标（例如基于科学的自然或气候变化目标？）	可参考Cross-sector biodiversity initiative（跨部门生物多样性倡议），该倡议是IPIECA（全球石油和天然气工业环境及社会问题协会）、国际采矿和金属理事会及赤道原则协会之间的一项伙伴关系，旨在制定和分享与生物多样性和环境保护有关的良好实践，该平台提供了相关指南，涉及减轻影响的多种选择，并且用灵活的方法来指导应用	http：//www.csbi.org.uk/wp-content/uploads/2017/10/CSBI-Mitigation-Hierarchy-Guide.pdf
是否有解决累积影响的流程	可参考ICMM采矿和生物多样性良好实践指南，该指南为采矿业制定了旨在改善整个采矿周期的生物多样性管理，涉及生物体及其遗传多样性、生态系统和栖息地、光合作用、养分循环或授粉等多个方面，该指南及其实用工具可帮助利益相关者识别和评估某活动对生物多样性产生负面影响的可能性，从而减轻对生物多样性的潜在影响	https：//guidance.miningwithprinciples.com/good-practice-guide-mining-biodiversity/
是否制定政策和战略避免在世界遗产地和保护区开展业务	可参考ICMM发布的可持续发展10项原则以及绩效预期，并配合IBAT及Protected Planet的全球生物多样性区域信息	https：//www.icmm.com/website/publications/pdfs/mining-principles/mining-principles.pdf?cb=10319
是否进行情景评估以确定投资在不同气候变化情景（1.5℃和2℃）下产生积极的生物多样性成果	可参考用于衡量金融投资组合与符合《巴黎协定》各种气候情景一致性的资本转型评估工具（PACTA）	https：//2degrees-investing.org/resource/pacta/

续表

问题	与生物多样性目标保持一致的标准、方法或建议	相关文件、研究文献链接
是否有适当的绩效管理流程来衡量恢复目标的实现	可参考International principles and standards for the ecological restoration and recovery of mine sites 有关矿区生态恢复和复垦的国际原则和标准	https：//onlinelibrary.wiley.com/doi/10.1111/rec.13771
是否有适当的流程来防止事故（如尾矿坝决口）？是否有适当的灾难响应流程？环境准则和责任是否有长期监测和评估计划	可参考ICMM采矿和生物多样性良好实践指南	https：//guidance.miningwithprinciples.com/good-practice-guide-mining-biodiversity/

附表2　ENCORE在农业领域与全球生物多样性目标保持一致的行动建议整理

问题	与生物多样性目标保持一致的标准、方法或建议	相关文件、研究文献链接
是否避免在保护区内进行农业生产	可参考Protected Planet平台信息，Protected Planet是有关保护区和其他区域保护措施（OECM）的权威数据平台，汇集了来自世界保护区数据库、WikipediaTM和PanaramioTM的相关空间数据、信息和图像，每月根据政府、非政府组织、土地所有者和社区资料进行更新，用户可以访问WDPA、OECM、GD-PAME等大量相关信息，用于政策制定、业务及保护规划	https：//www.protectedplanet.net/en/about
是否在农业生产过程中考虑各种IUCN保护区管理类别	可参考The Biodiversity A-Z 的相关信息，该平台提供了与生物多样性相关的国际公约的正式文件、国际组织的报告和学术出版物等信息，其中也包括IUCN保护区管理类别的相关信息，涉及对自然保护区、国家公园、栖息地、物种管理区、受保护的景观及海景在内的区域采取的管理方法，还可以综合IBAT工具为保护区提供可视化和GIS下载工具	https：//www.biodiversitya-z.org/content/iucn-protected-area-management-categories　https：//www.ibat-alliance.org/dashboard

续表

问题	与生物多样性目标保持一致的标准、方法或建议	相关文件、研究文献链接
是否将农业生态学原则应用于运营	可参考联合国粮食和农业组织生态农业知识中心（Agroecology Knowledge Hub）建立的多利益相关方进程框架"The 10 Elements of Agroecology"，该框架是指导农业和粮食体系可持续发展的权威方法之一，也是世界粮农组织生态农业愿景的指导方针，目前定义的生态农业十大要素为：多样性、协同作用、效率、抵御力、循环利用、知识共创和分享、社会的价值、文化和饮食传统、循环和互助经济及负责任治理，这十大要素相互联系并相互依存	https://www.fao.org/agroecology/overview/10-elements/zh/
是否对在保护区边界进行耕作的风险有认知（如土地转为农用可能性的增加、森林砍伐、过度捕猎、过度采伐等）	可参考国际自然保护联盟（IUCN）的相关信息，IUCN是由政府和民间组织组成的会员联盟，致力于保护生态系统，促进景观的可持续利用，并促进正义和公平，目前是保护自然世界状况及自然行动方面的全球权威	https://www.iucn.org/our-work/protected-areas-and-land-use
是否根据《昆明—蒙特利尔全球生物多样性框架》制定了生物多样性相关承诺？如致力于恢复授粉媒介栖息地，增加农场物种多样性，增加高生物多样性地区之间连通性等	可参考"科学碳目标倡议"（SBTi），该倡议通过一种透明的多利益相关方进程，为企业设定净零目标制定了第一个全球性的科学标准，并向广大利益相关方阐明了企业的气候行动。企业可以通过SBTi作出"净零"承诺，包括设定符合将气温升幅限制在1.5℃范围，推动全球净零转型	https://sciencebasedtargetsnetwork.org/news/environment/companies-support-new-targets-to-protect-nature/
农业用地是否通过了可持续认证计划认证？（如RTRS）	可参考TRADE、DEVELOPMENT § THE ENVIRONMENT HUB中的Trade Tools Navigator中的相关数据	https://tools.tradehub.earth/Trade Tools Navigator
是否在其政策和战略中包含人权因素，公平地与经营所在地区的土著人民和当地社区接触	可参考联合国人权理事会（United Nations Human Rights Council）网站相关信息，包括相关决议、会议报告、国家和非国家利益攸关方的发言、各国在谈判期间发表的声明、国际人权法中规范，以及跨国公司和其他工商企业活动的有法律约束力的文书等	https://www.ohchr.org/en/hr-bodies/hrc/wg-trans-corp/igwg-on-tnc

续表

问题	与生物多样性目标保持一致的标准、方法或建议	相关文件、研究文献链接
是否确保不会干扰向土著人民和当地社区提供生态系统服务？是否考虑对野生陆地和淡水资源进行可持续管理	可参考生物多样性和生态系统服务政府间科学政策平台（IPBES）的相关标准，该平台是一个独立的政府间机构，旨在加强生物多样性和生态系统服务，保护生物多样性及长期人类福祉	https：//www.ipbes.net/the-values-assessment
是否有解决累积影响的流程	可参考欧洲环境署（EEA）相关知识，EEA是欧盟机构，负责提供专业知识和数据以支持欧洲的环境和气候目标	https：//www.eea.europa.eu/en/topics
是否有零毁林政策	可参考纽约森林宣言（NYDF）全球平台数据，该平台是全球林业方面的多方利益相关者平台，旨在重新激发对全球森林目标的政治支持并促进利益相关者之间的合作，是世界上最全面的多方利益相关者森林行动框架之一	https：//forestdeclaration.org/
是否区分全球、国家和地方的森林砍伐政策和要求？是否努力在每种情况下实施最佳实践原则	可参考问责框架倡议（AFi）	https：//accountability-framework.org/
是否有种植多样化的计划	可参考世界企业永续发展委员会（WBCSD）的相关指南，WBCSD是一个全球性的组织，是由200多家世界领先的可持续发展企业CEO领导的社区构成，通过提供基于科学的目标指导，包括标准、协议、开发工具和平台，帮助可持续发展企业推动综合行动，应对跨部门和地理区域的气候、自然和不平等挑战	https：//www.wbcsd.org/Programs/Food-and-Nature/Food-Land-Use/FReSH/Resources/Staple-Crop-Diversification-Paper
是否有适当的行动来维持和加强作物的遗传多样性	可参考非营利组织The center for foof integrity提供的相关信息	https：//foodintegrity.org/programs/gene-editing-agriculture/CFI
是否有维持景观连通性的政策或战略	可参考IUCND的 *Guidelines for conserving connectivity through ecological networks and corridors*	https：//portals.iucn.org/library/node/49061

续表

问题	与生物多样性目标保持一致的标准、方法或建议	相关文件、研究文献链接
是否积极管理农田内部和周围的栖息地？是否公平公正地考虑土著人民和当地社区的权益？	可参考教科文组织的地方和土著知识系统计划（LINKS）	https：//en.unesco.org/links
是否有适当的栖息地完整性政策或指数来鼓励在运营区域保持栖息地完整性	可参考A. Balmford的研究文献 *Concentrating vs. spreading our footprint： how to meet humanity's needs at least cost to nature*	https：//zslpublications.onlinelibrary.wiley.com/
是否有适当的衡量方法来识别和减少对生物多样性的影响	可参考EU B@B 平台的*Assessment of Biodiversity Measurement Approaches for Businesses and Financial Institutions*	https：//ec.europa.eu/environment/biodiversity/business/assets/pdf/EU%20B@B%20Platform%20Update%20Report%203_FINAL_1March2021.pdf
如何衡量避免生物多样性影响水平？ 如是否记录了在规划阶段为避免对栖息地造成影响而采取的行动	可参考Joseph W Bull, Laura J Sonter, Ascelin Gordon, Martine Maron, Divya Narain, April E Reside, Luis E S á nchez, Nicole Shumway, Amrei von Hase, Fabien Qu é tier的研究文献 *Quantifying the "avoided" biodiversity impacts associated with economic development*	https：//esajournals.onlinelibrary.wiley.com/doi/full/10.1002/fee.2496
如何衡量与IUCN红色名录或受威胁或受保护物种名录下物种相关的生物多样性影响规避水平	可参考 The IUCN Red List, 该名录现已发展成为世界上关于动物、真菌和植物物种全球灭绝风险状况的最全面信息来源，它不止是世界生物多样性健康状况的重要指标，还是一个强大的工具，可以为生物多样性保护和政策变革提供信息，包括有关范围、人口规模、栖息地和生态、使用和/或贸易、威胁和保护行动的信息，有助于为必要的保护决策提供信息	https：//www.iucnredlist.org/
是否制定了保护、增强或恢复土壤生物多样性和肥力（作为生物多样性目标组成部分）的战略和/或政策	可参考"联合国生态系统恢复十年"（The UN Decade）的相关标准，联合国生态系统恢复十年是为保护和恢复世界各地的生态系统而发出的号召，其目的是制止生态系统退化，恢复生态系统，以实现全球目标	https：//www.decadeonrestoration.org/types-ecosystem-restoration/farmlands

问题	与生物多样性目标保持一致的标准、方法或建议	相关文件、研究文献链接
如何衡量生物多样性恢复	可参考UNEP-WCMC的报告 *Corporate biodiversity measurement, reporting and disclosure within the current and future global policy context A review paper with recommendations for policy makers produced as part of the Aligning Biodiversity Measures for Business collaboration*	https：//www2.unep-wcmc.org//system/comfy/cms/files/files/000/001/845/original/aligning_measures_corporate_reporting_disclosure_dec2020.pdf
是否恢复农田内的自然栖息地	可参考联合国粮食和农业组织生态农业知识中心（Agroecology Knowledge Hub）生态农业知识中心的相关内容	https：//www.fao.org/agroecology/overview/en/
是否已采取措施将气候变化对生物多样性影响降至最低	可参考联合国粮农组织报告 *Nature-based solutions in agriculture The case and pathway for adoption*	https：//www.fao.org/policy-support/tools-and-publications/resources-details/en/c/1507295/
是否采取措施尽量减少农药的使用	可参考联合国环境规划署与粮食及农业组织和世界卫生组织报告 *Environmental and Health Impacts of Pesticides and Fertilizers and Ways of Minimizing Them*	https：//www.unep.org/resources/report/environmental-and-health-impacts-pesticides-and-fertilizers-and-ways-minimizing
是否遵循识别和管理环境风险的最佳实践指南	可参考欧洲复兴开发银行（EBRD）的相关标准和指南	https：//www.ebrd.com/who-we-are/our-values/environmental-and-social-policy/tools-for-financial-intermediaries/agriculture.html
是否有相关信贷工具用于生物多样性恢复	可参考世界经济论坛报告 *New Nature Economy Report Ⅱ：The Future of Nature and Business*	https：//www.weforum.org/reports/new-nature-economy-report-series/future-of-nature-and-business#report-nav
是否对其经营区域进行了详细、权威的生物多样性基线评估	可参考IUCN的 *Guidelines for planning and monitoring corporate biodiversity performance*	https：//portals.iucn.org/library/sites/library/files/documents/2021-009-En.pdf
是否在筛选过程中考虑了联合国教科文组织人与生物圈（MAB）保护区和世界遗产地	可参考The Biodiversity A-Z，IBAT数据库工具等	https：//www.biodiversitya-z.org/content/protected-areas
对潜在地点是否有健全的筛选流程（如使用综合生物多样性评估工具）	可参考IBAT数据库工具	https：//www.ibat-alliance.org/

续表

问题	与生物多样性目标保持一致的标准、方法或建议	相关文件、研究文献链接
在应用缓解等级制度时是否考虑了 IUCN物种红色名录索引或其他国家受威胁或受保护物种名录	可参考IUCN物种红色名录等资源	https：//www.iucnredlist.org/
是否已采取措施缓解农业用地中的人类与野生动物冲突	可参考IUCN的Human-wildlife conflict	https：//www.iucn.org/resources/ issues-brief/human-wildlife-conflict
是否衡量其对与生物多样性相关的可持续发展目标的贡献	可参考由GRI、联合国全球契约和世界可持续发展工商理事会（WBCSD）共同开发的SDG Compass工具	https：//sdgcompass.org/business- indicators/https：//sdgcompass.org/ wp-content/uploads/2015/12/019104_ SDG_Compass_Guide_2015.pdf

致谢:

在本课题编写过程中,我们要特别感谢中国银行巴黎分行肖亮行长、俞霞副行长,中国银行总行授管部任秋潇主管、卢睿斌高经以及北京绿金院的白韫雯副院长、姚靖然研究员和殷昕媛研究员,感谢他们为课题的顺利开展给予了宝贵的支持和指导,在此我们表示衷心的谢意。